Web
前端开发
系列丛书

# HTML5+CSS3 Web前端开发

唐四薪　编著

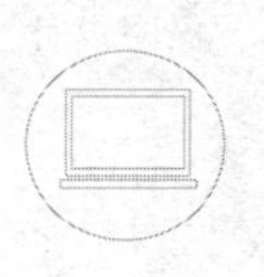

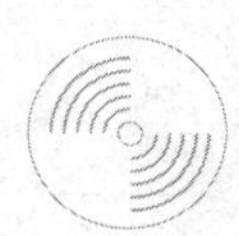

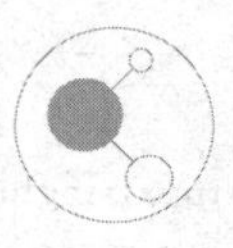

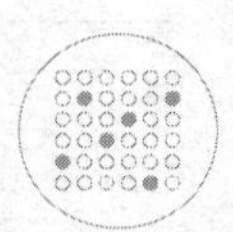

清华大学出版社
北 京

## 内容简介

本书全面介绍了基于HTML5+CSS3的Web前端开发技术，在叙述有关原理时安排了大量的相关实例。本书分为9章，内容包括Web前端开发概述，HTML，HTML5与Web标准，CSS样式美化，CSS布局，表格与表单，响应式网页设计，JavaScript与jQuery基础，Bootstrap响应式网页设计等。附录中安排了作为课程教学的实验。全书面向工程实际，强调原理性与实用性。

本书适合作为高等院校各专业"Web前端开发"或"网页设计"等课程的教材，也可作为网页设计与制作的培训类教材，还可供网站设计和开发人员参考使用。



**图书在版编目(CIP)数据**

HTML5+CSS3 Web前端开发/唐四薪编著.—北京：清华大学出版社，2018(2022.8重印)
(Web前端开发系列丛书)
ISBN 978-7-302-49192-7

Ⅰ.①H… Ⅱ.①唐… Ⅲ.①超文本标记语言－程序设计－教材 ②网页制作工具－教材
Ⅳ.①TP312.8 ②TP393.092.2

中国版本图书馆CIP数据核字(2017)第330861号

**责任编辑**：张 民 李 晔
**封面设计**：傅瑞学
**责任校对**：李建庄
**责任印制**：丛怀宇

**出版发行**：清华大学出版社
**网　　址**：http://www.tup.com.cn，http://www.wqbook.com
**地　　址**：北京清华大学学研大厦A座　　**邮　　编**：100084
**社 总 机**：010-83470000　　**邮　　购**：010-62786544
**投稿与读者服务**：010-62776969，c-service@tup.tsinghua.edu.cn
**质量反馈**：010-62772015，zhiliang@tup.tsinghua.edu.cn
**课件下载**：http://www.tup.com.cn，010-83470236
**印 装 者**：大厂回族自治县彩虹印刷有限公司
**经　　销**：全国新华书店
**开　　本**：185mm×260mm　　**印　　张**：19.75　　**字　　数**：458千字
**版　　次**：2018年5月第1版　　**印　　次**：2022年8月第7次印刷
**定　　价**：49.00元

---

产品编号：076820-01

# 前言

Web前端开发是由很多互联网公司一致命名的一种工作职位。毋庸置疑，Web前端开发这个职位是由网页设计演变而来，但随着近几年来，移动互联网时代的到来，Web前端开发已经有了更广泛的内涵，因为像微信公众号、手机APP(其中的Web APP和Hybrid APP)和移动端网页的开发都需要Web前端开发技术。

目前，Web前端开发对人才的需求量非常大，前端开发人员的薪酬通常比同层次的后端开发人员薪酬水平还要高，这是因为前端开发由于涉及界面设计和交互，个性化很强，导致项目的重用性水平低，而后端很多项目都可以重用，比如许多不同的网站可以共用一个后台，这就造成了前端开发人员的需求量远大于后端开发人员的需求量。

Web前端开发技术的基础是HTML5、CSS3和JavaScript。虽然其主要任务仍然是网页设计，但已经产生了巨大的变化，比如通过CSS3就能制作出炫丽的动画和交互效果，而过去却要依赖于Flash或JavaScript；固定宽度的网页布局已逐步向能适应各种屏幕的响应式网页布局华丽转变；基于组件式的网页设计思想相对于从头开始的网页制作方法来说，能极大地减少开发人员的工作量。

Web前端开发的教学主要有两项任务，即传授知识和培养兴趣。笔者认为教学成功的关键是在这两方面寻找一个折中。如果上课讲授的知识点过多过细，则学生思考和实践的环节就会减少；如果讲授的知识点过少，片面强调让学生实践，则学生由于知识点没理清，又容易陷入低水平的盲目实践。

为此，本书在编写时，注重培养学生兴趣，在章节安排上尽快让学生进入CSS阶段的学习，将表格和表单的内容安排在CSS基础知识的后面，因为只有接触到CSS，学生才会领会到这门课程的乐趣。并且本书重点讲授CSS的内容，因为CSS仍然是Web前端开发这门课程最重要的内容。其次，考虑到初学者以前并未接触过任何网页设计语言，本书将传统的CSS知识和CSS3的内容进行统一编排，从而使读者更容易系统掌握CSS的传统技术和新技术。Bootstrap作为前端开发的一种流行技术，代表了网页制作技术的两大发展趋势：一是响应式网页布局的趋势，可以说，响应式网页布局将是网页布局历史上的第二次革命，第一次革命是CSS布局取代表格布局；二是基于组件的网页制作方法，这种网页制作方法能避免从头开始写代码，避免了过去网页制作过程中令人厌倦的重复劳动，极大地提高了网站的开发效率，因此Bootstrap必将引起更多网站开发者的重视。

为了便于读者阅读和减少篇幅，本书采用精简代码的编排方式，读者一般都能够容易地将其还原成完整代码，同时每个代码都标有序号，读者能够方便地在配套源代码中找到完整代码并能直接运行。

本书的教学大概需要64学时，其中实验学时不少于16学时。如果学时量不足，则可以主要讲授第2、4、5章的内容。带“*”号的章节建议学生自学。

本书为将其作为教材的教师提供教学用多媒体课件、实例源文件和实验大纲，可登录本书的配套网站 http://wxy.hynu.cn/ec 免费下载，也可和作者联系(微信号：tangsx4，邮箱：tangsix@163.com)。

本书由唐四薪编写了第3～10章，林睦纲、唐琼编写了第1章和第2章的部分内容，参加编写的还有谭晓兰、喻缘、刘燕群、唐沪湘、刘旭阳、陆彩琴、唐金娟、谢海波、尹军、唐琼、何青、唐佐芝、舒清健等，他们编写了第2章的部分内容。

本书的写作得到衡阳师范学院“十三五”专业综合改革试点项目“计算机科学与技术”的支持。本书是衡阳市科技计划项目(2016KJ02)的研究成果。

由于编者水平和教学经验有限，书中错误和不妥之处在所难免，欢迎广大读者和同行批评指正。

作　者

2018年3月

FOREWORD

# 目录

# 第1章　Web前端开发概述

随着“互联网+”时代的到来，人们获取信息已不再局限于计算机端网页，微信公众号、手机APP与移动端网页成为人们的新选择。为了开发这些互联网产品的界面，Web前端开发这一职业应运而生。

## 1.1　Web前端开发与网页设计

“Web前端开发”是从“网页设计”这一名称演变而来的。从Web 2.0时代开始，网站的功能变得越来越复杂，但是从总体上看，网站开发的任务可分为浏览器端页面的制作和服务器端程序的编写。人们把浏览器端俗称为Web前端，而把服务器端称为Web后端。

因此Web前端开发最初就是指浏览器端页面的制作（即网页设计），包括浏览器端三种代码（HTML、CSS、JavaScript）的编写。但近几年来，智能手机的普及已将人们带入移动互联网时代，Web前端开发的范畴已不局限于计算机端网页的制作，像微信公众号、手机APP（其中几种）、移动端网页都需要使用网页制作技术开发。

**提示：**目前的手机APP可分为三种，即Native APP（原生APP）、Web APP和Hybrid APP（混合APP），除了第一种APP的界面是用Java等程序编写的以外，后两种APP的界面本质上都是用HTML5等技术开发的移动端网页界面，并将移动端浏览器的框架隐藏起来。

### 1.1.1　网页的概念和本质

如果将WWW看成是Internet上的一座大型图书馆，网站就像图书馆中的一本书，而网页便是书中的一页。

一个网页就是一个文件，存放在世界某处的一台Web服务器中。

当用户在浏览器地址栏输入网址后，经过HTTP（超文本传送协议）的传输，网页就会被传送到用户的计算机中，然后通过浏览器解释网页的内容，再展示到用户的眼前。图1-1是Chrome浏览器打开的网页。在浏览器窗口中右击，执行“查看网页源代码”命令，会打开一个纯文本文件，如图1-2所示。这个文本文件中的内容称为HTML代码，浏览器的本质其实是把HTML代码解释成用户所看到的网页的工具。

HTML是HyperText Markup Language的缩写，直译为“超文本标记语言”。

网页是用HTML编写的一种纯文本文件。用户通过浏览器所看到的包含了文字、图像、链接、动画和声音等多媒体信息的每个网页，其实质是浏览器对HTML代码进行了解释，并引用相应的图像、动画等资源文件，才生成了多姿多彩的网页。

但是，一个网页并不是一个单独的文件，网页中显示的图片、动画等文件都是单独存

图 1-1 Chrome 浏览器中的网页

图 1-2 网页的源代码

放的，以方便多个网页引用同一张图片，这和 Word 等格式的文件有明显区别。

### 1.1.2 网页设计的两个基本问题

网页设计是艺术与技术的结合。从艺术的角度看，网页设计的本质是一种平面设计，就像出黑板报、设计书的封面等平面设计一样，对于平面设计，我们需要考虑两个基本问题，那就是布局和配色。

#### 1. 布局

对于一般的平面设计来说，布局就是将有限的视觉元素进行有机的排列组合，将理性思维个性化地表现出来。网页设计和其他形式的平面设计相比，有相似之处，它也要考虑网页的版式设计问题，如采用何种形式的版式布局。与一般平面设计不同的是，在将网页效果图绘制出来以后，还需要用技术手段（代码）实现效果图中的布局，将网页效果图转换成真实的网页。

在将网页的版式和网页效果图设计出来后，就可用以下方式实现网页的布局。

(1) 表格布局：将网页元素填入表格内实现布局；表格相当于网页的骨架，因此表格布局的步骤是先画表格，再往表格的各个单元格中填内容，这些内容可以是文字或图片等一切网页元素。

(2) CSS布局：这种布局形式不需要额外表格作为网页的骨架，而是利用网页中每个元素自身具有的"盒子"来布局，通过对元素的盒子进行不同的排列和嵌套，使这些盒子在网页上以合适的方式排列就实现了网页的布局。在网页布局技术的发展过程中，产生了Web标准的讨论，Web标准倡导使用CSS来布局。

从技术角度看，网页设计就是要运用各种语言和工具解决网页布局和美观的问题，所以网页设计中的很多技术都仅仅是为了使网页看起来更美观。

**2. 配色**

网页的色彩是树立网页形象的关键要素之一。对于一个网页设计作品，浏览者首先看到的不是图像和文字，而是色彩搭配，在看到色彩的一瞬间，浏览者对网页的整体印象就确定下来了，因此说色彩决定印象。一个成功的网页作品，其色彩搭配可能给人的感觉是自然、洒脱的，看起来只是很随意的几种颜色搭配在一起，其实是经过了设计师的深思熟虑和巧妙构思的。

对于初学者来说，在用色上切忌将所有的颜色都用到，尽量控制在三种色彩以内，并且这些色彩的搭配应协调。而且一般不要用纯色，灰色适合与任何颜色搭配。

### 1.1.3 网页设计语言——HTML简介

网页是用HTML编写的。HTML作为一种建立网页文档的语言，它用标记标明文档中的文本及图像等各种元素，指示浏览器如何显示这些元素。HTML具有语言的一般特征，所谓语言，就是一种符号系统，具有自己的词汇（符号）和语法（规则）。

所谓标记，就是做记号。例如，为了让浏览器理解某段内容的含义，HTML的制定者将各种内容写在标记内，以标明其含义。例如：

```
<标记>受标记影响的内容</标记>
```

这就和我们写文章时用粗体字表示文章的标题，用换行空两格表示一个段落类似，HTML是用一对＜h1＞标记把文字括起来表示这些字是一级标题，用＜p＞标记把一段字括起来表示这是一个段落。

所谓超文本，就是相比普通文本有超越的地方，如超文本可以通过超链接转到指定的某一页，而普通文本只能一页页翻。超文本还具有图像、视频、声音等元素，这些都是普通文本所不具有的特征。

HTML是SGML(标准通用标记语言)在WWW中的应用。标记语言的发展过程如图1-3所示。1999年HTML4.01发布,是HTML最成熟的一个版本。HTML4.01后的一个修订版本是XHTML1.0,该版本并没有引入新的标记或属性,唯一的区别只是语法更加严格,但XHTML于2009年被W3C放弃,转而发布了新的HTML5标准。目前大多数浏览器已支持HTML5,但IE10以下版本的浏览器对HTML5的支持仍很不好。

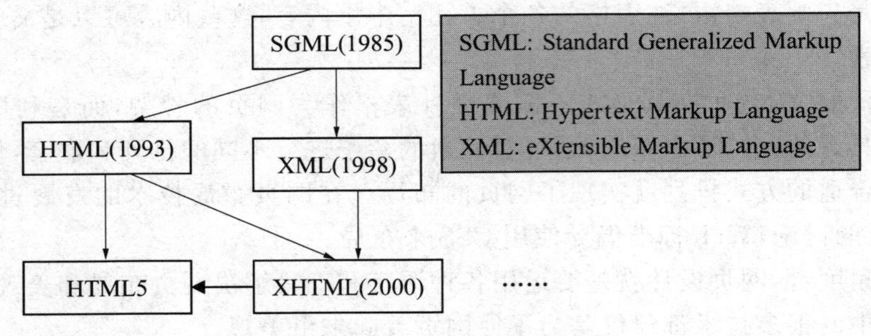


图1-3 标记语言的发展过程

需要注意的是,HTML与编程语言是明显不同的。首先,HTML不是一种计算机编程语言,而是一种描述文档结构的语言,或者说是排版语言;其次,HTML是弱语法语言,随便怎么写都可以,浏览器会尽力去理解执行,不理解的按原样显示。而编程语言是严格语法的语言,写错一点点计算机就不执行,报告错误;最后,HTML不像大多数编程语言一样需要编译成指令后再执行,而是每次由浏览器解释执行。

### 1.1.4 网页制作软件

网页的本质是纯文本文件,因此可以用任何文本编辑器制作网页,但这样必须完全手工书写HTML代码。为了提高网页制作的效率,人们一般借助于专业的网页开发软件制作网页,它们具有“所见即所得”(what you see is what you get)的特点,可以不用手工书写代码,通过图形化操作界面就能插入各种网页元素,如图像、表格、超链接等,而且能在设计视图中实时地看到网页的大致浏览器效果。目前流行的专业网页开发工具主要有:

(1) Adobe公司的Dreamweaver CC,Dreamweaver(本书简称DW)的中文含义是“织梦者”,DW具有操作简洁、容易上手等优点,是目前最流行的网页制作软件。

由于Dreamweaver CS以上版本对中文的支持不太好,且设置站点和预览网页时选项过多,建议初学者使用经典版本Dreamweaver 8进行网页设计学习。

虽然DW具有“所见即所得”的网页制作能力,可以让不懂HTML的用户也能制作出网页。但如果想灵活制作更加精美专业的网页,很多时候还是需要在代码视图中手工修改代码,因此学习网页的代码对网页制作水平的提高是很重要的。

DW等软件同时具有很好的代码提示和代码标注功能,使得手工编写和修改代码也很容易,并且还能报告代码错误,所以就算是手工编写代码,也推荐使用该软件。

DW同时具有强大的站点管理功能,因此它还是网站开发工具,集网页制作和网站管理功能于一体。

(2) Sublime Text 3 是一款流行的代码编辑器软件,可运行在 Windows、Linux、MacOS X 平台上,虽然该编辑器只能手工编写代码,没有图形化的网页设计操作界面,但由于具有 CSS3 代码提示功能,因此很受前端开发专业人士的欢迎。

## 1.2 网站的创建和制作流程

网站就是由许多网页及资源文件(如图片)组成的一个集合,网页是构成网站的基本元素。通常把网站内的所有文件都放在一个文件夹中,所以网站从形式上看就是一个文件夹。

设计良好的网站通常是将网页文件及其他资源文件分门别类地保存在相应的目录中,以方便管理和维护,这些网页通过超链接组织在一起。图 1-4 是一个网站目录示意图。用户浏览网站时,看到的第一个网页称为主页(也称为首页),上面通常设有网站导航,链接到站内各主要网页,其名称一般是 index.htm 或 index.html,必须放在网站的根目录下,即网站目录是首页文件的直接上级目录。一个网站对应一个网站目录,所以网站目录是唯一的。

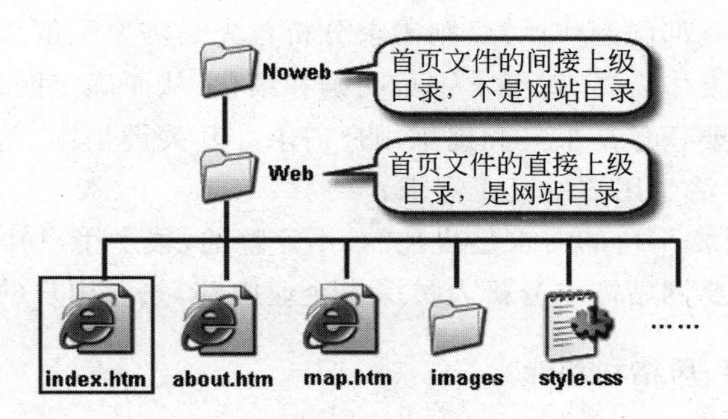


图 1-4 网站目录示意图

通常在网站目录下新建一个名为 images 的子目录,用于保存网站中所有网页需要调用的图片文件。

因此,制作网站的第 1 步是在硬盘上新建一个目录(如 D:\web),作为网站目录。网站制作完成后将这个目录中的所有内容上传到远程服务器中就可以了。

### 1.2.1 网站的特征

从用户的角度看,设计良好的网站一般具有如下几个特征。

(1) 拥有众多的网页。从某种意义上说,建设网站就是制作网页,网站主页是最重要的网页。

(2) 拥有一个主题与统一的风格。网站虽然有许多网页,但作为一个整体,它必须有一个主题和统一的风格。所有的内容都要围绕这个主题展开,和主题无关的内容不应出现在网站上。网站内的所有网页要有统一的风格,主页是网站的首页,也是网站最为重要的网页，所以主页的风格往往决定了整个网站的风格。

(3) 有便捷的导航系统。导航是网站非常重要的组成部分，也是衡量网站是否优秀的一个重要标准。设计良好的网站都具有便捷的导航，可以帮助用户以最快的速度找到自己需要的网页。导航系统常用的实现方法有导航条、路径导航、链接导航等。

(4) 分层的栏目组织。将网站的内容分成若干个大栏目，每个大栏目的内容都放置在网站目录下的一个子目录中，还可将大栏目再分成若干小栏目，也可将小栏目分成若干个更小的栏目，都分门别类放在相应的子目录下，这就是网站采用的最简单的层次型组织结构，结构清晰的网站可大大方便网站的维护和管理。

### 1.2.2 网站的开发步骤

网站开发也可看成是一种软件开发，其开发过程可分为前期工作、中期工作和后期工作。尽管本书讲授的内容主要是中期工作，但网站开发的前期工作对网站开发的成功与否起着非常关键的作用。

#### 1. 网站需求分析与定位

假设为一家单位或部门制作网站，则需求分析首先是需要了解该单位的主要职能，然后结合该单位的实际工作需要，对需求进行明确和细化，从而确定网站应满足的设计目标和要求。这一步的主要任务是采集和提炼用户需求。其关键是：

(1) 明确目标，弄清楚用户的真正需求；

(2) 有效沟通，通常用户的需求是凌乱的、不完整的，很多用户知道自己想要什么，但是表达不出来。这需要网站需求分析人员深入企业内部，熟悉用户的业务流程。

#### 2. 确定网站内容、风格和功能

网站内容主要是来源于建站客户提供的资料，若客户提供的资料较少，可以参考同类网站，适当丰富一些内容。若客户提供的资料很多，则要分清主次，整理分类，不要全部放在网站上。网站内容可以是文字、图表、图片、动画、视频等多种格式。

网站风格应以网站性质和网站内容为基础，例如，如果是企事业单位的门户网站，则网站风格应以简洁端庄为宜；如果是娱乐、旅游网站，则网站风格可偏向活泼。网站风格成功的关键是避免雷同和过分修饰，即使是同一类型的网站，也应该有自己的特点、自己的风格。

根据用户的需求确定网站的功能，如企业网站应具备的基本功能一般有信息发布与维护、信息查询、网上订货、在线招聘、联系我们等。

#### 3. 规划网站栏目

根据企事业单位业务的侧重点，结合网站定位来确定网站的栏目。开始时可能会因为栏目较多而难以确定最终需要的栏目，这就需要展开另一轮讨论，需要网站设计人员和客户在一起阐述自己的意见，一起反复比较，将确定下来的内容进行归类，从而确定网站

的一级栏目，然后对每个栏目中的内容进行细化，确定二级栏目（甚至三级栏目）等。最终形成网站栏目的树状结构，用以清晰表达站点结构。

#### 4. 设计网页效果图和切图

网页效果图在设计之前应先用铅笔勾勒一个草图，草图主要是对版面进行划分，确定各个模块在网页中的大体位置。接下来就是使用Photoshop或Fireworks等图像处理软件绘制网页效果图，这一步的核心任务是美术设计，通俗地说，就是让页面更美观、更漂亮。在一些比较大的网页开发项目中，通常都会有专业的美工参与，这一步就是美工的任务。

通常一个网站中有成百上千个页面，但实际上不必为每个页面都设计网页效果图，因为网站中的页面一般分为三类，即首页、栏目首页和内页。相同类型的页面，其布局和外观都是相同的，只是里面的文字信息不同。因此制作网页效果图只需要分别制作首页、栏目首页和内页三个页面的效果图。我们一般都是先制作首页的效果图，因为首页的效果图是最复杂的，然后再对首页效果图的中间区域进行修改，制作出栏目首页和内页的效果图。如果要制作手机版网站，还需要另外设计手机网站的首页、栏目首页和内页。

为了让网站有整体感，应该在所有页面中放置一些贯穿性的元素，即在网站的所有页面中都出现的元素。例如，网站中所有网页的头部、导航条和页尾都是相同的。

网页效果图应该按照真实网页大小1∶1的比例制作，并且尽量提供Photoshop或Fireworks中图层未合并的原始文件。这样在将效果图转换成真实的网页时才能方便地获得背景图案，各个模块的精确大小，在页面中的位置及文本的字体大小、字体类型等信息。

网页效果图制作完成后，还必须对效果图进行切片，因为真实的网页并非一张图片，而是将许多小图片放置在网页合适的位置上。网页切片就是根据网页的需要，将有用的图片从网页效果图中切出来，其他不需要的图片（如文字块区域、单色背景区域）则可以舍去，然后再在对应的区域填充文字。网页切片需要考虑网页布局采用的技术。使用表格布局的网页和CSS布局的网页所需要的图片往往是不相同的，因此切片方式也不相同。

**提示：** 虽然有些简单的网页也可以不绘制网页效果图，而是分别制作网页中各部分的图片，再把它们插入到网页中对应的位置上。但这样做的缺点也是相当明显的，由于各个位置的图片是单独绘制的，容易造成网页整体风格不统一，而且网页各个区域也显得是孤立存在的，过渡不自然。因此要制作出看起来浑然一体的高水平网页作品，绘制网页效果图是必不可少的步骤。

#### 5. 制作静态模板页面

网页效果图设计完成后，接下来就是根据网页效果图设计网站的静态模板页面，这一步的要求是制作出来的网页要和网页效果图尽量相似。网页制作人员只有熟练掌握网页布局的技巧才能完成。

静态模板页面的制作过程，也应遵循先首页，再栏目首页，最后内页的过程。这是因为首页最复杂，并且首页中的很多网页元素都可以提供给栏目首页和内页重用。为了测试静态页面的整体效果，可以在页面中输入一些无关文字。在将页面转换为动态页面时，再将这些静态文字转换为动态字段即可。

**6. 绑定动态数据和实现后台功能**

目前的网站一般都是将信息保存在数据库中的动态网站，这样能方便地添加、删除和修改网站中的信息。这一步的任务就是将静态模板页转换为动态网站。为此，需要由程序员根据功能需求来编写网站的后台管理程序。但由于完全自己编写后台程序的工作量很大，现在更流行调用一个通用的后台管理系统（也称为内容管理系统，简称 CMS），这样开发程序的工作量就小多了。

调用后台管理系统的步骤一般是：首先在后台管理系统中添加几条新闻记录，然后打开后台管理系统的数据库查看标题、内容等字段的字段名。最后在前台的静态页中连接数据库并绑定相关内容对应的字段名，这称为绑定动态数据，这样前台页面就可以显示数据库中的内容了，而后台管理系统也可以对这些内容进行添加、删除和修改。

**7. 整合与测试网站**

当制作和编程工作都完成以后，就需要把实现各种功能的程序和页面进行整合。整合完成后，需要进行内部测试，测试成功后即可将网站目录下的所有文件上传到服务器上，一般采用 FTP（文件传输协议）上传。

例如，假设远程服务器的 ftp 地址是 ftp://011.seavip.cn，则在浏览器（或 Windows 资源管理器）的地址栏中输入 ftp 地址，这时会弹出“登录身份”对话框，要求输入用户名和密码，输入正确后，就会显示一个类似于资源管理器的界面，表示远程服务器上的网站目录，把本机网站目录中的文件通过拖动复制到该窗口中的目录下就实现了文件上传，还可以对远程网站目录中的文件或文件夹进行删除、新建等操作。

### 1.2.3 在 Dreamweaver 中建立站点

在 DW 中，“站点”一词既表示网站，又表示该网站对应文件夹的本地存储位置。在开始建立 Web 站点之前，我们需要建立站点文档在本地的存储位置（即网站目录）。DW 站点可组织与 Web 站点相关的所有文档。跟踪和维护链接、管理文件、共享文件以及将站点文件传输到 Web 服务器上。

要制作一个能够被访问者浏览的网站，首先需要在本机上制作网站，然后上传到远程服务器上去。放置在本地磁盘上的网站目录被称为“本地站点”，传输到远程 Web 服务器中的网站被称为“远程站点”。DW 提供了对本地站点和远程站点的强大管理功能。

应用 DW 不仅可以创建单独的网页，还可以创建完整的网站。使用 DW 建立网站时，首先必须告诉 DW 本地站点对应哪个硬盘目录，即把我们在硬盘上建立的网站主目录定义为 DW 的站点。因此，在 DW 下新建站点是用 DW 开发网站的第一步。

**提示：**虽然不新建站点也可以使用 DW 编辑单个网页，但是强烈建议初学者在制作网站之前一定要先新建站点，因为新建站点之后：

(1) 在网页之间建立超链接时，DW 能使站点内的网页以相对 URL 的方式进行链接，这种形式的超链接代码在上传到服务器后也无须做任何更改；

(2) 新建网页时所有的网页文件都会自动保存在站点目录中，便于管理；

(3) 在预览动态网页时，DW 还能使用已设置好的 URL 运行该动态网页。

下面介绍在 DW 中新建站点的步骤。

(1) 启动 DW，在 DW 中执行“站点”→“新建站点”菜单命令，就会弹出新建站点对话框。这个对话框分为“基本”和“高级”两个选项卡，“基本”选项卡可分步骤完成一个站点的建立，“高级”选项卡则是用来直接设置站点的各个属性。在“基本”对话框中输入站点的名称(如 hynu)，对于静态站点，HTTP 地址不需要设置，如图 1-5 所示。

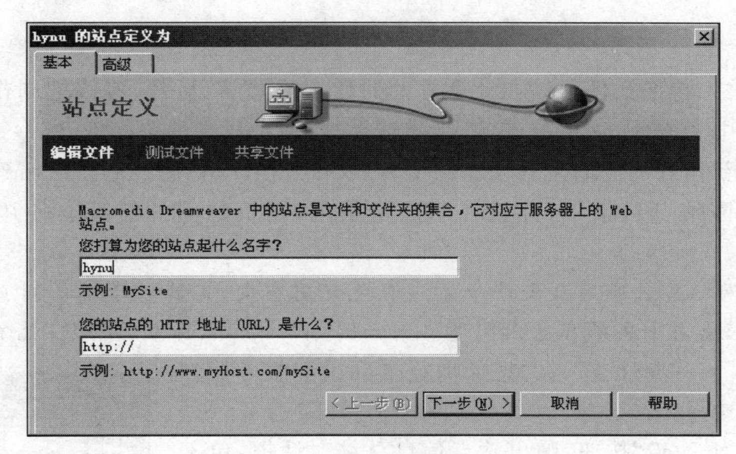


图 1-5 新建站点对话框(一)

(2) 单击“下一步”按钮，在弹出的如图 1-6 所示的对话框中选择“否，我不想使用服务器技术。”，此对话框用于设置站点文件类型。如果要制作动态网页，则应选择“是，我想使用服务器技术。”，此时将出现一个选择具体动态网页技术的下拉列表框，可选择需要的动态网页技术。

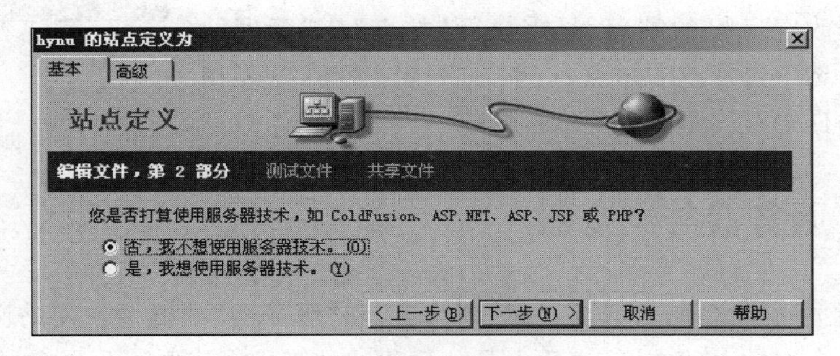


图 1-6 新建站点对话框(二)

(3) 单击“下一步”按钮，弹出如图 1-7 所示的对话框，因为通常我们都是在本地机器上做好网站，再上传到远程的服务器上去，所以选择“编辑我的计算机上的本地副本，完成后再上传到服务器(推荐)”这一默认选项。

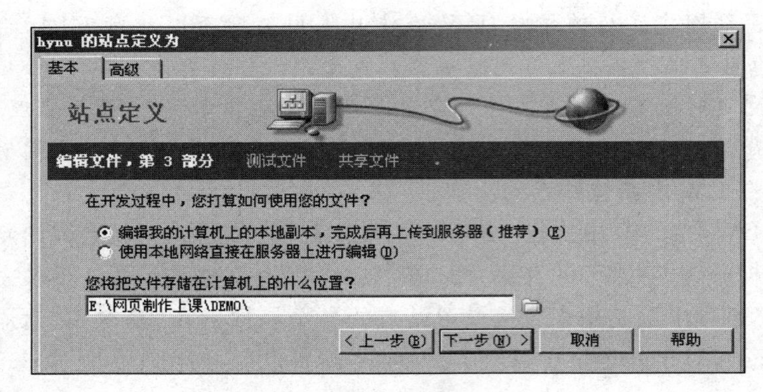


图 1-7　新建站点对话框(三)

对于选项“您将把文件存储在计算机上的什么位置?”，显然，应该把制作的网页保存在网站主目录中。因此，这里应该输入(或选择)网站主目录的路径。

当把已经新建好的网站主目录作为 DW 的站点后，DW 就会把以后新建的网页文件默认都保存在该站点目录中，并且在站点目录内，网页之间的链接会使用相对链接的方式。

**提示**：对网站目录和网页文件命名应避免使用中文，尤其对于动态网页或将网页上传到服务器后，使用中文很容易出问题。例如图 1-7 中站点目录 DEMO 就不是中文。

(4) 单击“下一步”按钮，在“您如何连接到远程服务器?”下拉列表框中选择“无”。

(5) 单击“下一步”按钮，弹出站点信息总结对话框，单击“完成”按钮就完成了一个本地站点的定义。

(6) 定义好本地站点之后，DW 窗口右侧的“文件”面板(见图 1-8)就会显示刚才定义的站点的目录结构，可以在此面板中右击，在站点目录内新建文件或子目录，这与通过资源管理器在网站目录中新建文件或目录的效果是一样的。

如果要修改定义好的站点，只需执行“站点”→“管理站点”菜单命令，选中要修改的站点名，单击“编辑”按钮，就可在站点定义对话框中对原来的设置进行修改。

图 1-8　“文件”面板

## 1.3　Web 服务器与浏览器

在学习网页制作之前，有必要了解“浏览器”和“服务器”的概念。网站浏览者坐在计算机前浏览各个网站上的内容，实质上是从远程的计算机中读取一些内容，然后在本地的计算机中显示出来的过程。提供内容信息的远程计算机称为“服务器”，浏览者使用的本地计算机称为“客户端”，客户端使用“浏览器”程序，就可以通过网络接收到“服务器”上的网页以及其他文件，因此用户浏览的网页是保存在服务器上的。服务器可以同时供许多不同的客户端访问。

### 1.3.1 Web 服务器的作用

访问网页具体的过程是：当用户的计算机接入互联网后，通过在浏览器中输入网址发出访问某个网站的请求，然后这个网站的服务器就把用户请求的网页文件传送到用户的浏览器中，即将文件下载到用户计算机中，浏览器再解析并显示网页文件内容，这个过程如图 1-9 所示。

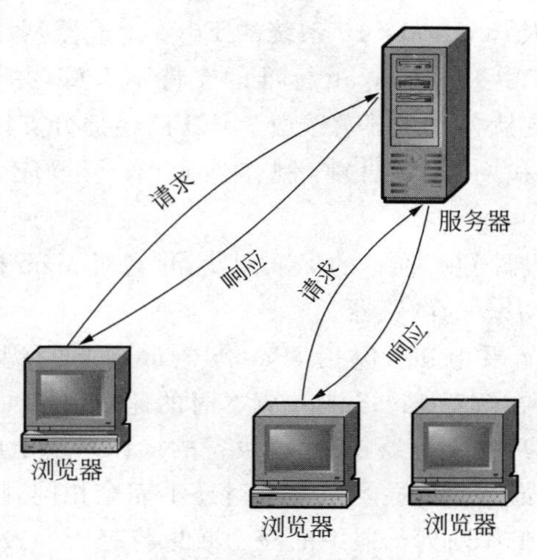


图 1-9 服务器与浏览器之间的关系

对于静态网页（不含有服务器端代码，不需要 Web 服务器解释执行的网页）来说，Web 服务器只是到服务器的硬盘中找到该网页并发送给用户计算机，起到的只是查找和传输文件的作用。因此在测试静态网页时可不安装 Web 服务器，因为制作网页时网页还保存在本地计算机中，可以手工找到该网页所在的目录，双击网页文件就能用浏览器打开它。

### 1.3.2 浏览器的种类和作用

浏览器是供用户浏览网页的软件。其功能是读取 HTML 等网页代码并进行解释以生成人们看到的网页。

#### 1. 浏览器的种类

浏览器的种类很多，目前常见的浏览器有 Google Chrome、IE（及 Edge）、Firefox、Safari、Opera 等。图 1-10 是各种浏览器的徽标。

(1) Google Chrome 是目前最流行的浏览器，该浏览器具有运行速度快、占用资源少的特点，对 HTML5 与 CSS3 的支持也非常好，更重要的是，安卓手机操作系统自带的浏览器与 Chrome 浏览器为同一内核，因此，它还能测试网页在手机上的显示效果。

图 1-10 各种常见的浏览器

(2) IE(Internet Explorer)是 Windows 自带的浏览器。目前常用的 IE 浏览器版本很多,从 IE6 到 IE11,以及 Windows 10 系统的 Edge 浏览器,各种版本的 IE 浏览器对网页的解析区别又很大。其中 IE6 对 Web 标准的支持不太好,并存在一些明显的问题,而 IE8 开始对 Web 标准的支持得到了显著改善。IE9 已经部分支持 HTML5 和 CSS3,IE10 开始全面支持 HTML5 和 CSS3。目前,制作网页时,一般应考虑兼容 IE8 以上的浏览器。

(3) Firefox 是网页设计领域推荐的标准浏览器,它对 Web 标准和 CSS3 有很好的支持,并且是最先支持 HTML5 的浏览器。

(4) Safari 最初是苹果电脑(包括 iPad、iPhone)上的浏览器,目前 Safari 也有 Windows 版本,该浏览器在解释 JavaScript 脚本时的速度很快。

(5) Opera 是一款小巧的浏览器,在手持设备的操作系统上用得较多。

目前,网页在各种浏览器中的显示效果有时还不完全相同,随着 Web 标准的推广,按照 Web 标准制作的网页在各种浏览器中的显示效果将趋于一致。

**2. 浏览器的内核**

浏览器最重要或者说核心的部分是"Rendering Engine",习惯上称之为浏览器内核,负责对网页语法的解释(包括 HTML、CSS、JavaScript)和执行。

目前主流浏览器的内核有 4 种,如表 1-1 所示。

表 1-1 浏览器内核及其对应的浏览器

| 内核名称 | 典型浏览器 | CSS3 私有属性前缀 |
|---|---|---|
| Webkit | Chrome、Safari | -webkit- |
| Gecko | Firefox | -moz- |
| Trident | IE | -ms- |
| Presto | Opera | -o- |

浏览器解释网页代码的过程类似于程序编译器编译程序源代码的过程,都是通过执行代码(HTML 代码或程序代码)再生成界面(网页或应用程序界面),不同的是浏览器对 HTML 等代码是解释执行的。不同的浏览器内核对网页代码的解释并不完全相同,因此同一网页在不同内核的浏览器中的显示效果就有可能不同。作为网页制作者,应追求网页尽可能在各种浏览器中有一致的显示效果的目标。建议测试网页时至少应将网页在 Chrome 和 IE8 两种浏览器上运行一遍,以测试网页的浏览器兼容性。

## 1.4 URL与域名

### 1. URL的含义和格式

用户使用浏览器访问网站时，需要在浏览器的地址栏中输入网址（网站地址），这个网址就是URL（Uniform Resource Locator，统一资源定位符）。URL信息会通过HTTP请求发送给服务器，服务器根据URL信息返回对应的资源文件到浏览器。

URL是Internet上任何资源的标准地址，为了使人们能访问Internet上的任意一个网页（或其他文件），每个网站上的每个网页（或资源文件）在Internet上都有一个唯一的URL地址，通过网页的URL，浏览器就能定位到目标网页或资源文件。就好像邮寄信件时通过地址和姓名就能让邮局定位到收信人一样。

URL的一般格式如下，图1-11是一个URL的示例。

```
协议名://主机名[:端口号][/目录路径/文件名][#锚点名]
```

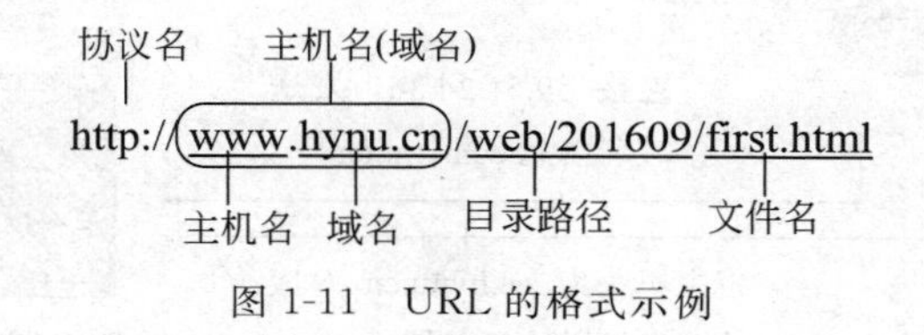


图1-11 URL的格式示例

URL中协议名后必须接"://"，其他各项之间用"/"隔开，例如图1-11中的URL表示信息被放在一台被称为www的服务器上，hynu.cn是一个已被注册的域名，cn表示中国。有时也把主机名和域名合称为主机名（或主机头、域名）。域名对应服务器上的网站目录（如D:\hynu），web/201609/是服务器网站目录下的目录路径，而first.html是位于上述目录下的文件名，因此该URL能够让我们访问到这个文件。

在URL中，常见的协议名有三种，URL的示例如下：

- http——超文本传输协议，用于传送网页。
- ftp——文件传输协议，用于传送文件。
- file——访问某台主机上共享文件的协议。如果访问的是本机，则主机头可以省略，但斜杠不能省略。

```
http://bbs.runsky.com:8080/bbs/forumdisplay.php#fid
ftp://219.216.128.15/
file:///pub/files/foobar.txt
```

### 2. 域名与主机的关系

在URL中，主机名通常是域名或IP地址。最初，域名是为了方便人们记忆IP地址而设立的，使用户可以输入域名而不必输入难记的IP地址。但现在多个域名可对应同一个 IP 地址(一台主机),即在一台主机上可架设多个网站,这些网站的存放方式称为“虚拟主机”方式,此时由于一个 IP 地址(一台主机)对应多个网站,就不能采用输入 IP 地址的方式访问网站了,而只能在 URL 中输入域名。Web 服务器为了区别用户请求的是这台主机上的哪个网站,通常必须为每个网站设置“主机头”来区别这些网站。

因此域名的作用有两个:一是将域名发送给 DNS 服务器解析得到域名对应的 IP 地址以便与该 IP 地址对应的服务器进行通信;二是将域名信息发送给 Web 服务器,通过域名与 Web 服务器上设置的“主机头”进行匹配,确认客户端请求的是哪个网站,如图 1-12 所示。若客户端没有发送域名信息给 Web 服务器,例如直接输入 IP,则 Web 服务器将打开服务器上的默认网站。

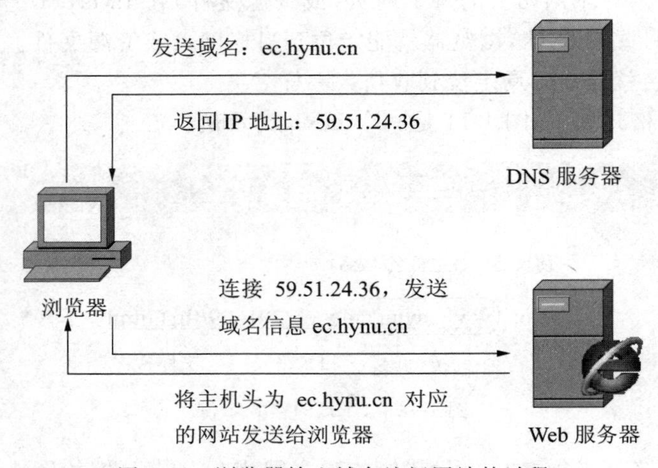


图 1-12 浏览器输入域名访问网站的过程

## 习 题

1. 网页的本质是(　　)文件。

   A. 图像　　B. 纯文本　　C. 可执行程序　　D. 图像和文本的压缩

2. 对于采用虚拟主机方式的多个网站,域名和 IP 地址是(　　)的关系。

   A. 一对多　　B. 一对一　　C. 多对一　　D. 多对多

3. 常见的浏览器的内核有________、________、________、________。
4. 请解释 http://www.moe.gov.cn/business/moe/115078.html 的含义。
5. 简述 Web 前端与网页设计两个概念的异同。
6. HTML 是什么的缩写?它与程序设计语言有何区别?
7. 简述网站的制作步骤。
8. 使用 DW 新建名为“aiw”的站点,该站点对应硬盘上的 D:\aiw 网站文件夹。
9. 在计算机上安装 Chrome 浏览器,并分别使用 IE 和 Chrome 浏览器查看网页的源代码。

# 第 2 章　HTML

网页是用 HTML 编写的，HTML 是所有网页制作技术的基础。无论是在 Web 上发布信息，还是编写可供交互的程序，都离不开 HTML 语言。

## 2.1　HTML 概述

HTML(Hypertext Markup Language)即超文本置标语言。网页是用 HTML 书写的一种纯文本文件。用户通过浏览器所看到的包含了文字、图像、动画等多媒体信息的每一个网页，其实质都是浏览器对该纯文本文件进行了解释，并引用相应的图像、动画等资源文件，才生成了多姿多彩的网页。

HTML 是一种标记语言。可以认为，HTML 代码就是"普通文本＋HTML 标记"，而不同的 HTML 标记能表达不同的效果，如段落、图像、表格、表单等。

### 2.1.1　HTML 文档的结构

HTML 文件本质上是一个纯文本文件，只是它的扩展名为. htm 或. html。任何纯文本编辑软件都能创建 HTML 文件。图 2-1 是 HTML 文档的基本结构。

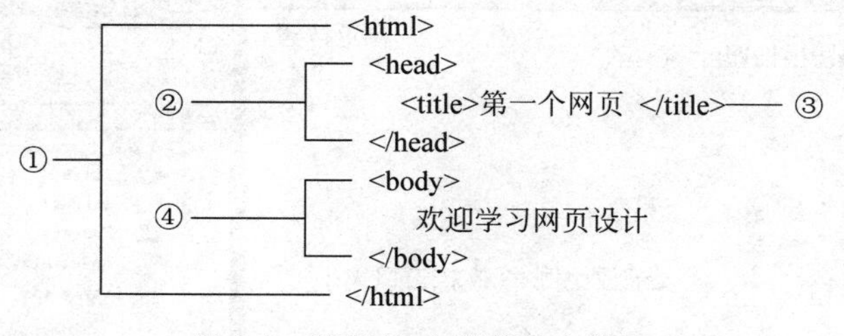


图 2-1　HTML 文档的基本结构

从图 2-1 可以看出，HTML 代码分为 4 部分，其中各部分含义如下。

(1) ＜html＞…＜/html＞——告诉浏览器 HTML 文档的开始和结束位置，HTML 文档包括 head 部分和 body 部分。HTML 文档中所有的内容都应该在这两个标记之间，一个 HTML 文档总是以＜html＞开始，以＜/html＞结束。

(2) ＜head＞…＜/head＞——HTML 文档的头部标记，头部主要提供文档的描述信息，head 部分的所有内容都不会显示在浏览器窗口中，在其中可以放置页面的标题＜title＞以及页面的类型、字符编码、链接的其他脚本或样式文件等内容。

(3) ＜title＞…＜/title＞——定义页面的标题，将显示在浏览器的标题栏中。

(4) ＜body＞…＜/body＞——用来指明文档的主体区域，主体包含 Web 浏览器页面显示的具体内容，因此网页所要显示的内容都应放在这个标记内。

**提示**：HTML标记之间只可以相互嵌套，如<head><title>…</title></head>，但绝不可以相互交错，如<head><title>…</head></title>是错误的。

用户可以打开Windows中的记事本，在记事本中输入图2-1中的代码。输入完成后，单击“保存”菜单项，注意，先在“保存类型”中选择“所有文件”，再输入文件名为2-1.html。单击“保存”按钮，就新建了一个扩展名为.html的网页文件，可以看到其文件图标为浏览器图标，双击该文件，浏览器就会打开如图2-2所示的网页。

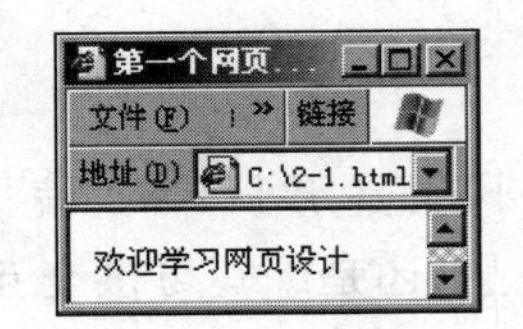


图2-2　2-1.html在浏览器中的显示效果

说明：本书接下来的内容为了简化无关代码，通常会省略<head>、<html>和<body>标记，读者可将简化后的页面内容代码放入到<body>与</body>之间。

## 2.1.2 Dreamweaver的开发界面

Dreamweaver为网页制作提供了简洁友好的开发环境，DW的工作界面包括视图窗口、属性窗口、工具栏和浮动面板组等，如图2-3所示。

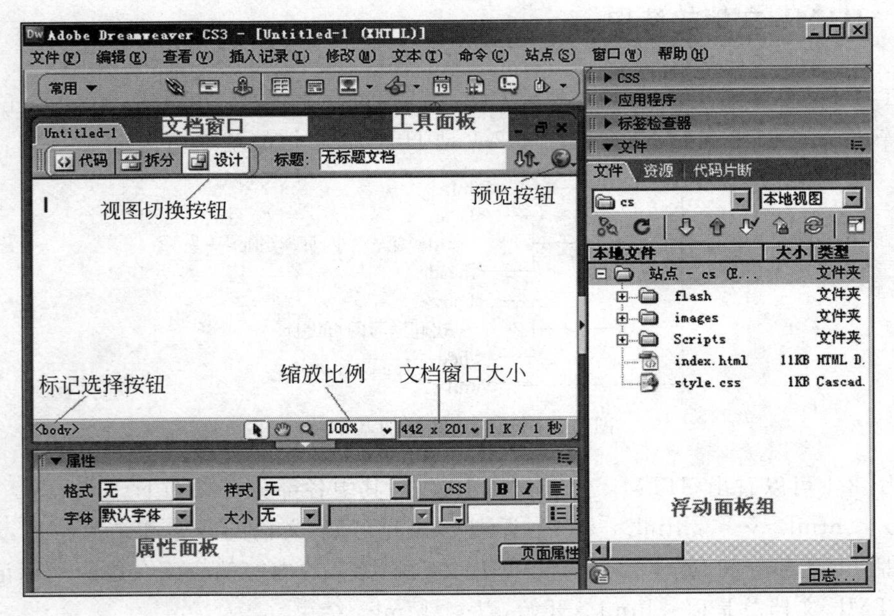


图2-3　Dreamweaver CS3的工作界面

DW的视图窗口可在“代码视图”“设计视图”和“拆分视图”之间切换。

(1)“设计视图”的作用是帮助用户以“所见即所得”的方式编写HTML代码，即通过一些可视化的方式自动编写代码，减少用户手工书写代码的工作量。DW的设计视图蕴含了面向对象操作的思想，它把所有的网页元素都看成是对象，在设计视图中编写

HTML 的过程就是插入网页元素，再设置网页元素的属性。

(2)“代码视图”供用户手工编写或修改代码，因为在网页制作过程中，有些操作不能(或不方便)在设计视图中完成，此时用户可单击“代码”按钮，切换到代码视图直接编写或修改代码，代码视图拥有代码提示的功能，即使是手工编写代码，速度也很快。

(3)“拆分视图”同时显示设计视图和代码视图，在用户需要寻找代码与其对应的网页元素时可切换到这种视图。

为了提高网页制作的效率，建议用户首先在“设计视图”中插入主要的 HTML 元素(尤其是像列表、表格或表单等复杂的元素)，然后切换到“代码视图”对代码的细节进行修改。

**注意**：由于网页本质上是 HTML 代码，在设计视图中的可视化操作实质上仍然是编写代码。因此可以在设计视图中完成的工作一定也可以在代码视图中完成，也就是说，以编写代码的方式制作网页是万能的，因此要重视对 HTML 代码的学习。

### 2.1.3 使用 DW 新建 HTML 文件

打开 DW，在“文件”菜单中选择“新建”命令(快捷键为 Ctrl+N)，在新建文档对话框中选择“基本页”→HTML，单击“创建”按钮就会出现网页的设计视图。在设计视图中可输入网页内容，然后保存文件(执行“文件”→“保存”命令，快捷键为 Ctrl+S，第一次保存时会要求输入网页的文件名)，就新建了一个 HTML 文件，最后可以按 F12 键在浏览器中预览网页，也可以在保存的文件夹中找到该文件双击运行。

**注意**：网页在 DW 设计视图中的效果和浏览器中显示的效果并不完全相同，所以测试网页时应按 F12 键在浏览器中预览最终效果。

### 2.1.4 HTML 标记

标记(tags，也称标签)是 HTML 文档中一些有特定含义的符号，这些符号用来指明内容的含义或结构。HTML 标记由一对尖括号“<>”和标记名组成。标记分为“起始标记”和“结束标记”两种。两者的标记名相同，只是结束标记名前多了一个“/”。例如在图 2-4 中，<b>为起始标记，</b>为结束标记，其中“b”是标记名称，表示“粗体”。尽管 HTML 标记名是不区分大小写的，但推荐使用小写字母，因为 XHTML 标准要求标记名必须小写。

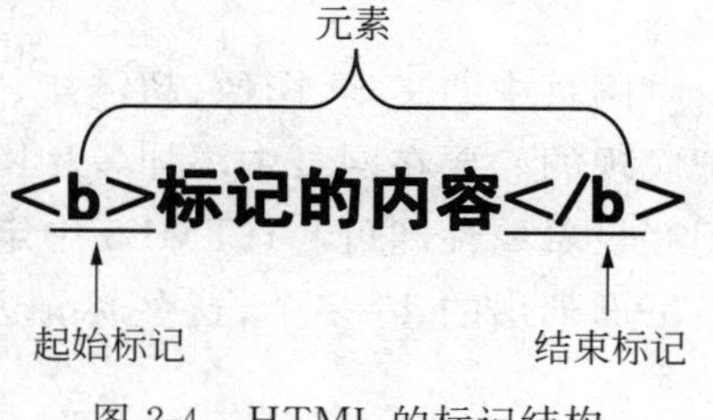


图 2-4　HTML 的标记结构

#### 1. 单标记和双标记

大多数标记都是成对出现的，称为双标记，如<p>…</p>、<table>…</table>。有少数标记只有起始标记，这样的标记称为单标记，如换行标记<br />，其中 br 是标记名，表示换行。XHTML 规定单标记也必须封闭，但 HTML5 没有该要求，可以写成<br>。

**2. 标记带有属性时的结构**

实际上，标记一般还可以带有若干属性(attribute)，属性用来对元素的特征进行具体描述。属性只能放在起始标记中，属性和属性之间用空格隔开，属性包括属性名和属性值(value)，它们之间用“＝”分开，如图 2-5 所示。

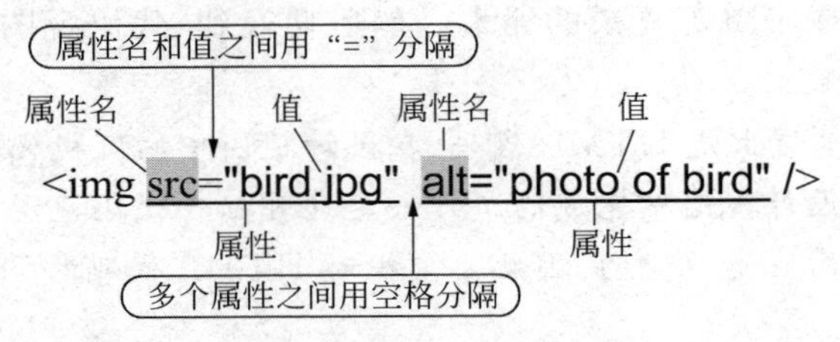


图 2-5　带有属性的 HTML 标记结构

**例 2-1**：讨论下列 HTML 标记的写法错在什么地方(答案略)。

① <img "birthday. jpg " />

② <i> Congratulations! <i>

③ <a href＝"file. html">linked text</a href＝"file. html">

④ <p>This is a new paragraph<\p>

⑤ < li>The list item< /li>

**提示**：把 HTML 标记(如<p>、</p>)和标记之间的内容的组合称为 HTML 元素。HTML 元素可分为“有内容的元素”和“空元素”两种。“有内容的元素”由起始标记、结束标记和两者之间的内容组成，其中元素内容既可以是文字内容，也可以是其他元素。“空元素”是只有起始标记而没有结束标记和元素内容的元素，如<br>。

## 2.1.5　常见的 HTML 标记及属性

网页中的文本、图像、超链接、表格等各种元素，其实质上都是使用对应的 HTML 标记实现的。要在网页中添加各种网页元素，只要在 HTML 代码中插入对应的 HTML 标记并设置属性即可。HTML5 中定义的标记总共有 100 多个，但是常用的 HTML 标记只有下面列出的 40 多个，这些标记及其含义必须熟记下来。表 2-1 对标记按用途进行了分类。

**表 2-1　HTML 标记的分类**

| 类　别 | 标 记 名 称 |
| --- | --- |
| 文档结构 | html，head，body |
| 头部标记 | title，meta，link，style，script |
| 文本结构标记 | p，h1～h6，pre，br，hr |

续表

| 类　别 | 标 记 名 称 |
|---|---|
| 列表标记 | ul，ol，li，dl，dt，dd |
| 超链接标记 | a，map，area |
| 图像及媒体元素标记 | img，embed，object，video，audio |
| 表格标记 | table，tr，td，th，tbody |
| 表单标记 | form，input，textarea，select，option，fieldset，legend，label |
| 容器标记 | div，span |

HTML 还为标记定义了许多的属性，有些属性是所有标记都具有的，称为公共属性；而大部分属性是某些标记独有的，称为特有属性。表 2-2 列出了所有 HTML 标记具有的公共属性和某些标记的特有属性。

**表 2-2　HTML 标记的一些常见的属性**

| 公共属性 | 含　义 | 特有属性 | 含　义 |
|---|---|---|---|
| style | 为元素引入行内 CSS 样式 | align | 定义元素的水平对齐方式 |
| class | 为元素定义一个类名 | src | 定义元素引用的文件的 URL |
| id | 为元素定义一个唯一的 id 名 | href | 定义超链接所指向的文件的 URL |
| name | 为元素定义一个名字 | target | 定义超链接中目标文件的打开方式 |
| title | 定义鼠标指向元素时的提示文字 | type | 定义表单元素的类型 |

## 2.2　在网页中添加文本和图像

在网页中，文本和图像是最基本的两种网页元素，文本和图像在网页中可以起到传递信息、美化页面、点明主题等作用。在网页中添加文本和图像并不难，主要问题是如何编排这些内容以及控制它们的显示方式，让文本和图像看上去编排有序，整齐美观。

要在网页中添加文本、图像等各种网页元素，只要在 HTML 代码中插入对应的 HTML 标记并设置属性和内容即可。

### 2.2.1　创建文本和列表

在网页中添加文本主要有以下几种方法。

**1. 直接写文本**

网页中的文本可直接放在任何标记中。例如，<body>文本</body>、<div>文本</div>、<td>文本</td>，但这种方法没有标明文本的语义，不推荐使用。

**2. 用段落标记<p>格式化文本**

各段落文本将换行显示，段落与段落之间有大约一行的间距。例如：

```
<p>第一段</p><p>第二段</p><p>第三段</p>
```

**3. 用标题标记<hn>格式化文本**

标题标记是具有语义的标记，它指明标记内的内容是一个标题。标题标记共有6种，用来定义第$n$级标题($n=1,2,3,\cdots,6$)，$n$的值越大，字越小，所以<h1>是最大的标题标记，而<h6>是最小的标题标记。标题标记中的文本将以粗体显示，实际上可看成是特殊的段落标记。

标题标记和段落标记均具有对齐属性align，用来设置元素的内容在元素占据的一行空间内的对齐方式。取值有left(左对齐)、right(右对齐)、center(居中对齐)。

**4. 文本换行标记<br>和<wbr>**

<br>是强制换行标记，如果希望文本在浏览器中换行，可在要换行处插入<br>标记，或在DW中按Shift+Enter键。换行标记<br>不会产生一行的空隙。

<wbr>是软换行标记，即当浏览器窗口或父级元素足够宽时不换行，而宽度不够时在此处自动换行。这在可变宽度布局的网页中是有用的。

**5. 列表标记**

为了合理地组织文本或其他元素，网页中经常要用到列表。列表标记有3种：无序列表<ul>、有序列表<ol>和定义列表<dl>。每个列表标记都是配对标记，在<ul>和<ol>标记中可包含若干个<li>标记，表示列表项。在<dl>标记中通常包括一个<dt>标记(表示列表标题)和若干个<dd>标记(表示列表项)。

图2-6是一个包含了各种文本和列表的网页，它的HTML代码(2-2.html)如下。

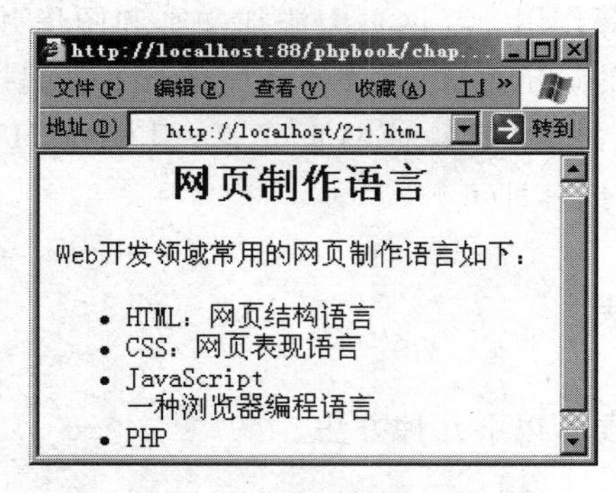


图2-6 包含各种文本标记的网页

```
<html><body>
    <h2 align="center">网页制作语言</h2>
    <p>Web开发领域常用的网页制作语言如下:</p>
    <ul>
      <li>HTML:网页结构语言</li>
```

```
        <li>CSS:网页表现语言</li>
        <li>JavaScript<br>一种浏览器编程语言</li>
        <li>PHP</li>
    </ul>
</body></html>
```

### 2.2.2 插入图像

网页中图像对浏览者的吸引力远大于文本，选择最恰当的图像，能够牢牢吸引浏览者的视线。图像直接表现主题，并且凭借图像的意境，使浏览者产生共鸣。缺少图像而只有色彩和文字的设计，给人的印象是没有主题的空虚的画面，浏览者将很难理解该网页的主要内容。

**1. 使用<img>标记插入图像文件**

在 HTML 中，用<img>标记可以插入图像文件，并可设置图像的大小、对齐等属性，它是一个单标记，如图 2-7 所示的网页中插入了一张图片，它的 HTML 代码(2-3.html)如下。

```
<html><body>
<p>今天钓到一条大鱼,好高兴!</p>
<img src="images/dayu.jpg" width="200" height="132" align="center" title="好
大的鱼"/>
</body></html>
```

图 2-7 在网页中插入图片

该网页中显示的图片文件位于当前文件所在目录下的 images 目录中，文件名为 dayu.jpg，如果不存在该文件，则会显示一片空白。<img>标记的常见属性如表 2-3 所示。

表 2-3　<img>标记的常见属性

| 属　性 | 含　义 |
| --- | --- |
| src | 图片文件的 URL 地址 |
| alt | 当图片无法显示时显示的替代文字 |
| title | 鼠标停留在图片上时显示的说明文字 |
| align | 图片的对齐方式，共有 9 种取值 |
| width、height | 图片在网页中的宽和高，单位为像素或百分比 |

在 DW 中，单击工具栏中的图像按钮( )可让用户选择插入一张图片，其实质是 DW 在代码中自动插入了一个<img>标记，选中插入的图像，还可在属性面板中设置图像的各种属性以及图像的链接地址等。

除了使用<img>标记插入图像外，还可将图像作为 HTML 元素的背景嵌入到网页中，由于 CSS 的背景属性功能强大，现在更推荐将元素的装饰性图像作为背景嵌入。如果图像是通过<img>元素插入的，则可以在浏览器上通过按住鼠标左键拖动选中图片，此时图片呈现反选状态，还可以将它拖动到地址栏里，那么浏览器将单独打开这张图片。如果是作为背景嵌入，则无法选中图片。

**2. 网页中支持的图像文件格式**

网页中可以插入的图像文件格式有 JPG、GIF 和 PNG 格式，它们都是压缩形式的图像格式，体积较位图格式(BMP)的图像小，适合于网络传输。这 3 种格式图像文件的特点如表 2-4 所示。

表 2-4　网页中 3 种图像格式的比较

| 图像格式 | JPG | GIF | PNG |
| --- | --- | --- | --- |
| 压缩形式 | 有损压缩 | 无损压缩 | 无损压缩 |
| 支持的颜色数 | 24 位真彩色 | 256 色 | 真彩色或 256 色 |
| 支持透明 | 不支持 | 支持全透明 | 支持半透明和全透明 |
| 支持动画 | 不支持 | 支持 | 不支持 |
| 适用场合 | 照片等颜色丰富的图片 | 卡通图形、线条、图标等颜色数少的图片 | 都可以 |

## 2.3　利用 DW 代码视图提高效率

DW 提供了方便的代码编写功能。前面曾谈到，页面在浏览器中的最终显示效果完全由 HTML 代码决定，DW 只是辅助用户自动地插入或者生成必要的代码。在实际中，还是会经常遇到通过可视化的方式生成的代码并不能满足需要的情况，这时就需要设计师对代码进行手工调整，这个工作可以在 DW 的代码视图中完成。在代码视图中，DW 提供了很多方便的功能，可以帮助用户更高效地完成代码的输入和编辑操作。

### 2.3.1 代码提示

在HTML和CSS语言中，都有很多标记、属性和属性值，设计者要把众多的标记、属性和属性值记清楚是很不容易的。为此，DW提供了方便的代码提示功能，以减少设计者的记忆量，并加快代码的输入速度。

在DW的代码视图中，如果希望在代码中的某个位置增加一个HTML标记，只需把光标移动到目标位置，输入“＜”，就会弹出标记提示框，如图2-8所示。这时可以按“↓”键选取所需的标记，再按回车键即完成对该标记的输入，有效地避免了拼写错误。

如果要为标记添加一个属性，只需在标记名或其属性后按下空格键，就会出现下拉框，列出了该标记具有的所有属性和事件，如图2-9所示，按“↓”键就可选取所需的属性。实际上，通过查看列出的所有属性，还可以帮助我们学习该标记具有哪些属性。

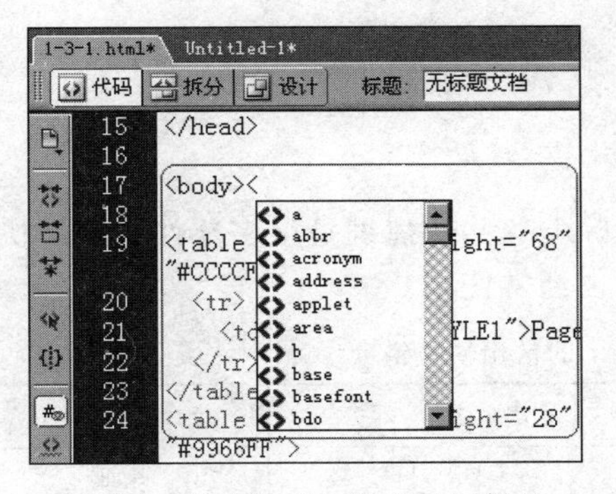

图2-8 输入“＜”后弹出标记提示

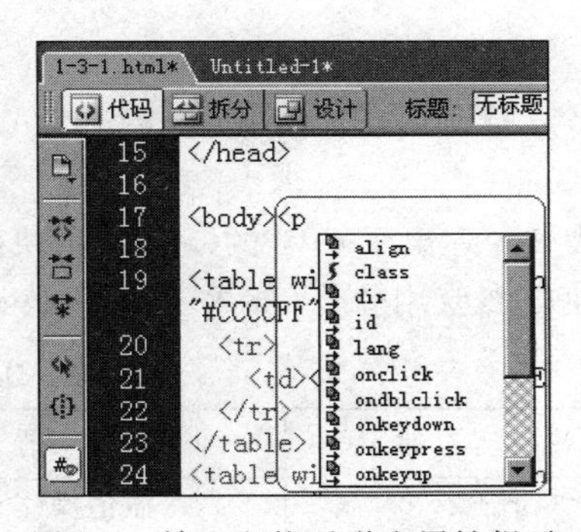

图2-9 输入空格后弹出属性提示

如果列出的属性特别多，那么可以继续输入所需属性的第一个字母，这时属性提示框中的内容会发生变化，仅列出以这个字母开头的属性，就大大缩小了选择范围。

在选择了某个属性后，按回车键，DW的代码提示功能就会自动输入(="")，并会弹出备选的属性值，如图2-10所示。这时按“↓”键就可选取属性值，再按回车键即完成了属性值的输入。如果要修改属性值，只需把属性值连同引号一起删掉，然后再输入一个双引号，就会再次弹出属性值提示框了。

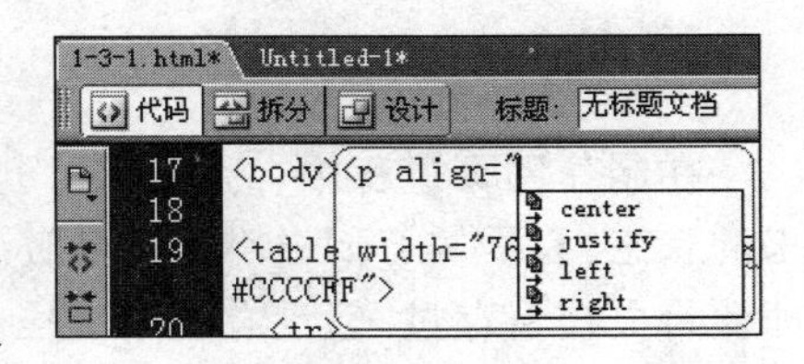

图2-10 选中属性后弹出属性值提示

### 2.3.2 代码快速定位

当页面很复杂、代码很长时，如果想快速找到某个网页元素对应的代码，也是很容易的。只需在设计视图中单击某个网页元素，那么切换到代码视图后，光标也会自动定位到这个元素对应的代码处。

如果要选中某个元素的整个代码，可以使用图2-11中的“标记按钮”功能，单击标记按钮，就会把该元素对应的代码选中。而且，从标记按钮中，还能看出元素之间的嵌套关系。例如，把光标停留在 i 元素中的内容时，左下角的标记按钮依次为“＜body＞＜h2＞＜i＞”，表示 i 元素是嵌套在 h2 元素中的，而 h2 元素又是嵌套在 body 元素中的。用户可方便地单击相应的标记按钮选中各个元素对应的代码范围及在设计视图中的位置。

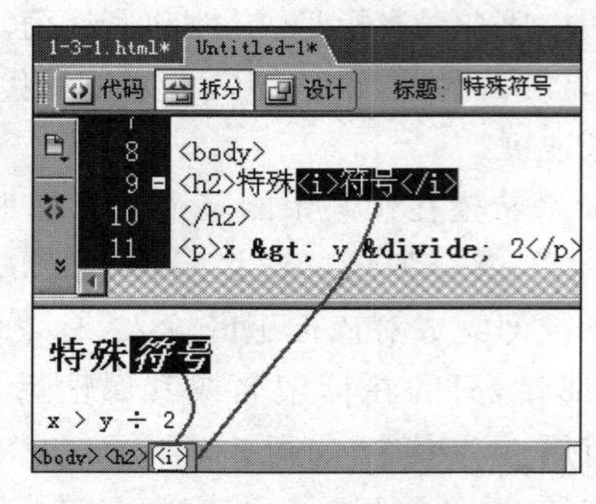


图 2-11 使用标记按钮快速定位元素

## 2.3.3 DW 中的常用快捷键

表 2-5 列出了 DW 的一些常用快捷键，实际上这些快捷键是很多软件通用的快捷键，在其他很多应用软件（如 Word、Fireworks）中也经常使用。

表 2-5 Dreamweaver 的常用快捷键

| 快 捷 键 | 功 能 | 快 捷 键 | 功 能 |
|---|---|---|---|
| Ctrl+Z | 撤销操作 | Ctrl+C | 复制 |
| Ctrl+S | 保存文档 | Ctrl+V | 粘贴 |
| F12 | 预览网页 | Ctrl+X | 剪切 |
| Ctrl+A | 全选 | Ctrl+N | 新建文档 |

### 1. Ctrl+Z

在制作网页过程中，为了调试网页，经常会把网页修改得很乱，此时如果想回退到原来的状态，只需按 Ctrl+Z 键进行撤销操作，连续按则能撤销多步操作。需要注意的是，即使将文档保存过，但没有关闭文档，就仍然能按 Ctrl+Z 键进行撤销。

### 2. Ctrl+S

由于调试网页时经常需要预览网页，而预览之前必须先保存网页，因此 Ctrl+S（保存）也是用得很频繁的快捷键，调试过程通常是先按 Ctrl+S 键再按 F12 键预览。

**提示：**在预览网页后，建议不要关闭浏览器，这样下次修改并保存网页后，可以直接按 F5 键刷新浏览器，就能快速看到修改后的效果了。

### 3. Ctrl+A、Ctrl+C、Ctrl+V、Ctrl+X

这几个快捷键是文本编辑中最常用的快捷键，在制作网页过程中经常需要使用。例如在网上找到一个完整的HTML源代码，想在DW中调试，那么最快捷的方式就是先在网上复制这段代码，然后在DW中按Ctrl+N键新建网页，切换到代码视图，按Ctrl+A键全选代码视图中的代码，按Ctrl+V键粘贴就能用网上的代码替换掉DW中原来的代码。

## 2.4 创建超链接

超链接是组成网站的基本元素，通过超链接可以将很多网页链接成一个网站，并将Internet上的各个网站联系在一起，浏览者可以方便地从一个网页跳转到另一个网页。

超链接是通过URL(统一资源定位器)来定位目标信息的。URL主要包括4部分：网络协议(如http://)、域名或IP地址、文件路径和文件名。

### 2.4.1 超链接标记<a>

在网页中，<a>标记且带有href属性时表示是超链接，图2-12的网页中创建了两个超链接，当鼠标移动到超链接上时会变成手形，其代码(2-4.html)如下。

```
<html><body>
    <a href="/index.html" target="_blank">网站首页</a>
    <a href="mailto:xia@qq.com" title="欢迎给我来信">联系我们</a>
</body></html>
```

图2-12 网页中的超链接

<a>标记的属性及其取值如表2-6所示。

表2-6 <a>标记的属性及其取值

| 属性名 | 说　明 | 属　性　值 |
| --- | --- | --- |
| href | 超链接的URL路径 | 相对路径或绝对路径、E-mail、#锚点名 |
| target | 超链接的打开方式 | _blank：在新窗口打开<br>_self：在当前窗口打开，默认值<br>_parent：在当前窗口的父窗口打开<br>_top：在整个浏览器窗口打开链接<br>窗口或框架名：在指定名称的窗口或框架中打开 |
| title | 超链接上的提示文字 | 属性值是任何字符串 |
| id、name | 锚点的id或名称 | 自定义的名称，如id="ch1"。<a>标记作为锚点使用时，不能设置href属性 |

超链接的源对象是指可以设置链接的网页对象，主要有文本、图像或文本图像的混合体，它们对应<a>标记的内容，另外还有热区链接。在 DW 中，这些网页对象的属性面板中都有“链接”设置项，可以很方便地为它们建立超链接。

**1. 用文本作超链接**

在 DW 中，可以先输入文本，然后用鼠标选中文本，在属性面板的“链接”框中输入链接的地址并按回车键；也可以单击“常用”工具栏中的“超级链接”图标，在对话框中输入“文本”和链接地址；还可以在代码视图中直接写代码。无论使用何种方式，生成的超链接代码类似于下面这种形式：

```
<a href="index.htm" target="_blank">首页</a>
```

**2. 用图像作超链接**

首先需要插入一张图片，然后选中图片，在属性面板的“链接”文本框中设置图像链接的地址。生成的代码如下：

```
<a href="index.htm"><img src="images/info.gif" title="返回首页" border="0" />
</a>
```

用图像作超链接，最好设置<img>标记的 border 属性等于 0，否则在 IE8 中，图像周围会出现一个蓝色的 2 像素粗的边框，很不美观。

**3. 热区链接**

用图像作超链接只能让整张图片指向一个链接，那么能否在一张图片上创建多个超链接呢？这时就需要热区链接。所谓热区链接，就是在图片上划出若干个区域，让每个区域分别链接到不同的网页。比如一张中国地图，单击不同的省份会链接到不同的网页，就是通过热区链接实现的。

制作热区链接首先要插入一张图片，然后选中图片，在展开的图像“属性”面板上有“地图”选项，它的下方有 3 个小按钮，分别是绘制矩形、圆形、多边形热区的工具，如图 2-13 所示。可以使用它们在图像上拖动绘制热区，也可以使用箭头按钮调整热区的位置。

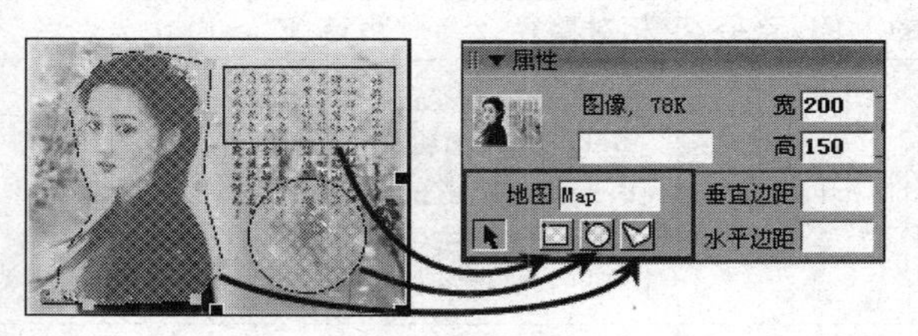


图 2-13　图像属性面板中的地图工具

绘制了热区后，可看到在 HTML 代码中增加了<map>标记，表示在图像上定义了一幅地图。地图就是热区的集合，每个热区用<area>单标记定义，因此<map>和<area>是成组出现的标记对。定义热区后生成的代码(2-5. html)如下。

```
<img src="images/xf.jpg" alt="说明文字" border="0" usemap="#Map" />
<map name="Map" id="Map">
    <area shape="rect" coords="51,131,188,183" href="title.htm" alt="说明文字" />
    <area shape="rect" coords="313,129,450,180" href="#h3" />
</map>
```

其中，<img>标记会增加 usemap 属性与它上面定义的地图(热区)建立关联。

<area>标记的 shape 属性定义了热区的形状，coords 属性定义了热区的坐标点，href 属性定义了热区链接的文件；alt 属性可设置鼠标移动到热区上时显示的提示文字。

### 2.4.2 绝对 URL 与相对 URL

URL 是统一资源定位器的意思。在网页中，URL 用来描述链接的文件或引用的图片的地址。网页中的 URL 可分为绝对 URL 和相对 URL。

#### 1. 绝对 URL(绝对路径)

绝对 URL 是采用完整的 URL 来规定文件在 Internet 上的精确地点，包括完整的协议类型、计算机域名或 IP 地址、包含路径信息的文档名。书写格式为“协议：//计算机域名或 IP 地址[/文档路径][/文档名]”。例如：

```
<a href="http://www.hynu.cn/index.htm">学院首页</a>          <!--链接文件-->
<img src=" http://www.hynu.cn/images/bg.jpg" />              <!--调用图片-->
```

#### 2. 相对 URL(相对路径)

相对 URL 是相对于当前页的地点来规定文件的地点。应尽量使用相对 URL 创建链接，使用相对路径创建的链接可根据目标文件与当前文件的目录关系，分为 5 种情况。

(1) 链接到同一目录内的其他文件，直接写目标文件名即可；

(2) 链接到下一级目录中的文件，则先写“下一级目录名/”，再写目标文件名；

(3) 链接到上一级目录中的文件，则在目标文件名前添加“../”，因为“..”表示上级目录，而“.”表示本级目录；

(4) 链接到上一级目录中其他子目录中的网页文件，则可先用“../”退回到上一级目录，再进入目标文件所在的目录；

(5) 链接到网站根目录下的网页文件，由于“/”表示网站根目录，因此 href 的属性值可写成“/file. htm”。但是必须将 Web 服务器的根目录配置好之后才能使用这种方式，而制作静态网页时一般并没有安装 Web 服务器。

下面是前 4 种情况对应的实例。

```
<a href="目标文件名">链接文本</a>                <!--同一级目录内链接-->
<a href="子目录名/目标文件名">链接文本</a>        <!--到下一级目录内的链接-->
<a href="../目标文件名">链接文本</a>             <!--到上一级目录内的链接-->
<a href="../子目录名/目标文件名">链接文本</a>
```

**3. 相对 URL 使用举例**

下面举个例子说明相对路径的使用方法。网站的文件目录结构如图 2-14 所示。

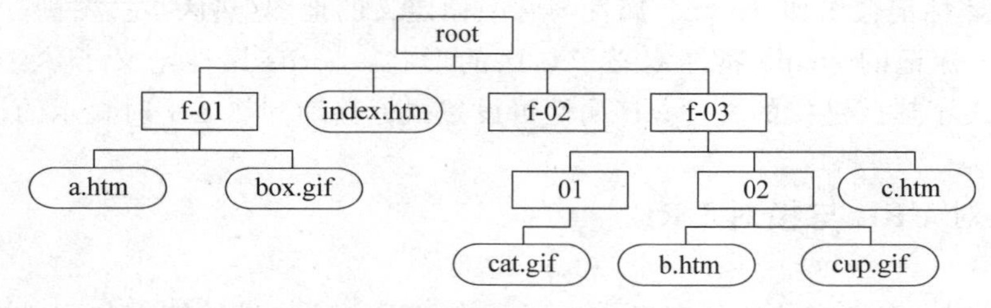


图 2-14　网站的文件目录结构

图中的矩形表示文件夹,圆角矩形表示文件。

(1) 如果 f-01 目录下的 a. htm 需要显示同目录下的 box. gif 图片,因为在当前目录下可以直接找到 box. gif 文件,所以相对路径是 box. gif 或者. /box. gif。

(2) 如果根目录下的 index. htm 需要显示 f-01 目录下的 box. gif 图片,则应先进入 f-01 目录,再找到 box. gif 文件,因此相对路径是 f-01/box. gif。

(3) 如果 f-03/02 目录下的 b. htm 需要显示 01 目录下的 cat. gif 图片,则应从 02 目录退一级到 f-03 目录,再进入 01 目录,所以相对路径是"../01/cat. gif"。

(4) 如果 b. htm 需要显示 box. gif 图片,应该写成"../ ../f-01/box. gif"。

(5) 如果 a. htm 需要显示 cup. gif 图片,应该写成"../f-03/02/cup. gif"。

可见,相对路径比较简便,无须输入完整的 URL。另外,相对路径还有一个很明显的优点:可以毫无顾忌地修改网站的域名或网站文件夹在服务器硬盘中的存放位置。

**提示**:如果在 DW 中制作网页时看到代码中 URL 为 file 协议的格式,例如,file:///E/网页制作上课/DEMO/bg. png,说明网页中引用的资源是本机上的,出现这种情况的原因是引用的文件未在网站目录内,或根本未创建网站目录,或网页文件尚未保存到网站目录内。当网页上传到服务器后,由于该资源在服务器上的存放路径和本机上的路径一般不会相同,就会出现找不到文件的情况,因此应避免这种情况出现。

## 2.4.3　超链接的种类

超链接有很多种类,如网页链接、电子邮件链接、锚链接等,它们的区别在于其 href 属性的取值不同。因此可以根据 href 属性的取值来划分超链接的类型。

### 1. 链接到其他网页或文件

因为超链接本身就是为了把 Internet 上各种网页或文件链接在一起，所以链接到文件的链接是最重要的一类超链接，它可分为以下几种：

- 内部链接，链接地址是相对 URL，如：

```
<a href="../index.htm">首页</a>
```

- 外部链接，链接地址是绝对 URL，如：

```
<a href="http://www.qq.com">腾讯网</a>
```

- 下载链接，链接地址是一个浏览器不能打开的文件类型，如 rar、doc、apk 等，单击链接会弹出文件下载框，例如：

```
<a href="inc/test.rar">点击下载</a>
```

### 2. 电子邮件链接

如果在链接的 URL 地址前面有"mailto:"，就表示是电子邮件链接，点击电子邮件链接后，浏览器会自动打开默认的电子邮件客户端程序(如 Outlook)。

```
<a href="mailto:xiaoli@163.com">xiaoli@163.com </a>
```

由于我国用户大多不喜欢使用客户端程序发送邮件，所以也可以不建立电子邮件链接，直接把 E-mail 地址作为文本写在网页上，这样还可以防止垃圾邮件的侵扰。

### 3. 锚链接(链接到页面中某一指定的位置)

当网页内容很长，需要进行页内跳转链接时，就需要定义锚点和锚点链接，锚点可使用 name 属性或 id 属性定义。锚链接需要和锚点配合使用，点击锚链接会跳转到指定的锚点处。示例代码(2-6.html)如下。

```
<a id="ch4"></a>                      <!--定义锚点,锚点名为 ch4 -->
<a href="#ch4">...</a>                <!--链接到当前网页的锚点 ch4 处 -->
<a href="intro.htm#ch4">…</a>         <!--链接到 intro.htm 网页的锚点 ch4 处 -->
```

**注意**：定义锚点时锚点名前面不要加＃号，链接到锚点时锚点名前要加＃号。

### 4. 空链接和脚本链接

还有一些有特殊用途的链接，例如，测试网页时用的空链接和脚本链接等。

```
<a href="#">…</a>                    <!--空链接,网页会返回页面顶端-->
<a href="JavaScript:self.close(); ">关闭窗口</a>        <!--脚本链接-->
```

#### 5. HTML5 中新增的超链接

HTML5 为了增强手机网站功能，超链接的 href 属性有了更多的取值，例如：

- 拨打电话号码的链接

```
<a href="tel:13335418888"></a>
```

- 发短信的链接

```
<a href="sms:18688888888">发短信</a>
```

### 2.4.4 超链接目标的打开方式

<a>标记具有 target 属性，用于设置超链接目标的打开方式。在属性面板的“目标”下拉列表框中可设置 target 的属性的取值，如图 2-15 所示，其常用的取值有 4 种。

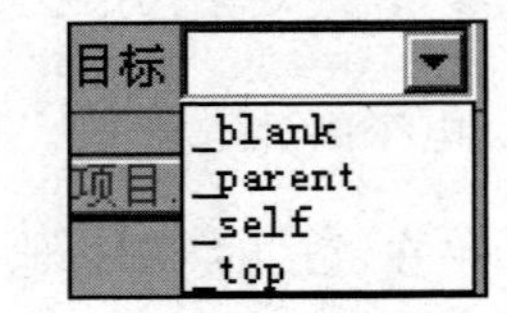


图 2-15 “目标”下拉列表框

(1) _self——在原来的窗口或框架打开链接的网页，这是 target 属性的默认值；

(2) _blank——在一个新窗口打开所链接的网页，这个很有用，可防止打开新网页后把原来的网页覆盖掉，例如：

```
<a href="http://www.rongshu.com" target="_blank">榕树下</a>
```

(3) _parent——将链接的文件载入到父框架打开，如果包含的链接不是嵌套框架，则所链接的文档将载入到整个浏览器窗口；

(4) _top——在整个浏览器窗口载入所链接的文档，因而会删除所有框架。

在这 4 种取值中，“_parent”“_top”仅仅在网页被嵌入到其他网页中有效，如框架中的网页，所以它们用得很少。用得最多的还是通过“_blank”属性值使网页在新窗口中打开，如 target="_blank"，要注意不要漏写取值名称前的下画线“_”。

### 2.4.5 超链接制作的原则

#### 1. 可以使用相对链接，尽量不要使用绝对链接

相对链接的好处在前面已经详细介绍过，原则上，同一网站内的文件之间的链接都应使用相对链接方式，只有在链接到其他网站的资源时才使用绝对链接。例如，和首页在同一级目录下的其他网页要链接到首页，有如下 3 种方法。

(1) <a href=".">首 页</a> <!--链接到本级目录，则自动打开本级目录的主页-->

(2) <a href="index.html">首 页</a> <!--链接到首页文件名-->

(3) <a href="http://www.hynu.cn">首 页</a> <!--链接到网站名-->

通常应该尽量采用前两种方法,而不要采用第三种方法。但第一种方式需要在 Web 服务器上设置网站的首页为 index.html 后才能正确链接,这给在文件夹中预览网页带来不便。

**2. 链接目标尽可能简单**

假如要链接到其他网站的主页,那么有如下两种写法。

(1) <a href="http://www.hynu.cn">首 页</a>

(2) <a href="http://www.hynu.cn/index.html">首 页</a>

则写法(1)比写法(2)要好,因为第一种写法不仅简单,还可以防止以后该网站将首页改名(如将 index.html 改成 index.jsp)造成链接不上的问题。

**3. 超链接的综合运用实例**

下面这段代码(2-7.html)包含了各种类型的超链接,请总结这些超链接的写法。

```
<html><body>
<p><a href="dance.html">红舞鞋</a></p>
<p><a href="#xrh">雪绒花</a></p>
<p><a href=mailto:xiali@163.net title="欢迎给我来信"><img src="mail.gif" />
</a></p>
<p>好站推荐:<a href="http://www.baidu.com" target="_blank">百度</a></p>
<p><a id="xrh"></a>雪绒花的介绍……</p>
<p align="right"><a href="JavaScript:self.close(); ">关闭窗口</a></p>
</body></html>
```

## 2.4.6 DW 中超链接属性面板的使用

DW 中建立链接的选项框如图 2-16 所示,文字、链接、图像和热区的属性面板中都有“链接”这一项。其中,“链接”对应标记的 href 属性,“目标”对应 target 属性。利用超链接属性面板可快速建立超链接,首先选中要建立超链接的文字或图片,然后在“链接”选项框中输入要链接的 URL 地址。

图 2-16 DW 中的建立链接选项框

其中在链接地址栏输入 URL 有 3 种方法:一是直接在文本框输入 URL;二是单击“文件夹”图标浏览找到要链接的文件,三是按住拖放定位图标(⊕)不放将其拖动到锚点处或文件面板中要链接的文件上,如图 2-17 所示。使用以上任何一种方式使“链接”下拉列表框中出现了内容后,“目标”下拉列表框将变为可用,可选择超链接的打开方式。

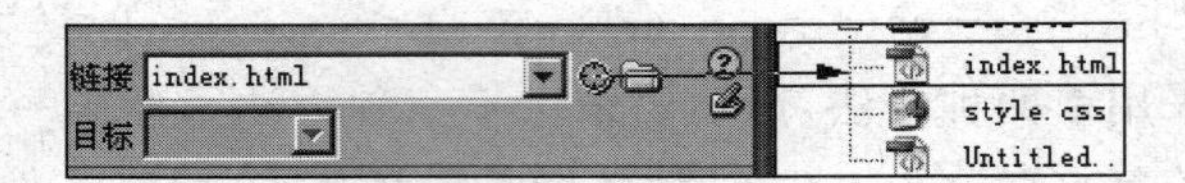


图 2-17　使用拖动链接定位图标方式建立链接

## 2.5　插入 Flash 及嵌入其他网页

Flash 是网络上传输的矢量动画，利用 DW 可以很方便地在网页中插入 Flash 文件，从而在网页上展现丰富的动画效果。

### 2.5.1　插入 Flash

#### 1. 使用 DW 在网页中插入 Flash 的两种方法

(1) 执行菜单命令："插入"→"媒体"→Flash，再在属性面板中调节插件的宽和高，在代码视图中可看到插入 Flash 元素是通过同时插入<object>标记和<embed>标记实现的，以确保在所有浏览器中都获得应有的效果。

(2) 执行菜单命令："插入"→"媒体"→"插件"，此方法在代码中仅插入了<embed>标记。如果不需要设置特别的参数(如 wmode="transparent")，那么在 IE 和 Firefox 也能看到效果，而代码更简洁，所以推荐使用这种方式。

#### 2. 在图像上放置透明 Flash

有些 Flash 动画的背景是透明的，在百度上搜索"透明 Flash"可以找到很多透明的 Flash 动画。可以将这种透明背景的 Flash 动画放在一张图片上，使图片看起来和 Flash 融为一体也有动画效果了。方法是先将一张需要放置透明 Flash 的图片作为单元格(或 div 等其他元素)的背景，然后在此单元格内插入一个透明 Flash 文件，这样，这个 Flash 文件就覆盖在了图片的上方。然后调整此 Flash 插件的大小与图片大小使其一致。再选中该 Flash 插件，单击属性面板中的"参数"按钮，在如图 2-18 所示的"参数"对话框中新建一个参数 wmode，"值"设置为 transparent。生成的代码包括一个<param>标记和一个在<object>标记中的 wmode 属性，其中<param name="wmode" value="transparent" />使 Flash 在 IE 中透明，而 wmode="transparent"使 Flash 在 Chrome 中透明。生成的代码见配套源代码中的 2-8.html。

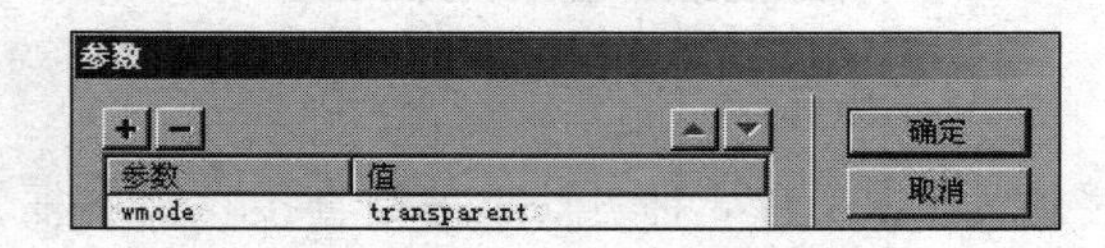


图 2-18　设置 Flash 文件透明方式显示

## 2.5.2 嵌入式框架标记<iframe>

如果要在网页中间某个矩形区域内显示其他网页，则可使用嵌入式框架标记<iframe>，通过<iframe>可以很方便地在一个网页中显示另一个网页的内容，如图 2-19 网页中的天气预报就是通过 iframe 调用了另一个网页的内容。

图 2-19 通过 iframe 调用天气预报网页

下面是嵌入式框架的属性举例：

```
<iframe src="url" width="x" height="x" scrolling="[option]" frameborder="x"
name="main"></iframe>
```

<iframe>标记中各个属性的含义如下。

(1) src——文件的 URL 路径；

(2) width、height——iframe 框架的宽和高；

(3) scrolling——当 src 指定的网页在区域中显示不完时，是否出现滚动条选项，如果设置为 no，则不出现滚动条；如为 auto，则自动出现滚动条；如为 yes，则显示；

(4) frameborder——iframe 边框的宽度，为了让框架与邻近内容相融合，常设置为 0；

(5) name——框架的名字，用来进行识别。例如(2-9.html)：

```
<iframe src="http://www.baidu.com" width="250" height="200" scrolling="auto"
frameborder="0" name="main"></iframe>
```

嵌入式框架常用于将其他网页的内容导入到自己网页的某个区域，如把天气预报网站的天气导入到自己做的网页的某个区域显示。但某些木马或病毒程序利用 iframe 的这一特点，通过修改网站的网页源代码，在网页尾部添加 iframe 代码，导入其他带病毒的恶意网站的网页，并将 iframe 框架的宽和高都设置为 0，使 iframe 框架看不到。这样用户打开某网站网页的同时，就不知不觉打开了恶意网站的网页，从而感染病毒，这就是所谓的 iframe 挂木马的原理。不过可留意浏览器的状态栏看打开网页时是否提示正在打开某个可疑网站的网址而发现网页被挂木马。

## 2.6 头部标记*

如前所述，网页由 head 和 body 两个部分构成。在网页的 head 部分，除了 title 标记外，还有其他的几个标记，这些标记虽然不常用，但是需要有一定的了解。

### 1. <meta> 标记

meta 是元信息的意思，即描述信息的信息。meta 标记提供网页文档的描述信息等。如描述文档的编码方式、文档的摘要或关键字、文档的刷新，这些都不会显示在网页上。

<meta>标记可分为两类，如果它具有 name 属性，则表示它的作用是提供页面描述信息；如果它具有 http-equiv 属性，其作用就变成回应给浏览器一些有用的信息，以帮助正确和精确地显示网页内容。下面是几个例子。

(1) 描述文档的编码方式，用来防止网页变成乱码，例如，gb2312 表示简体中文，utf-8 表示国际通用码。在 DW 的“修改”→“页面属性”→“标题/编码”中可更改页面编码方式。如果页面编码方式与<meta>标记声明的编码不一致，那么网页将显示乱码。HTML5 的文档编码方式声明如下：

```
<meta charset="gb2312">
```

(2) 描述摘要或关键字，网页的摘要，关键字是为了让搜索引擎能对网页内容的主题进行识别和分类。例如：

```
<meta name="Keywords" content="网页设计,学习" />            <!--设置关键字-->
<meta name="Description" content="学习网页设计的网站" />  <!--设置摘要-->
```

(3) 设置文档刷新。文档刷新可设置网页经过几秒钟后自动刷新或转到其他 URL。例如：

```
<meta http-equiv="refresh" content="30">      <!--过 30s 后自动刷新-->
<meta http-equiv="refresh" content="5;Url=index.htm">
                                              <!--5s 后自动转到 index.htm -->
```

### 2. <link>、<style>和<script>标记

<link>标记用来链接外部 CSS 文件，<style>标记用来在网页头部嵌入 CSS 代码。而<script>标记用来链接或嵌入 JavaScript 代码。例如(2-10.html)：

```
<link href="css/style.css" rel="stylesheet" />      <!--链接一个 css 文件-->
<style>h1{font-size:12px;}</style>                   <!--嵌入 css 代码-->
<script src="js/jquery.js"></script>                 <!--链接一个外部 js 文件-->
<script>function msg(){alert("Hello")}</script>      <!--嵌入 JavaScript 代码-->
```

# 习　题

1. HTML 中最大的标题元素是(　　)。

   A. <head>　　B. <title>　　C. <h1>　　D. <h6>

2. <title>标记中应该放在(　　)标记中。

   A. <head>　　B. <table>　　C. <body>　　D. <div>

3. align 属性的可取值不包括以下哪一项?(　　)

   A. left　　B. center　　C. middle　　D. right

4. 下述(　　)表示表图像元素。

   A. <img>image.gif</img>　　B. <img href= "image.gif " />

   C. <img src= "image.gif " />　　D. <image src= "image.gif " />

5. 要在新窗口打开一个链接指向的网页需用到(　　)。

   A. href="_blank "　　B. name= "_blank "

   C. target="_blank "　　D. href="#blank "

6. 要链接到当前目录上一级目录中的文件,href 的属性值应写成(　　)。

   A. ../文件名　　B. ./文件名　　C. /../文件名　　D. /文件名

7. 相对 URL 不能用来链接(　　)。

   A. 同一目录下的文件　　B. 同一网站下的文件

   C. 上级目录中的文件　　D. 其他网站中的文件

8. 要定义一个锚点,应对 a 标记设置________属性。

9. 如果要在一张图片上添加多个超链接,应使用________。

10. 无序列表标记是________,列表项标记是________。

# 第 3 章　HTML5 与 Web 标准

HTML5 是 HTML 语言的最新版本，其前身是由网页超文本应用技术工作小组 WHATWG（Web Hypertext Application Technology Working Group）于 2004 年提出的 Web Applications 1.0。在 2007 年被 W3C 接纳，并成立了新的 HTML 工作团队。HTML5 的正式版本于 2010 年 9 向公众推荐。

## 3.1　HTML5 的改进

HTML5 已经被 IE9＋、Chrome、Firefox、Safari 等浏览器支持，对于不支持 HTML5 的旧版浏览器，HTML5 也能让这些浏览器安全地忽略掉 HTML5 代码。

### 3.1.1　HTML5 新增的标记

与 HTML4.01 相比，HTML5 提供了一些新的标记和属性，这些新增的标记主要可分为：

（1）文档结构标记，例如＜nav＞（网站导航条区域）和＜footer＞（网站底部区域）等。这些标记将有利于搜索引擎的索引整理，同时更好地帮助小屏幕装置和视障人士使用。

（2）媒体元素标记，如＜audio＞和＜video＞标记。

（3）新的表单标记等。具体如表 3-1 所示。

**表 3-1　HTML5 新增的标记**

| 标　记　名 | 格　　式 | 用　　法 |
|---|---|---|
| ＜video＞ | ＜video＞ …＜/video＞ | 插入视频 |
| ＜audio＞ | ＜audio＞ … ＜/audio＞ | 插入音频 |
| ＜canvas＞ | ＜canvas id＝"" width＝"" …＞… ＜/canvas＞ | 画布标记，用来绘制图形 |
| ＜command＞ | ＜command type＝""＞ …＜/command＞ | 定义命令按钮 |
| ＜datalist＞ | ＜datalist id＝" "＞…＜/datalist＞ | 定义输入框的附带下拉列表 |
| ＜meter＞ | ＜meter ＞…＜/meter＞ | 定义数值条 |
| ＜progress＞ | ＜progress＞…＜/progress＞ | 定义进度条 |
| ＜time＞ | ＜time datetime＝""＞＜/time＞ | 定义机器可读的日期或时间 |
| ＜summary＞ | ＜summary＞…＜/summary＞ | 定义元素的摘要 |
| ＜details＞ | ＜details＞…＜/details＞ | 定义元素的细节，常与 summary 标记配合 |

续表

| 标 记 名 | 格 式 | 用 法 |
|---|---|---|
| <figure> | <figure>…</figure> | 定义一种媒体内容(图像、图表、照片、代码等) |
| <figcaption> | <figcaption>…</figcaption> | 定义 figure 元素的标题 |
| <mark> | <mark>突出的文本</mark> | 给文本加背景色以突出显示 |
| <ruby> | <ruby>ruby 注释 <rt>解释</rt></ruby> | 定义 ruby 语言的注释 |

下面是几个 HTML5 标记的使用示例。

**1. <meter>与<progress>标记**

<meter>与<progress>属于状态交互元素,其示例代码(3-1. html)如下,运行效果如图 3-1 所示。其中,value 属性用于设置元素展示的实际值,默认为 0;min 和 max 用于设置元素展示的最小值和最大值,low 和 high 用于设置元素展示的最低值和最高值。其范围应该在 min 和 max 值的范围以内。

```
<p>速度:<meter value="120" min="0" max="220" low="0" high="160">
120</meter>km</p>
<p>剩余油量:<progress value="30" max="100">30/100</progress></p>
```

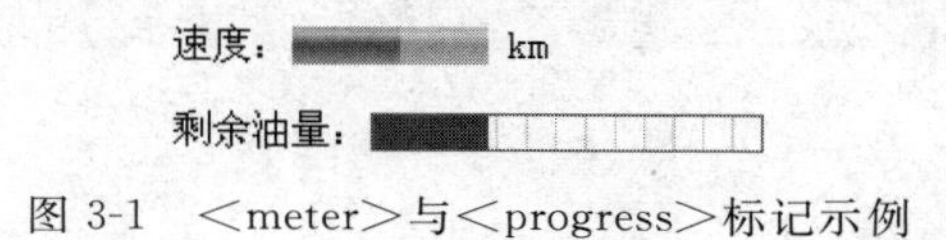


图 3-1 <meter>与<progress>标记示例

**2. <details>与<summary>标记**

<details>元素初始时只会显示其中<summary>元素的内容,当用户单击 summary 元素时,会展开显示<details>元素的所有内容。示例代码(3-2. html)如下,单击 summary 元素后的运行效果如图 3-2 所示。

```
<details>
    <summary>衡阳师范学院</summary>
        <p>湖南省直属的一所普通全日制公办本科院校</p>
</details>
```

▼衡阳师范学院

湖南省直属的一所普通全日制公办本科院校

图 3-2 <details>与<summary>标记示例

**提示**:在 HTML5 中,已经取消了一些过时的 HTML4 标记。这主要包括:①字体标记，如<font>、<b>、<center>、<marquee>等，它们已经被 CSS 取代；②Java 小程序嵌入标记<applet>；③框架标记<frameset><frame>等。

### 3.1.2 HTML5 语法的改进

#### 1. 文档类型声明的改进

HTML4.01 中的文档类型声明 DOCTYPE 需要对 DTD 进行引用，因为 HTML4.01 基于 SGML。而 HTML5 不是基于 SGML，不需要对 DTD 进行引用，但还是需要用 doctype 来规范浏览器的行为，以便让浏览器按照它们应有的方式来运行。在任何 HTML 文档中规定 doctype 都是非常重要的，这样浏览器才能了解预期的文档类型。

在 HTML5 中声明文档类型(DOCTYPE)的代码如下：

```
<!DOCTYPE html>
```

可见它比 HTML4.01 中的文档类型声明简单得多，因为在 HTML4 中有 3 种不同的文档类型(过渡型、严格型和框架型)，而 HTML5 中只有 1 种。

#### 2. 指定字符编码

HTML5 仍然使用 meta 属性指定文档的字符编码，但代码已经简化如下：

```
<meta charset="utf-8">
```

#### 3. 属性书写的简化

HTML5 对标记和属性的写法又回归到了简化的风格，这包括：属性如果只有唯一值(如 checked)，则可省略属性值；属性值两边的引号也可省略。下面的写法都是正确的：

```
<input type="text" name="pwd" required>
<img src=foo alt=bar>
<p class=foo>Hello world</p>
```

#### 4. 超链接可以包含块级元素

在过去，想给很多块级元素添加超链接，只能在每个块级元素内嵌入<a>标记。在 HTML5 中，只要简单地把所有内容写在一个链接元素中就可以了。示例代码(3-3.html)如下：

```
<a href="#">
    <h2>标题文本</h2>
    <p>段落文本</p>
</a>
```

**5. 支持自定义属性 data-＊**

HTML5 中添加了自定义属性 data-＊，用于保存自定义的数据，同时还添加了获取自定义属性的 API：dataset。如下展示了设置自定义属性和使用 JavaScript 获取属性值。

```
<div id="content" data-edit="张三">…</div>  <!--设置自定义属性 data-edit-->
<script>
    var content=document.getElementById("content");  //获取 content 元素
    alert(content.dataset['edit']);                  //获取 data-edit 属性中的数据
</script>
```

### 3.1.3 HTML5 的视音频功能

在 HTML4 中，<embed>和<object>标记虽然可以插入视频，但支持的视频格式非常有限，这已不能满足网络上播放各种视频文件的需要了。为此，HTML5 新增了<video>标记用来插入视频文件，<audio>标记用于插入音频文件。

**1. <video>标记**

<video>标记插入视频的示例代码(3-4.html)如下，运行效果如图 3-3 所示。

```
<video src="sintel.mp4" width="480" height="270" controls preload>
    你的浏览器不支持 video 标记
</video>
```

图 3-3 <video>标记插入视频效果

<video>标记具有如下一些属性：

- controls——设置是否显示控制条。如果不写 controls，则没有控制条；

- preload——如果有该属性，则媒体文件会在页面加载时进行缓冲，建议写该属性；
- autoplay——打开网页时是否自动播放，如果写该属性，则 preload 会不起作用；
- loop——是否循环播放；
- src——指定视频文件的路径和文件名；
- poster——为视频指定一张片头图片，会在视频播放前拉伸到视频大小显示；
- width、height——设置视频的显示大小，如果不写，则是视频的默认大小。

<video>与</video>之间的内容用于在不支持该标记的浏览器中显示替代信息。

不同浏览器支持的视频文件格式可能不同，例如，IE9 只支持 mp4 格式，Firefox 支持 Ogg 和 WebM 格式，Chrome 支持这 3 种格式。

为此，<video>标记提供了设置多个备选视频文件的功能，此时，应使用<source>标记而非 src 属性来设置视频文件的地址。对于不支持的浏览器，只需要把后备内容放在第 2 个<source>标记中，允许使用多个<source>标记指定多个后备内容格式。如果连<video>标记都不支持，还可在其中嵌入<object>或<embed>标记。下面是示例代码(3-5. html)：

```
<video width="480" height="270" poster="piantou.jpg" controls preload>
    <source src="sintel.mp4">
    <source src="movie.ogv">                          <!--后备视频格式-->
    <object data="acl.wmv">                           <!--IE8 会播放该视频-->
        <a href="sintel.mp4">download</a>
    </object>
</video>
```

上述代码中，如果浏览器支持<video>标记，也支持 mp4，则会播放第 1 个视频。如果浏览器支持<video>标记，也支持 Ogg，则会播放第 2 个视频。如果浏览器不支持<video>标记，则会播放<object>标记中的 wmv 视频。如果浏览器都不支持，则会显示下载视频文件的链接。可见，通过<video>标记，就能为各种浏览器提供支持的视频格式了。

**2. <audio>标记**

<audio>标记用于插入音频，其用法与<video>标记类似，示例代码(3-6. html)如下：

```
<audio src="song.ogg" controls preload>
    你的浏览器不支持 audio 标记
</audio>
```

<audio>标记也提供了设置多个备选音频文件的功能，此时，应使用<source>标记而非 src 属性来设置音频文件的地址。示例代码(3-7. html)如下：

```
<audio controls preload>
```

```
    <source src="song.ogg" type="audio/ogg">
    <source src="song.mp3" type="audio/mpeg">
    你的浏览器不支持 audio 标记
</audio>
```

<audio>标记具有的属性和<video>标记基本相同，只是不具有 width、height 和 poster 3 个属性。

**3. 插入 flv 格式视频**

flv(flash video)格式视频是目前使用较广泛的网络流媒体视频格式，被许多在线视频网站采用。在网页中插入 flv 视频可采用第三方视频插件的方法。

在百度上搜索 swfobject.js 和 mediaplayer.swf 文件，将这两个文件放在网站目录下，并在同一目录的网页中插入如下代码(3-8.html)，就能播放 flv、mp4 等格式的视频了。

```
<div id="container"></div>                          <!--视频的容器-->
<script src="swfobject.js"></script>
<script>
    var s1=new SWFObject("mediaplayer.swf","mediaplayer","640","480","7");
    s1.addParam("allowfullscreen","true");
    s1.addVariable("width","640");                  //设置视频的宽度
    s1.addVariable("height","480");
    s1.addVariable("file","hnfh.flv");              //视频文件的 URL
    s1.addVariable("image","hnfh.jpg");             //视频播放时的片头图像
    s1.write("container");</script>
```

使用这种方法，能够避免在 HTML 代码中出现<object>和<embed>等非标准标记，从而更加符合 Web 标准，也符合搜索引擎优化的原则。

在实际开发中，网页中播放视频还存在很多技术难题。如需要在服务器端设置视频文件的 MIME 类型等。要对各种不同的视频文件自动进行兼容播放，兼容各种浏览器，这时，可考虑在网页中嵌入第三方视频播放插件，如"酷播"等。

### 3.1.4 HTML5 的绘图功能

HTML5 的<canvas>标记提供了画布功能，<svg>标记提供了绘制矢量图形的功能。

**1. <canvas>标记**

<canvas>标记称为画布标记，用于在网页上绘制图形。canvas 本身没有绘制图形的能力，所有的绘制工作必须借助 JavaScript 程序来完成。画布是一个矩形区域，在画布

上可绘制图形、文字、填充颜色和插入图片。<canvas>标记的使用步骤如下：

(1) 创建 canvas 元素，并定义元素的 ID，设置元素的宽度和高度。

```
<canvas id="myCanvas" width="200" height="100"></canvas>
```

(2) 通过 JavaScript 获取 canvas 元素，并绘制图形，canvas 的坐标起始点为左上角。下面代码(3-9.html)的运行效果如图 3-4 所示。

```
<script>
var c=document.getElementById("myCanvas");      //获取 myCanvas 元素
var cxt=c.getContext("2d");
cxt.fillStyle="#ffff00";                         //设置填充颜色
cxt.fillRect(0,0,150,75);                        //绘制矩形
cxt.moveTo(10,10);                               //将画笔移动到坐标位置
cxt.lineTo(150,50);                              //产生线条
cxt.lineTo(10,50);
cxt.stroke();                                    //绘制路径
</script>
```

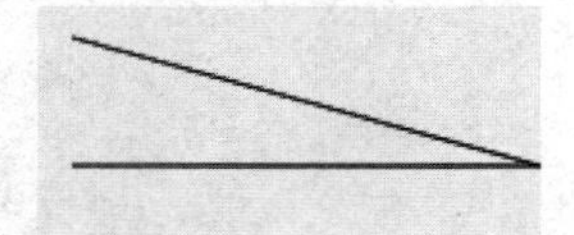

图 3-4　canvas 绘制图形

其中，getContext()方法返回一个用于在画布上绘图的环境。该方法的参数目前只能是 2D，它指定是进行二维绘图(目前 canvas 标记不支持 3D 绘图)，该方法返回一个环境对象，该对象导出一个二维绘图的 API。

<canvas>标记还可以把一个图像文件放置到画布上，示例代码(3-10.html)如下：

```
<canvas id="myCanvas" width="600" height="500">
<script>
var c=document.getElementById("myCanvas");
var cxt=c.getContext("2d");
var img=new Image()
img.src="images/car.jpg"                       //指定图像文件的 URL
cxt.drawImage(img, 10,10,540,460);             //从坐标点 10,10 开始装载图片
</script>
```

其中，drawImage 方法用于在画布上定位图像，并规定图像的宽度和高度。

#### 2. <svg>标记

SVG(Scalable Vector Graphics)是一种使用 XML 描述 2D 图形的语言，用来定义用

于网页的基于矢量的图形，因此 SVG 图像在放大时其质量不会发生改变。SVG 基于 XML，这意味着 SVG DOM 中的每个元素都是可用的，可以为这些元素附加 JavaScript 事件。

下面是使用 SVG 绘制五角星的代码(3-11. html)，效果如图 3-5 所示。

```
<!DOCTYPE html>
<html><body>
<svg xmlns="http://www.w3.org/2000/svg" version="1.1" height="190">
  <polygon points="100,5 40,180 190,60 10,60 160,180"
  style="fill:lime;stroke:purple;stroke-width:5;fill-rule:evenodd;" />
</svg>              <!--points 属性的值是 5 个顶点的 x、y 坐标-->
</body></html>
```

图 3-5 SVG 图形

SVG 还支持矢量动画，其动画功能比 CSS3 动画功能更加强大，比如能让动画沿着一条指定的路径运动，能通过其他元素触发动画的播放等，SVG 动画的示例代码(3-12. html)如下。

```
<svg id="svg" width="720" height="200" xmlns="http://www.w3.org/2000/svg">
    <circle id="circle" cx="100" cy="100" r="50"></circle>
    <text font-family="microsoft yahei" font-size="120" y="160" x="160">船
        <animate attributeName="x" to="360" begin="circle.click" dur="3s" />
    </text>
</svg>
```

SVG 的图形绘制功能能被 IE9+浏览器支持，但所有 IE 浏览器(包括 IE11)都不支持 SVG 的动画功能，而 Chrome、Firefox 浏览器能支持 SVG 的动画功能。

**提示**：SVG 和 canvas 的区别：SVG 绘制的是矢量图形，而 canvas 绘制的是位图图像，SVG 是行内元素，canvas 是块级元素，SVG 基于 XML 绘制，而 canvas 基于 JavaScript 绘制。

## 3.2 Web 标准

HTML 语言最开始是用来描述文档的结构的，如标题、段落等标记，后来因为人们还想用它控制文档的外观，HTML 又增加了一些控制字体、对齐等方面的标记和属性，这样做的结果是 HTML 既能用来描述文档的结构，又能描述文档的外观，但是 HTML 描述文档表现的能力很弱，还造成了结构代码和表现代码混杂在一起，如果页面要改变外观，就必须重新编写 HTML，代码重用性低。

### 3.2.1 传统 HTML 的缺点

在 CSS 还没有被引入网页设计之前，传统的 HTML 语言要实现网页元素外观的设计是非常麻烦的。例如，要在一个网页中把所有<h2>标记的文字，都设置为“蓝色、黑体”显示，则需要在每一个<h2>标记中添加<font>标记，代码(3-13.html)如下：

```
<h2><font color="#0000FF" face="黑体">h2 标记 1</font></h2>
<p>CSS 标记的正文内容 1</p>
<h2><font color="#0000FF" face="黑体">h2 标记 2</font></h2>
<p>CSS 标记的正文内容 2</p>
<h2><font color="#0000FF" face="黑体">h2 标记 3</font></h2>
<p>CSS 标记的正文内容 3</p>
<h2><font color="#0000FF" face="黑体">h2 标记 4</font></h2>
<p>CSS 标记的正文内容 4</p>
```

假设网页中有 100 个<h2>标记，则需要重复添加 100 个<font>标记并设置属性，如果以后要将这 100 个标记的颜色修改为红色，也需要一个个地改，非常麻烦。

而使用 CSS 后，情况则完全不同，CSS 实现上述功能的代码(3-14.html)如下。

```
<html><head>
<style>
h2{                                          /* 选中所有 h2 标记 */
    font-family:"黑体";
    color:blue;     }                        /* 设置字体颜色 */
</style>
</head>
<body> <h2>h2 标记 1</h2>                     <!--显示为蓝色黑体-->
    <p>CSS 标记的正文内容 1</p>
…
    <h2>h2 标记 4</h2>                        <!--显示为蓝色黑体-->
    <p>CSS 标记的正文内容 4</p>
</body></html>
```

可见，用CSS可统一设置所有h2元素的样式，而不必单独为每个元素添加<font>标记。如果要修改字体颜色，只要修改上述CSS代码中的color属性值blue，就可以改变页面中所有<h2>标记的颜色。并且，CSS还能统一设置网站中所有页面字体的风格。

### 3.2.2 Web标准的含义

为了让网页的结构和表现能够分离，W3C提出了Web标准，即网页由结构、表现和行为组成。用HTML5描述文档的结构，用CSS控制文档的表现，因此HTML和CSS就是内容和形式的关系，由HTML确定网页的内容，而通过CSS来决定页面的表现形式。

Web标准是指网页由结构(Structure)、表现(Presentation)和行为(Behavior)组成，为了理解Web标准，就需要明确下面几个概念。

(1) 内容：内容就是页面实际要传达的真正信息，包含文本或者图片等。注意这里强调的“真正”，是指纯粹的数据信息本身。例如：

```
天仙子(1)宋.张先 沙上并禽池上暝，云破月来花弄影。重重帘幕密遮灯，风不定，人初静，明日落红应满径。作者介绍张先(990—1078)字子野，乌程(今浙江湖州)人。天圣八年(1030)进士。官至尚书都官郎中。与柳永齐名，号称"张三影"。
```

(2) 结构：可以看到上面的文本信息本身是完整的，但是混乱一团，难以阅读和理解，我们必须给它格式化一下。把它分成标题、作者、章、节、段落和列表等。例如：

```
标题 天仙子(1)
作者 宋.张先
正文
沙上并禽池上暝，云破月来花弄影。
重重帘幕密遮灯，风不定，人初静，
明日落红应满径。
节 1 作者介绍
张先(990—1078)字子野，乌程(今浙江湖州)人。天圣八年(1030)进士。官至尚书都官郎中。
与柳永齐名，号称"张三影"。
```

(3) 表现：上面的文档虽然定义了结构，但是内容还是原来的样式没有改变，例如标题字体没有变大，正文的颜色也没有变化，没有背景，没有修饰。所有这些用来改变内容外观的东西，我们称之为“表现”。下面对它增加这些修饰内容外观的东西，修饰后的效果如图3-6所示。

很明显，可以看到我们对文档加了两种背景，将标题字体变大并居中，将小标题加粗并变成红色，等等。所有这些，都是“表现”的作用。它使内容看上去漂亮多了！用形象一点的比喻：内容是模特，结构标明头和四肢等各个部位，表现则是服装，将模特打扮得漂漂亮亮。

(4) 行为：就是对内容的交互及操作效果。例如，使用JavaScript可以响应鼠标的单

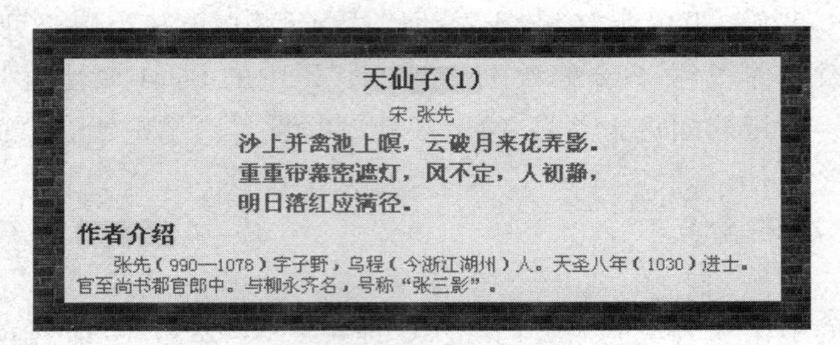


图 3-6　文档添加了“表现”后的效果

击和移动，可以判断一些表单提交，使我们的操作能够和网页进行交互。

所以说，网页就是由这 4 层信息构成的一个共同体，这 4 层的作用如图 3-7 所示。

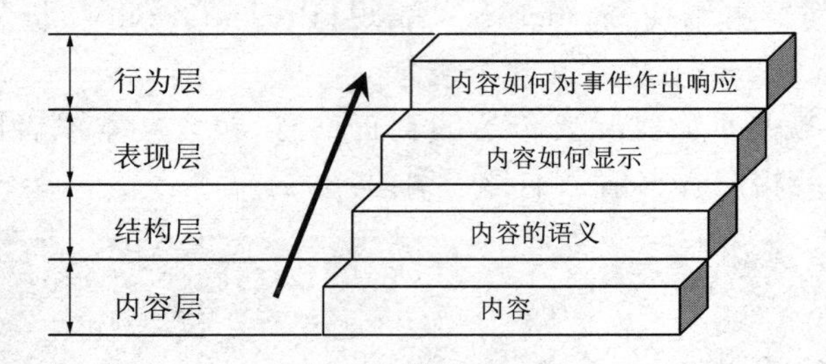


图 3-7　网页的组成

在 Web 标准中，结构标准语言是指 HTML5，表现标准语言是指 CSS(Cascading Style Sheets，层叠样式表)，行为标准语言主要指 JavaScript。但是实际上 HTML 也有很弱的描述表现的能力，而 CSS 也有一定的响应行为的能力(如 hover 伪类)，JavaScript 是专门为网页添加行为的。所以这 3 种语言对应的功能总体来说如图 3-8 所示，并且这 3 种语言是相互关联密切配合的，它们的关系如图 3-9 所示。

图 3-8　网页的组成项及实现它们的语言

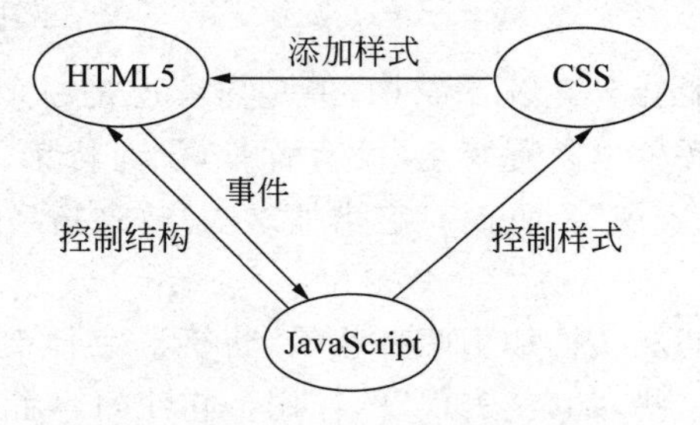


图 3-9　三种语言的相互联系

### 3.2.3 Web标准的优势

Web标准的核心思想就是“结构”和“表现”相分离，让HTML和CSS各司其职，这样做的好处有以下几点：

(1) 由于使用CSS代码统一设置元素样式，可以大量减少HTML代码的使用，从而减小网页文件的体积，使页面载入、显示速度更快，并降低网站流量费用；

(2) 使用CSS统一设置大量HTML元素的样式后，修改网页时更有效率而且代价更低；

(3) 在Web标准中推荐使用有语义的HTML元素定义内容，如使用<h1>标记定义标题，这样搜索引擎就能更好地理解网页中的内容，对搜索引擎更加友好，有利于搜索引擎优化(Search Engine Optimization，SEO)，从而提高网站在搜索引擎中的排名；

(4) 使网站对浏览器更具亲和力，遵循Web标准设计的网页由于具有良好的文档结构，使不能有效解析HTML文档的盲人设备或手持设备也能理解网页代码内容。

大体来看，Web标准是从2006年开始在我国逐渐风靡起来的，在这之前由于IE5.5以下版本的浏览器对CSS的支持很不好，人们只能更多地使用HTML，想尽办法使HTML同时承担着“结构”和“表现”的双重任务。随着IE6对CSS支持的显著改善，设计师开始重视CSS，并逐渐遵循Web标准来设计网页了。

## 3.3 HTML元素的概念

HTML文档是由各种HTML元素组成的，网页中文字、图像、链接等所有的内容都是以元素的形式定义在HTML代码中的，因此元素是构成HTML文档的基本部件。元素是用标记来表现的，一般起始标记表示元素的开始，结束标记表示元素的结束。把HTML标记(如<p>…</p>)和标记之间的内容组合称为元素。

HTML元素可分为“有内容的元素”和“空元素”两种。“有内容的元素”是由起始标记、结束标记和两者之间的内容组成的，其中元素内容既可以是文字内容，也可以是其他元素。例如在图2-4中，起始标记<b>和结束标记</b>定义元素的开始和结束，它的元素内容是文字“标记中的内容”；而起始标记<html>与结束标记</html>组成的元素，它的元素内容是另外两个元素：head元素和body元素。“空元素”则只有起始标记而没有结束标记和元素内容。例如<br />元素就是空元素，可见“空元素”对应单标记。

标记相同而标记中的内容不同应视为不同的元素，同一网页中标记和标记的内容都相同的元素如果出现两次也应视为两个不同的元素，因为浏览器在解释HTML的每个元素时都会为它自动分配一个内部id，不存在两个元素的id也相同的情况。

想一想，在如下代码中，<body>标记内共有多少个元素？

```
<html><body>
```

```
<a href="box.html"><img src="cup.gif" border="0" align="left" /></a>
<p>图片的说明内容</p><br>
<p>图片的说明内容</p>
</body></html>
```

答案：5 个。即 1 个 a 元素、1 个 img 元素、2 个 p 元素和 1 个 br 元素。

### 3.3.1 行内元素和块级元素

HTML 元素还可以按另一种方式分为“行内元素”和“块级元素”。下面是示例代码(3-15.html)，其显示效果如图 3-10 所示，注意这些元素在浏览器中是如何排列的。

```
<html><body>
    <h2>web 标准</h2><a href="#">w3c 主页</a>
    <img src="arrow.gif" width="16" height="16" /><b>结构</b>
    <font>表现</font><span>行为</span>
    <p>结构标准语言 XHTML</p><ul><li>表现标准语言 CSS</li></ul>
    <div>行为标准语言 JavaScript</div>
</body></html>
```

在图 3-10 中，h2、p、div 这些元素会占满一整行，而 a、img、span 这些元素在一行中从左到右排列，它们占据的宽度是刚好能容纳元素中内容的最小宽度。

图 3-10 行内元素和块级元素

根据元素是否会占据一整行，HTML 元素可分为行内元素和块级元素。

行内(inline)元素是指元素与元素之间从左到右并排排列，只有当浏览器窗口容纳不下时才会转到下一行。块级(block)元素是指每个元素占据浏览器一整行位置，块级元素与块级元素之间自动换行，从上到下排列。块级元素内部可包含行内元素或块级元素，行内元素内部可包含行内元素，但不得包含块级元素。另外，p 元素内部也不能包含其他块级元素。

常见的块级元素有 div、h1～h6、ol、ul、li、dl、td、dd、table、tr、th、td、p、br、form；常见的行内元素有 span、a、img、em、strong、textarea、select、option、input。行内元素的大小由其内容决定，不可以设置宽和高，但 img、input 元素除外。

### 3.3.2 <div>和<span>标记

<div>和<span>是不含有语义的标记，用来在标记中放置任何网页元素(如文本、图像等)。就像一个容器一样，当把内容放入后，内容的外观不会发生任何改变，这样有利

于内容和表现分离。应用容器标记的主要作用是通过引入CSS属性对容器内的内容进行设置。div和span唯一的区别是：div是块级元素，span是行内元素。下面是一段示例代码(3-16.html)，显示效果如图3-11所示。

```
<html><body>
    <div>div元素1</div>  <div>div元素1</div>
    <span>span元素1</span><span>span元素2</span>
</body></html>
```

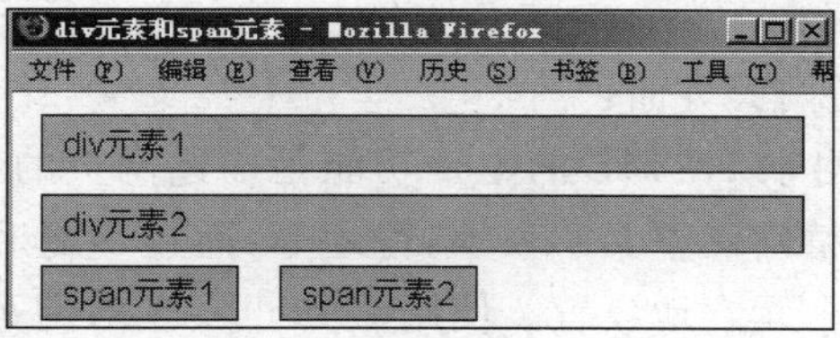

图3-11 div元素和span元素的区别(利用CSS为每个元素添加了背景和边框)

可以看出div元素作为块级元素会占满整个一行，两个元素间上下排列；而span元素的宽度不会自动伸展，以能包含它的内容的最小宽度为准，两个元素之间从左到右依次排列。

需要注意的是，div元素并不对应于"层"的概念，过去说的层是指通过CSS设置成了绝对定位的div元素，但实际上也可以对其他任何元素(如<p>)设置成绝对定位，此时其他元素也成了"层"。因此层并不对应于任何HTML标记，所以Dreamweaver CS3去掉了层这一概念，将这些设置成了绝对定位的元素统称为AP(Absolute Position)元素。

## 习　题

1. 关于HTML5，下列说法错误的是(　　)。

   A. HTML5是XHTML的升级版　　B. HTML5需要有文档类型声明

   C. HTML5的属性值可以不要引号　　D. HTML5需要设置页面编码类型

2. 在HTML5中必须声明文档类型，声明文档类型需使用的指令是________。

3. Web标准主要由一系列规范组成，目前的Web标准主要由________、________、________三大部分组成。

4. 写出至少3个HTML5中新增的标记：________、________和________。

5. 在HTML5中，用于播放视频文件的标记是________，要使播放视频时有控制条，应添加________属性。

6. 写出4个常见的行内元素：________、________、________、________。

7. 用于在画布canvas上创建绘图环境的内置函数是________。

8. 简述SVG和canvas的区别。

# 第 4 章　CSS 样式美化

CSS(Cascading Styles Sheets,层叠样式表)是用于控制网页样式并允许将样式信息与网页内容分离的一种标记性语言。HTML 和 CSS 就是“内容”和“形式”的关系,由 HTML 组织网页内容的结构,而通过 CSS 来决定页面的表现形式。CSS 和 HTML 都是由 W3C 负责组织和制定的。

CSS 的主要用途包括两大方面:

(1) 页面元素美化,由于 HTML 的主要功能是描述网页的结构,所以控制网页元素外观的能力很差,如无法精确调整文字大小、行距等,而且不能对多个网页元素进行统一的样式设置,只能一个一个元素地设置。使用 CSS 可实现对网页的外观进行更灵活丰富的控制,使网页更美观。

(2) 页面布局,利用 CSS 的盒子模型和相关属性可以将网页分栏分块,从而搭建出页面的版式。

## 4.1 CSS 基础

CSS 样式表由一系列样式规则组成,浏览器将这些规则应用到相应的元素上,CSS 语言实际上是一种描述 HTML 元素外观(样式)的语言。

### 4.1.1 CSS 的语法

CSS 代码包含很多条 CSS 样式规则。一条 CSS 样式规则由选择器(selector)和声明(declarations)组成,如图 4-1 所示。

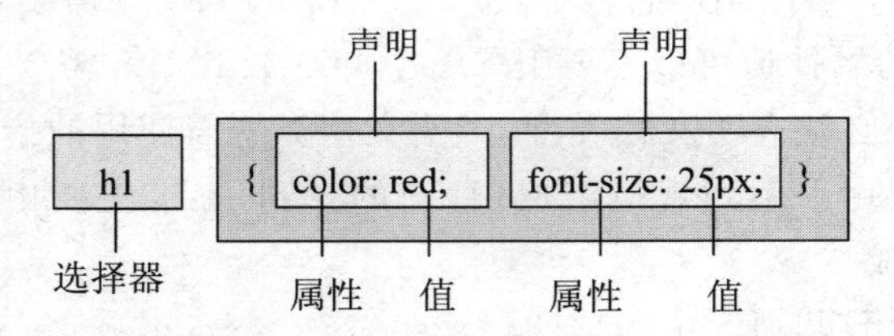


图 4-1　CSS 样式规则的组成(标记选择器)

网页一般由很多 HTML 元素组成,CSS 要将样式规则应用到特定的元素上,就必须先选中这些元素。选择器是为了选中网页中特定元素的,也就是告诉浏览器,这段 CSS 样式规则将应用到哪组(或哪个)元素上。

选择器用来定义 CSS 规则的作用范围,它可以是一个标记名,表示将网页中所有该标记的元素全部选中。图 4-1 中的 h1 就是一个标记选择器,它会将网页中所有＜h1＞标记的元素全部选中，选择器还可以是“.类名”或“＃id名”，它们的作用范围如图4-2所示。

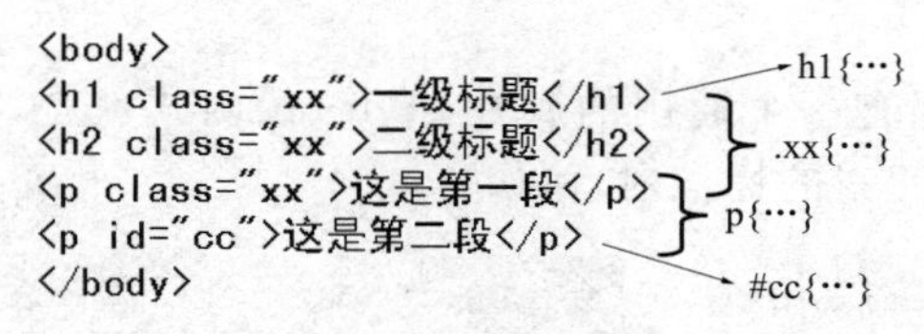


图4-2 选择器的作用

而声明则用于定义选中元素的样式。介于花括号{}之间的所有内容都是声明，声明又分为属性(property)和值(value)，图4-1中为＜h1＞标记的元素定义了两个属性，其作用是使所有h1元素的文本变为红色、25px大小。

属性是CSS样式控制的核心，CSS提供了丰富的样式属性，如颜色、大小、背景等，绝大多数CSS属性都是公共属性，任何HTML元素都可以使用，表4-1列出了一些常用的CSS属性。

**表4-1 最常用的CSS属性**

| CSS属性 | 含　义 | 举　例 |
|---|---|---|
| font-size | 字体大小 | font-size：14px； |
| color | 字体颜色(仅能设置字体的颜色) | color：red； |
| line-height | 行高 | line-height：160％； |
| text-decoration | 文本修饰(如增删下画线) | text-decoration：none； |
| text-indent | 文本缩进 | text-indent：2em； |
| background-color | 背景颜色 | background-color：＃ffeeaa； |

CSS的属性和值之间用冒号隔开(注意CSS属性和值的写法与HTML属性的区别)。如果要设置多个属性，可以书写多条声明，每条声明之间用分号隔开。

对于属性值的书写，有以下规则：

- 如果属性的某个值是多个单词或者是中文，则值要用引号引起来，如：p {font-family："sans serif"}；
- 如果一个属性有多个值，则每个值之间要用空格隔开，如：a {padding：6px 0 3px}；
- 如果要为某个属性设置多个候选值，则每个值之间用逗号隔开，如：p {font-family："Times New Roman"，Times，serif}。

### 4.1.2 在HTML中引入CSS的方法

HTML和CSS是两种作用不同的语言，它们同时对一个网页产生作用，必须通过一些方法，将CSS与HTML挂接在一起，才能正常工作。

在HTML中，引入CSS的方法有行内式、嵌入式、链接式和导入式4种。

**1. 行内式**

所有 HTML 标记都有一个通用的属性 style,行内式就是将元素的 CSS 规则作为 style 属性的属性值写在元素的标记内,例如:

```
<p style="color: red; line-height:160%;" width="92%">一段</p>
```

行内式引入的优点是:由于 CSS 规则就写在标记内,其作用对象就是该元素,所以无须书写 CSS 选择器。当需要做测试或对个别元素设置 CSS 属性时,可以使用这种方式,只需要书写属性和值,但它没有体现出 CSS 统一设置许多元素样式的优势。

**2. 嵌入式**

嵌入式将页面中各种元素的 CSS 样式设置集中写在<style>和</style>之间,<style>标记是专用于引入嵌入式 CSS 的一个 html 标记,它只能放置在文档头部,即<style>…</style>只能放置在文档的<head>和</head>之间。例如:

```
<head>
<style>                                    <!--<style>标记用来嵌入 CSS 代码-->
h1{     color: red;
        font-size: 25px;     }
</style>
</head>
```

为单一的网页设置样式,嵌入式很方便且最常用,本书接下来的 CSS 代码一般都采用这种方式。但是对于一个包含很多网页的网站来说,如果每个网页都以嵌入式的方式设置各自的样式,不仅麻烦,冗余代码多,而且网站中各个页面的风格不好统一。因此,对于一个网站来说,通常都是编写独立的 CSS 文件,使用以下两种方式之一,引入到网站的所有 HTML 网页文档中。

**3. 链接式和导入式**

当样式需要应用于很多页面时,外部样式表(外部 CSS 文件)将是理想的选择。所谓外部样式表,就是将 CSS 代码保存成一个单独的文本文件,并将文件的后缀名命名为.css。链接式和导入式的目的都是为了将外部 CSS 文件引入到 HTML 文件中,其优点是可以让很多网页共享同一个 CSS 文件。

链接式是在网页头部通过<link>标记引入外部 CSS 文件,例如:

```
<link href="style1.css" rel="stylesheet" />
```

而导入式是通过 CSS 规则中的@import 指令来导入外部 CSS 文件,例如:

```
<style>@import url("style2.css");
</style>
```

链接式和导入式最大的区别在于链接式使用 HTML 的标记引入外部 CSS 文件，而导入式则是用 CSS 的规则引入外部 CSS 文件，因此它们的语法不同。

此外，这两种方式的显示效果也略有不同。使用链接式时，会在装载页面主体部分之前装载 CSS 文件，这样显示出来的网页从一开始就是带有样式效果的；而使用导入式时，则在整个页面装载完之后再载入 CSS 文件，如果页面文件比较大，则开始装载时会显示无样式的页面。从浏览者的感受来说，这是使用导入式的一个缺陷。

**提示：**在学习 CSS 或制作单个网页时，为了方便可采取行内式或嵌入式方法引入 CSS，但若要制作网站则主要应采用链接式引入外部 CSS 文件，以便能对网站内所有页面统一设置风格。在使用外部样式表的情况下，可以通过改变一个外部 CSS 文件来改变整个网站所有页面的样式。

### 4.1.3 选择器的分类

选择器是为了定义 CSS 规则的作用范围，为了能够灵活选中网页中的某个或某些元素，CSS 定义了很多种选择器。其中，基本的 CSS 选择器有标记选择器、类选择器、id 选择器 3 种。

#### 1. 标记选择器

标记是元素的固有特征，标记选择器用来声明哪种标记采用哪种 CSS 样式。因此，每一个 HTML 标记名都可以作为相应的标记选择器的名称，标记选择器形式如图 4-1 所示，它将属于该标记的所有元素全部选中。示例代码(4-1.html)如下。

```
<style>
p{                                              /*标记选择器*/
    color:blue;    font-size:18px;    }
</style>
    <p>选择器之标记选择器 1</p>                  <!--蓝色,18px 大-->
    <p>选择器之标记选择器 2</p>                  <!--蓝色,18px 大-->
    <p>选择器之标记选择器 3</p>                  <!--蓝色,18px 大-->
    <h3>h3 则不适用</h3>
```

以上所有 p 元素都会应用<p>标记选择器定义的样式，而 h3 元素则不会受到影响。

**提示：**本书对代码采用了简略写法，书中 CSS 代码均采用嵌入式引入 HTML 文档中。因此，读者只要将代码中<style>…</style>部分放置在文档的<head>和</head>之间，将其他 HTML 代码放置在<body>和</body>之间，就能还原成可运行的原始代码。

#### 2. 类选择器

标记选择器一旦声明，那么页面中所有该标记的元素都会产生相应的变化。例如，当声明<p>标记为红色时，页面中所有的 p 元素都将显示为红色。但是如果希望其中某些

p 元素不是红色，而是蓝色，就需要将这些 p 元素自定义为一类，用类选择器来选中它们；或者希望不同标记的元素属于同一类，应用同一样式，如希望某些 p 元素和 h3 元素都是蓝色，则可以将这些不同标记的元素定义为同一类。也就是说，标记选择器根据元素的固有特征(标记名)分类，好比人可以根据固有特征“肤色”分为黄种人、黑种人和白种人，而类选择器是人为地对元素分类，比如人又可以分为教师、医生、公务员等这些社会自定义的类别。

要应用类选择器，首先应给相应的元素添加一个 HTML 属性：class，为元素定义类名。如果对不同的元素定义相同的类名，那么这些元素将被划分成同一类，例如：

```
<h3 class="test">将该元素划入 test 类</h3>
<p class="test">将该元素划入 test 类</p>
```

再根据类名定义类选择器来选中该类元素，类选择器以半角“.”开头，格式如下：

```
.test{ color: red; font-size:20px; }
```

类选择器的示例代码(4-2.html)如下，运行效果如图 4-3 所示。

```
<style>
.one{                                        /*类选择器.one*/
    background-color: red;      }            /*背景颜色红色*/
.two{                                        /*类选择器.two*/
    font-size: 12px;       }                 /*字体 12px 大*/
</style>
    <p>无类名，作为对比</p>
    <p class="one">应用.one 的样式</p>
    <p class="two">应用.two 的样式</p>
    <p class="one  two">同时应用.one 和.two 样式</p>
    <h3 class="two">h3 也应用.two 的样式</h3>
```

其中两个 p 元素和 h3 元素被定义成了同一类，而第 10 行通过 class="one two"将同时应用两种类选择器的样式，得到红色 20 像素的大字体。对一个元素定义多个类名是允许的，就好像一个人既属于教师又属于作家一样。第 7 行的 p 元素因未定义类别名则不受影响，仅作为对比。

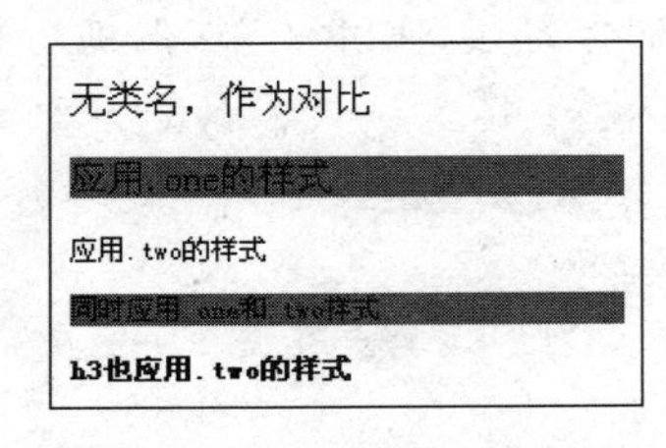


图 4-3 类选择器示例代码

### 3. id 选择器

id 选择器的使用方法与类选择器基本相同。不同之处在于一个 id 选择器只能应用于一个元素，而类选择器可以应用于多个元素。id 选择器以半角“#”开头，例如：

```
#one { color : blue; font-size:18px; }
```

要应用 id 选择器定义的样式，首先必须给元素添加“id”属性，如＜img id＝"pic1"＞。id 选择器的示例代码(4-3. html)如下，运行效果如图 4-4 所示。

```
<style>
#one{
    font-weight:bold;    }                         /* 粗体 */
#two{
    font-size:24px;                                /* 字体大小 */
    background-color:#ff9;       }                 /* 背景颜色 */
</style>
    <p id="one">ID 值为 one</p>                    <!--第 1 行 粗体-->
    <p id="two">ID 值为 two</p>                    <!--第 2 行 字体、背景颜色改变 -->
    <p id="two">ID 值为 two</p>                    <!--错误用法-->
    <p id="one two">ID 值为 one two</p>            <!--错误用法-->
```

上例中，第 1 行应用了 # one 定义的样式。而第 2 行和第 3 行将同一个 id 选择器应用到两个元素上，显然违反了一个 id 选择器只能应用在一个元素上的规定，但浏览器却也应用了 CSS 样式且没有报错。

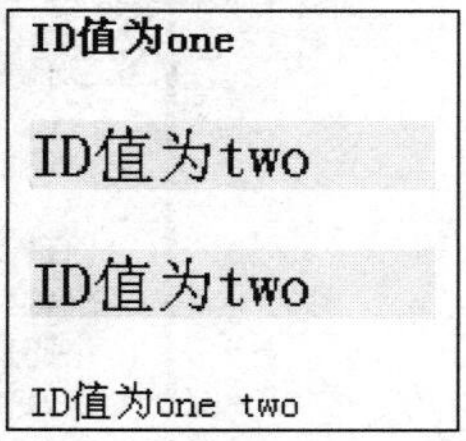

ID值为one

ID值为two

ID值为two

ID值为one two

图 4-4　id 选择器示例代码

尽管如此，我们在编写 CSS 代码时，还是应该养成良好的编码习惯，一个 id 最多只能赋予一个 HTML 元素，因为每个元素定义的 id 不只是 CSS 可以调用，JavaScript 等脚本语言也可以调用，如果一个 HTML 文档中有两个相同 id 属性的元素，那么将导致 JavaScript 在查找 id 时出错(如 getElementById()函数)。

第 4 行在浏览器中没有任何 CSS 样式风格显示，这意味着 id 选择器不支持像 class 选择器那样的多个 id 名同时使用。因为每个元素和它的 id 是一一对应的关系，不能为一个元素指定多个 id，也不能将多个元素定义为一个 id。类似 id＝"one two"这样的写法是错误的。

关于类名和 id 名是否区分大小写，CSS 大体上是不区分大小写的语言，但对于类名和 id 名是否区分大小写取决于标记语言是否区分大小写，如果使用 HTML5 或 XHTML 文档类型声明，那么类名和 id 名是区分大小写的。另外，id 名或类名的第一个字符不能为数字。

### 4.1.4 CSS 文本修饰

文本的美化是网页美观的一个基本要求。通过CSS强大的文本修饰功能，可以对文本样式进行更加精细的控制，其功能远比HTML中的<font>标记强大。

CSS中控制文本样式的属性主要有font-属性类和text-属性类，再加上修改文本颜色的color属性和行高line-height属性。DW中这些属性的设置是放在CSS规则定义面板的"类型"和"区块"中的。下面是利用CSS文本属性对文章进行排版的例子(4-4.html)，其显示效果如图4-5所示。

```
<style>
    h1 { font-size: 16px; text-align: center; letter-spacing: 0.3em;}
    p {font-size: 14px; line-height: 160%; text-indent: 2em; margin:0;}
    .source { color: #999; font-size:13px; text-align: right;}
</style>
<h1>失败的权利</h1>
<p class="source">2006年 5月 11日  美国《侨报》</p>
<p>自从儿子进了足球队,……,是无法体会的。</p>……
<p>接受孩子的失败,就给了他成功的机会。</p>
```

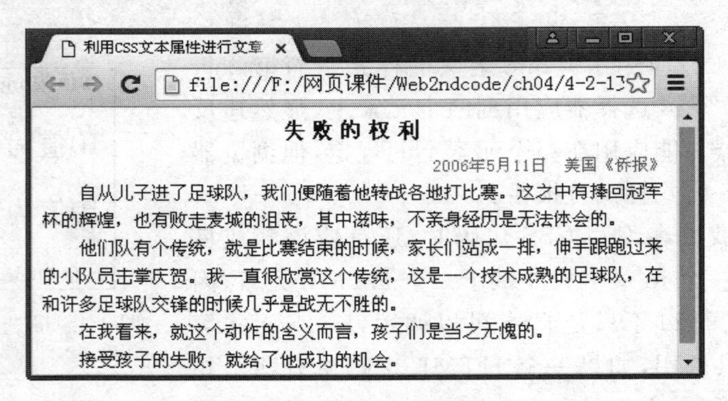


图4-5 用CSS文本属性修饰文本

其中text-indent表示首行缩进，在每段开头空两格是用text-indent: 2em实现的，line-height: 160%表示行距为字体高度的1.6倍；letter-spacing用于设置字符间的水平间距；text-align设置文本的水平对齐方式；color用来设置文本颜色。

大多数HTML元素在浏览器中的默认字体大小是16px，显得过大；行距是单倍行距，显得过窄。因此制作网页时一般都要对CSS文本属性进行调整，网页中常用的字体大小有12px和14px，目前网页文本样式设计的趋势是采用大字体、大行距。

如果要设置的字体属性过多，可以使用字体缩写属性：font，例如"font: 12px/1.6 Arial;"表示12像素字体大小，1.6倍行距，但必须同时定义字体和字号才有效，因此这条规则中定义的字体"Arial"是不能省略的。

## 4.2 CSS 的特性

CSS 具有两大特性：层叠性和继承性。利用这两大特性可大大减少 CSS 代码的编写。

### 4.2.1 CSS 的层叠性

所谓层叠性，是指多个 CSS 选择器的作用范围发生了叠加，比如页面中某些元素同时被多个选择器选中（就好像同一个案例适用于多个法律条文一样）。层叠性讨论的问题是：当有多个选择器都作用于同一元素时，CSS 该如何处理？

CSS 的处理原则是：

(1) 如果多个选择器定义的规则未发生冲突，则元素将应用所有选择器定义的样式。例如下面代码（4-5. html）的显示效果如图 4-6 所示。

```
<style>
p{                                                      /* 标记选择器 */
    color:blue; font-size:14px;}
.extra{                                                 /* 类别选择器 */
    font-weight: bold; text-decoration:underline; }
#bb1{                                                   /* id 选择器 */
    background-color:#FF9; }                            /* 背景颜色黄色 */
</style>
<p>标记选择器选中</p><p>标记选择器 2</p>
<p class="extra">标记、类选择器均选中</p>
<p id="bb1" class="extra">标记、类和 id 选择器均选中</p>
```

标记选择器选中

标记选择器2

**标记、类选择器均选中**

**标记、类和id选择器均选中**

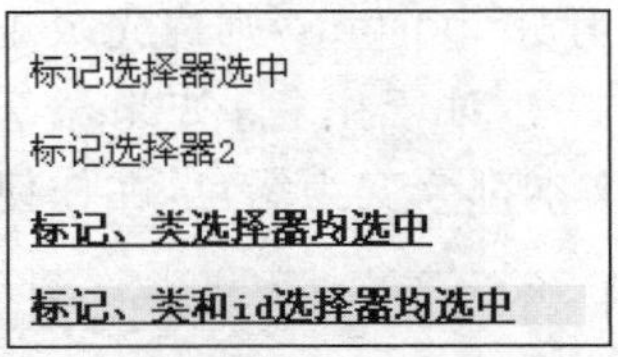

图 4-6 选择器层叠不冲突时的样式

在代码中，所有 p 元素都被标记选择器 p 选中，同时，第 3、4 个 p 元素又被类选择器 . special 选中，第 4 个 p 元素还被 id 选择器 underline 选中，由于这些选择器定义的规则没有发生冲突，所以被多个选择器同时选中的第 3、4 个元素将应用多个选择器定义的样式。

(2) 如果多个选择器定义的规则发生了冲突，则 CSS 按选择器的优先级让元素应用优先级高的选择器定义的样式。CSS 规定选择器的优先级从高到低依次为：

```
行内样式>ID 样式>类别样式>标记样式
```

总的原则是：越特殊的样式，优先级越高。示例代码(4-6.html)如下。

```
<style>
p{                                             /*标记选择器*/
  color:blue;                                  /*蓝色*/
    font-style: italic;                        /*斜体*/      }
.green{                                        /*类选择器*/
    color:green;                               /*绿色*/      }
.purple{
    color:purple;                              /*紫色*/      }
#red{                                          /*id选择器*/
    color:red;                                 /*红色*/      }
</style>
    <p>这是第1行文本</p>                        <!--蓝色,所有行都以斜体显示 -->
    <p class="green">这是第2行文本</p>          <!--绿色 -->
    <p class=" green" id="red">这是第3行文本</p>              <!--红色 -->
    <p id="red" style="color:orange;">这是第4行文本</p>       <!--黄色 -->
    <p class="purple green">这是第5行文本</p>                 <!--紫色 -->
```

由于类选择器的优先级比标记选择器的优先级高，而类选择器中定义的文字颜色规则和标记选择器中定义的发生了冲突，因此被两个选择器都选中的第2行p元素将应用.green类选择器定义的样式，而忽略p选择器定义的规则，但p选择器定义的其他样式还是有效的。因此第2行p元素显示为绿色斜体的文字；同理，第3行p元素将按优先级高低应用id选择器的样式，显示为红色斜体；第4行p元素将应用行内样式，显示为黄色斜体；第5行p元素同时应用了两个类选择器class="purple green"，两个选择器的优先级相同，这时会以CSS代码中后出现的选择器(.purple)为准，显示为紫色斜体。

(3) !important关键字。

!important关键字用来强制提升某条声明的重要性。如果在不同选择器中定义的声明发生冲突，而且某条声明后带有!important，则优先级规则为"!important>行内样式>ID样式>类别样式>标记样式"。对于上例，如果给.green选择器中的声明后添加!important，则第3行和第5行文本都会变为绿色，在任何浏览器中都是这种效果。

```
.green{                                  /*类选择器*/
   color:green !important; }             /*通过!important提升该样式的优先级*/
```

如果在同一个选择器中定义了两条相冲突的规则，那么IE6总是以最后一条为准，不认!important，而Chrome/IE7+以定义了!important的为准。

```
#box {
   color:red !important;                 /*除IE6以外的其他浏览器以这一条为准*/
   color:blue;      }                    /*IE6总是以最后一条为准*/
```

!important用法总结：

① 在同一选择器中定义的多条样式发生了冲突，则 IE6 会忽略样式后的!important 关键字，总是以最后定义的那一条样式为准；

② 在不同选择器中定义的样式发生冲突，那么所有浏览器都以!important 样式的优先级为最高。

### 4.2.2 CSS 的继承性

CSS 的继承性是指如果子元素定义的样式没有和父元素定义的样式发生冲突，那么子元素将继承父元素的样式风格，并可以在父元素样式的基础上再添加新的样式，而子元素的样式风格不会影响父元素。例如下面代码(4-7.html)的显示效果如图 4-7 所示。

```
<style>
body {
    text-align: center;  font-size: 14px;  text-decoration: underline;    }
p {background-color:#FF9; }                          /* 背景黄色 */
.write{text-align: right; }
</style>
    <h2>十二星座传说</h2><!--蓝色-->
    <p><em>白羊座</em>的传说</p>
    <p>天蝎座的传说</p>
    <p class="write">作者:莫某某</p>
```

说明：

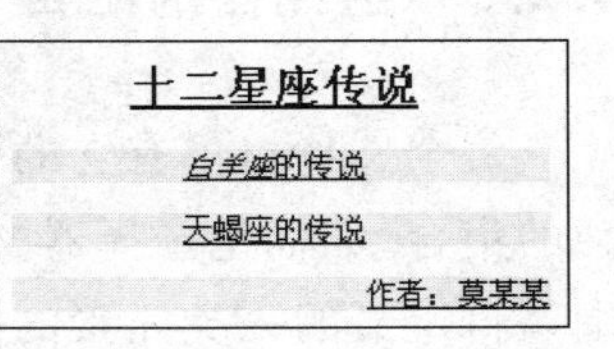


图 4-7 CSS 的继承性示例

① 本例中 body 标记选择器定义的文本居中，14px 字体、带下画线等属性都被所有子元素(h2 和 p)所继承，因此前 3 行完全应用了 body 定义的样式，而且 p 元素还把它继承的样式传递给了子元素 em，但第 4 行的 p 元素由于通过“.write”类选择器重新定义了右对齐的样式，所以将覆盖父元素 body 的居中对齐，显示为右对齐。

② 由于浏览器对 h2 标题元素预定义了默认样式，该样式覆盖了 h2 元素继承的 body 标记选择器定义的 14px 字体样式，结果显示为 h2 元素的字体大小，粗体。可见，继承的样式比元素的浏览器默认样式的优先级还要低。如果要使 h2 元素显示为 14px 大小，需要对该元素直接定义字体大小以覆盖浏览器默认样式。

CSS 的继承贯穿整个 CSS 设计的始终，每个标记都遵循着 CSS 继承的概念。可以利用这种巧妙的继承关系，大大缩减代码的编写量，并提高可读性，尤其在页面内容很多且关系复杂的情况下。例如，如果网页中大部分文字的字体大小都是 14px，则可以对 body 元素定义字体大小为 12px。这样其他元素都会继承这一样式，就不需要对这么多的子元素分别定义样式了，有些特殊的地方如果字体大小要求是 18px，则可再利用类选择器或 id 选择器对它们单独定义。

实际上，HTML 文档是一个如图 4-8 所示的树形结构(称为文档对象模型 DOM)，因此 HTML 中的元素都存在继承关系，CSS 的继承性正是基于元素的这种继承关系。

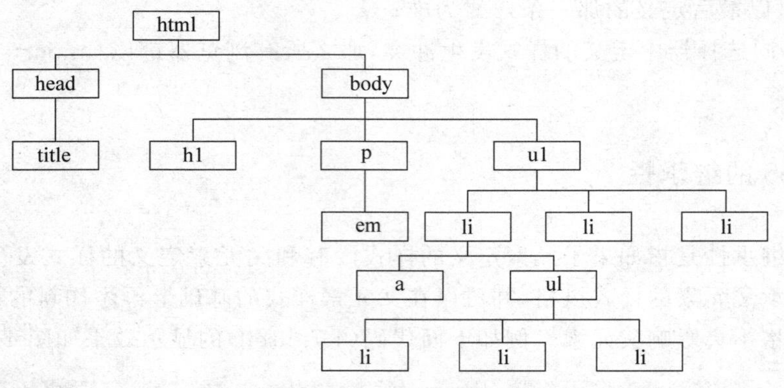


图 4-8　文档对象模型(DOM)图

**注意**：并不是所有的 CSS 属性都具有继承性，一般是 CSS 的文本属性具有继承性，而其他属性(如背景属性、布局属性等)则不具有继承性。

具有继承性的属性大致有：color、font-(以 font 开头的属性)、text-indent、text-align、line-height、letter-spacing、border-collapse、opacity 等。

无继承性的属性：text-decoration、所有盒子属性(边框、边界、填充)、布局属性(如 float)等。

### 4.2.3　选择器的组合

每个选择器都有它的作用范围，前面介绍的各种基本选择器，其作用范围都是一个单独的集合，如标记选择器的作用范围是具有该标记的所有元素的集合，类选择器的作用范围是自定义的一类元素的集合。如果希望对几种选择器的作用范围取交集、并集、子集以选中需要的元素，就要用到复合选择器了，它是通过对几种基本选择器的组合，实现更强、更方便的选择功能。

复合选择器就是两个或多个基本选择器，通过不同方式组合形成的选择器。主要有交集选择器、并集选择器和后代选择器。

#### 1. 交集选择器

交集选择器是由两个选择器直接连接构成，其结果是选中两者各自作用范围的交集。其中第一个必须是标记选择器，第二个必须是类选择器或 id 选择器。例如，h1. clas1；p#intro，这两个选择器之间不能有空格。格式如下：

```
h1.clas1 {color: green; font-size:24px;}
```

交集选择器将选中同时满足前后二者定义的元素，也就是前者定义的标记类型，并且指定了后者类名或 id 的元素。下面的代码(4-8. html)演示了如何应用交集选择器。

```
<style>
p {color: blue;}
.special {color: green;}
p.special {color: red;}
</style>
<p>普通段落文本</p>                                          <!--蓝色-->
<h3>普通 h3 标题文本</h3>
<p class="special">指定了 special 类别的段落</p>              <!--红色-->
<h3 class="special">指定了 special 类别的 h3 标题</h3>        <!--绿色-->
```

上例中 p 标记选择器选中了第 1、3 行文本；. special 类选择器选中了第 3、4 行文本，p. special 选择器选中了第 3 行文本，是两者的交集，用于对段落文本中的第 3 行进行特殊的控制。第 2 行未被任何选择器选中，仅作对比。

### 2. 并集选择器

所谓并集选择器，其实就是对多个选择器进行集体声明，多个选择器之间用“,”隔开，其中每个选择器都可以是任意类型的选择器。如果某些选择器定义的样式完全相同，或者部分相同，就可以用并集选择器同时声明这些选择器完全相同或部分相同的样式。

并集选择器的示例代码(4-9. html)如下，其显示效果如图 4-9 所示。

```
<style>
    * { text-align:center;}                                      /* 通配符选择器 */
    h1,h2,h3,p {font-size: 14px; background-color:#fcd;}        /* 加背景色 */
    h2.extra,#one {text-decoration: underline;}                 /* 加下画线 */
</style>
    <h1>h1 元素</h1>
    <h2 class="extra">h2 元素</h2>
    <h3>h3 元素</h3>
    <h4 id="one">h4 元素</h4>
    <p class="extra">段落 p 元素</p>
```

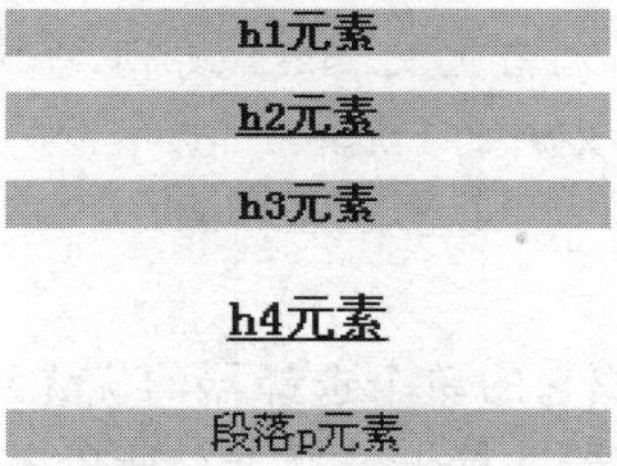

h1元素

h2元素

h3元素

h4元素

段落p元素

图 4-9　并集选择器示例

代码通过集体声明 h1、h2、h3、p 的样式，为选中的第 1、2、3、5 行的元素添加了背景色，然后对需要特殊设置的第 2、4 行添加下画线。

上述代码中还使用了通配符选择器“ * ”,网页中任何元素都会被通配符“ * ”选中。

### 3. 后代选择器

在CSS选择器中,还可以通过嵌套的方式,对内层的元素进行控制。例如当<b>标记被包含在<a>标记中时,就可以使用后代选择器 a b{…}选中出现在 a 元素中的 b 元素。后代选择器的写法是把外层的标记写在前面,内层的标记写在后面,之间用空格隔开,后代选择器的示例代码(4-10.html)如下,显示效果如图4-10所示。

```
<style>
a { font-size: 16px; color: red; }
a b {background-color:#fcd; }
</style>
<b>这是b标记中的文字</b><br />
<a href="#">这是<b>a标记中的b<span>标记</span></b></a>
```

其中 a 元素被标记选择器 a 选中,显示为16px红色字体;而 a 元素中的 b 元素被后代选择器 a b 选中,背景色被定义为淡紫色;第一行的 b 元素未被任何选择器选中。

图4-10 后代选择器示例

同其他CSS选择器一样,后代选择器定义的样式同样也能被其子元素继承。例如在上例中,b 元素内又包含了 span 元素,那么 span 元素也将显示为淡紫色。这说明子元素(span)继承了父元素(a b)的颜色样式。

后代选择器的使用非常广泛,实际上不仅标记选择器可以用这种方式组合,类选择器和 id 选择器也都可以进行嵌套,而且后代选择器还能够进行多层嵌套。例如:

```
.special b { color: red }                      /* 应用了类 special 的元素里面包含的<b> */
#menu li { padding: 0 6px; }                   /* id 为 menu 的元素里面包含的<li> */
td.top .ban1 strong{ font-size: 16px; }  /* 多层嵌套,同样适用 */
#menu a:hover b                        /* id 为 menu 的元素里的 a:hover 伪类里包含的<b> */
```

**提示**:选择器的嵌套在CSS的编写中可以大大减少对 class 或 id 的定义。因为在构建 HTML 框架时通常只需给父元素定义 class 或 id,子元素能通过后代选择器选择的,则利用这种方式,而不需要再定义新的 class 或 id。

### 4. 复合选择器的优先级

复合选择器的优先级比组成它的单个选择器的优先级都要高。我们知道基本选择器的优先级是“id选择器>类选择器>标记选择器”,所以不妨设 id 选择器的优先级权重是100,类选择器的优先级权重是10,标记选择器的优先级权重是1,那么复合选择器的优先级就是组成它的各个选择器权重值的和。例如:

```
h1{color:red;}                              /*权重=1*/
p em{color:blue;}                           /*权重=2*/
.warning{color:yellow;}                     /*权重=10*/
p.note em.dark{color:gray;}                 /*权重=22*/
#main{color:black;}                         /*权重=100*/
```

当权重值一样时，会采用“层叠原则”，一般后定义的会被应用。

下面是复合选择器优先级计算的一个例子(4-11.html)。

```
<style>
    #aa ul li {color:red    }
    .aa { color:blue    }
</style>
<div id="aa">
    <ul><li class="aa">
        CSS常见问题之<em class="aa">复合选择器</em>的优先级
        </li>
  </ul></div>
```

对于<li>标记中的内容，它同时被“#aa ul li”和“.aa”两个选择器选中，由于#aa ul li的优先级为102，而.aa的优先级为10，所以li中的内容将应用#aa ul li定义的规则，文字为红色，如果希望文字为蓝色，可提高.aa的特殊性，将其改写成“#aa ul li.aa”。

另外，代码中em元素内的文字颜色为蓝色，因为直接作用于em元素的选择器只有“.aa”，虽然em也会继承“#aa ul li”选择器的样式，但是继承的样式优先级最低，会被类选择器“.aa”定义的样式所覆盖。

综上所述，CSS样式的优先级如图4-11所示。

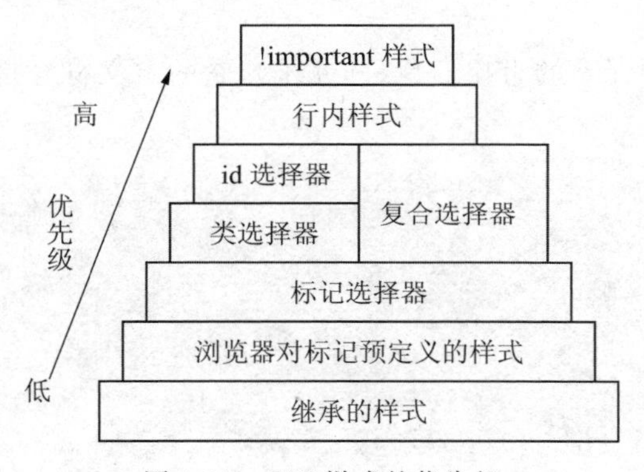


图4-11 CSS样式的优先级

其中，浏览器对标记预定义的样式是指对于某些HTML标记，浏览器预先对其定义了默认的CSS样式，如果用户没有重新定义样式，那么浏览器将按其定义的默认样式显示，常见的HTML标记在标准浏览器(如Chrome)中的默认样式如下。

```
body { margin: 8px; line-height: 1.12em }
h1 { font-size: 2em; margin: .67em 0 }
h2 { font-size: 1.5em; margin: .75em 0 }
h3 { font-size: 1.17em; margin: .83em 0 }
h4, p,blockquote, ul,fieldset, form,ol, dl, dir,menu { margin: 1.12em 0 }
h5 { font-size: .83em; margin: 1.5em 0 }
h6 { font-size: .75em; margin: 1.67em 0 }
h1, h2, h3, h4,h5, h6, b,strong { font-weight: bolder }
```

有些元素的预定义(默认)的样式在不同的浏览器中区别很大,例如 ul、ol 和 dd 等列表元素,IE 中的默认样式是:ul,ol,dd{margin-left:40px;},而 Firefox 中的默认样式定义为:ul,ol,dd {padding-left:40px;}。因此,要清除列表的默认样式,一般可以设置:

```
ul, ol, dd {
    list-style-type:none;                    /* 清除列表项目符号 */
    margin:0;                                /* 清除 IE 左缩进 */
    padding:0;                               /* 清除非 IE 左缩进 */  }
```

# 4.3 CSS 高级选择器

## 4.3.1 关系选择器

关系选择器用来选中指定元素的儿子、兄弟、后代等元素,它们能给 CSS 设计带来方便,而且对以后学习 jQuery 的选择器也是很有帮助的。

### 1. 子选择器

子选择器用于选中元素的直接后代(即儿子),它的定义符号是大于号(>),示例代码(4-12.html)如下。

```
body>p {    color: green;    }
<body>
    <p>这一段文字是绿色</p>
    <div><p>这一段文字不是绿色</p></div>
    <p>这一段文字是绿色</p>
</body>
```

只有第 1 个和第 3 个段落的文字会变绿色,因为它们是 body 元素的直接后代,所以被选中。而第 2 个 p 元素是 body 的间接后代,不会被选中,如果把(body>p)改为后代选择器(body p),那么 3 个段落都会被选中。这就是子选择器和后代选择器的区别。后代选择器可选中任何后代。

**2. 相邻选择器**

相邻(adjacent-sibling)选择器的语法是“E+F”,用于选中元素E后面紧邻的一个兄弟(弟弟)F元素(这两个元素具有共同的父元素,并且紧邻在一起),示例代码(4-13.html)如下。

```
h2+p {  color: red;    }
<h2>下面哪些文字是红色的呢</h2>
<p>第一段</p>                              <!--红色-->
<p>第二段</p>
<h2>下面有文字是红色的吗</h2>
<div><p>第一段</p></div>                   <!--该p元素和h2不同级,不会被选中-->
<p>第二段</p>                              <!--没有紧跟在h2后,不会被选中-->
<h2>下面哪些文字是红色的呢</h2>
这一段文字不是红色
<p>第一段</p>                              <!--红色-->
<p>第二段</p>
```

可见,共有两行被选中。其中,在最后一个h2元素后,尽管紧接着的是一段文字,但那些文字不属于任何标记,因此紧随这些文字之后的第一个p元素也会被选中。

如果希望紧跟在h2后面的任何元素都变成红色,可使用如下方法,那么第二个h2后的div元素也会被选中。

```
h2+ * {  color: red;    }
```

**3. 兄弟选择器**

兄弟选择器的语法是“E～F”,用于选中元素E后面的所有兄弟F元素,示例代码(4-14.html)如下。

```
h2~p{  color: red;    }
<h2>下面哪些文字是红色的呢</h2>
<p>第一段</p>                              <!--红色-->
<p>第二段</p>                              <!--红色-->
<h2>下面有文字是红色的吗</h2>
<div><p>第一段</p></div>                   <!--该p元素和h2不同级,不会被选中-->
<p>第二段</p>                              <!--红色-->
<h2>下面哪些文字是红色的呢</h2>
这一段文字不是红色
<p>第一段</p>                              <!--红色-->
<p>第二段</p>                              <!--红色-->
```

可见,兄弟选择器选中了所有的弟弟元素,其选择范围比相邻选择器更广。

### 4.3.2 属性选择器

引入属性选择器后，CSS 变得更加复杂、准确、功能强大。属性选择器主要有 3 种形式，分别是匹配属性、匹配属性和值、匹配属性和值的一部分。属性选择器的定义方式是将属性和值写在“[]”内，“[]”前面可以加标记名、类名等基本选择器。

**1. 匹配属性 E[att]**

属性选择器选中具有某个指定属性的元素，例如：

```
a[name]{color:purple; }                    /*选中具有 name 属性的 a 元素*/
img[border]{border-color:gray;}            /*选中具有 border 属性的 img 元素*/
[special]{color:red;}                      /*选中具有 special 属性的任何元素*/
```

在这些情况下，只要给定属性在元素中出现(无论属性值是什么)，便会匹配该属性选择器，还可给元素自定义一个它没有的属性名，如<img special="">，那么这个 img 元素会被[special]属性选择器选中，这时属性选择器的作用就相当于类或 id 选择器。

**2. 匹配属性和值 E[att="val"]**

属性选择器也可根据元素具有的属性和值来匹配，例如：

```
a[href="http://www.hynu.cn"]  {color:yellow; }        /*选中指向 www.hynu.cn 的链接*/
input[type="submit"]  {background:purple; }           /*选中表单中的提交按钮*/
img[alt="Sony Logo"][class="pic"] {margin:20px;}      /*同时匹配两个属性和值*/
```

这样，用属性选择器就能很容易地选中某个特定的元素，而不用为这个特定的元素定义一个 id 或类，再用 id 或类选择器去匹配它了。

**3. 匹配部分属性值**

CSS 提供了 5 种匹配部分属性值的属性选择器，如表 4-2 所示。

表 4-2 匹配部分属性值的属性选择器

| 选 择 器 | 功 能 |
| --- | --- |
| E[att~="val"] | 选择 att 属性值为一个用空格分隔的词列表，其中一个词是 val 的 E 元素 |
| E[att*="val"] | 选择 att 属性值中包含字符串 val 的 E 元素 |
| E[att\|="val"] | 选择 att 属性值以 val-开头或属性值为 val 的 E 元素 |
| E[att^="val"] | 选择 att 属性值为以 val 开头的 E 元素 |
| E[att$="val"] | 选择 att 属性值为以 val 结尾的 E 元素 |

其中，E[att~="val"]能匹配属性值列表中的单个属性值，由于对一个元素可指定多个类名，匹配单个属性值的选择器就可以选中具有某个类名的元素，这才是它的主要

用途。

属性选择器的示例代码(4-15.html)如下。

```
h2[class~="two"] {    color: red;}                    /*匹配具有类名为 two 的 h2 元素*/
h2[class*="wo"]{ font-style:italic;}                         /*匹配成功*/
h2[class$="ree"]{ text-decoration:underline;}                /*匹配成功*/
h2[class^="on"]{ background-color:#fcc;}                     /*匹配成功*/
p[data|="a"] { color:green; font-weight:bold; }              /*匹配成功*/
<h2 class="one two three">文字是红色</h2>
<p data="a-test">这一段文字是绿色</p>
```

### 4.3.3 伪类选择器

伪类(pseudo-class)是用来表示动态事件、状态改变或者是在文档中以其他方法不能轻易实现的情况——例如用户的鼠标指针悬停或单击某元素。总的来说,伪类可以对目标元素出现某种特殊的状态应用样式。这种状态可以是鼠标指针停留在某个元素上,或者是访问一个超链接。伪类允许设计者自由指定元素在一种状态下的外观。

#### 1. 常见的伪类选择器

常见的伪类有 4 个,分别是:link(链接)、:visited(已访问的链接)、:hover(鼠标指针悬停状态)和:active(激活状态)。其中前面两个称为链接伪类,只能应用于链接(a)元素,后两种称为动态伪类,理论上可以应用于任何元素。其他的一些伪类,如:focus,表示获得焦点时的状态,一般用在表单元素上。

伪类选择器前面必须是标记名(或类名、id 名等选择器名),后面是以“:”开头的伪类名,如图 4-12 所示。

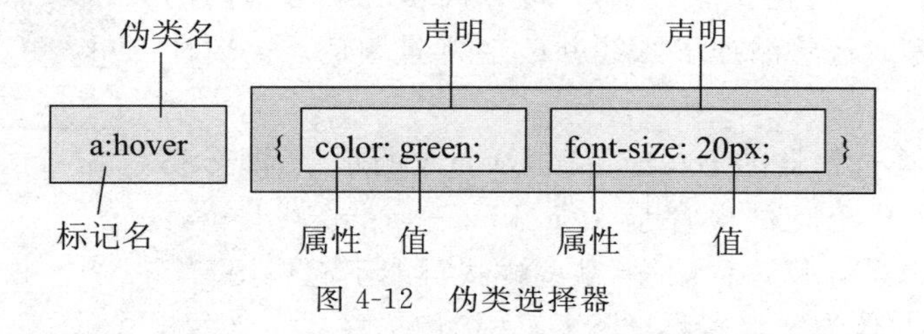


图 4-12 伪类选择器

图 4-12 中的伪类选择器作用是定义所有 a 元素在鼠标指针悬停(hover)状态下的样式。

#### 2. 制作动态超链接

在 HTML 中,超链接默认都是统一的蓝色带下画线,被单击过的超链接则为紫色带下画线,这种传统的超链接样式看上去过于呆板。

在 CSS 中,去掉文本下画线的方法是设置:text-decoration: none;添加下画线则是:

text-decoration: underline; text-decoration 属性的其他值还有 line-through(中画线), overline(上画线)等。

为了让网页中的超链接具有动态效果,例如,超链接初始时没有下画线,而当鼠标经过超链接上时,超链接会变色并添加下画线等,以提示用户可以点击。CSS 伪类选择器可以实现这种动态超链接效果。

因为伪类可以描述超链接元素在各种状态下的样式,所以通过定义 a 元素的各种伪类具有不同的样式,就能制作出千变万化的动态超链接效果。具体来说,a 元素可定义的伪类有 4 种,用来描述链接的 4 种状态,如表 4-3 所示。

**表 4-3 超链接<a>标记的 4 个伪类**

| 伪　类 | 作　用 |
|---|---|
| a:link | 超链接的普通样式风格,即正常浏览状态时的样式 |
| a:visited | 被单击过的超链接的样式风格 |
| a:hover | 鼠标指针悬停在超链接上时的样式风格 |
| a:active | 当前激活(在鼠标单击与释放之间发生)的样式风格 |

只要分别定义上述 4 种状态(或其中几种)的样式代码,就能实现动态超链接效果,如图 4-13 所示。代码(4-16.html)如下。

```
<style>
a {font-size: 14px;  text-decoration: none;}        /*设置链接的默认状态*/
a:link {color: #666;}
a:visited {color: #000;}                            /*点击过后的样式*/
a:hover {color: #900; text-decoration: underline; background:#9CF;}
a:active {color: #FF3399;}    </style>
<a href="#">首 页</a><a href="#">系部概况</a><a href="#">联系我们</a>
```

上例中分别定义了链接在 4 种不同的状态下具有不同的颜色,在鼠标悬停时还将添加下画线并改变背景颜色。需要注意的是:

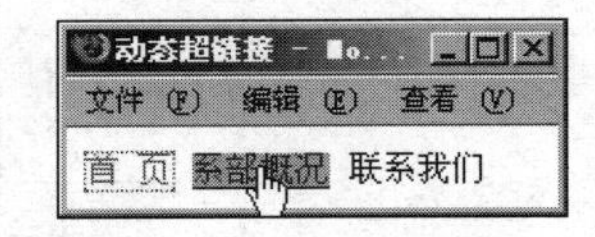

图 4-13　动态超链接

(1) 链接伪类选择器的书写应遵循 LVHA 的顺序,即 CSS 代码中 4 个选择器出现的顺序应为 a:link→ a:visited→ a:hover→ a:active,若违反这种顺序,某些样式可能不起作用。

(2) 各种 a 的伪类选择器将继承<a>标记选择器定义的样式。

(3) a:link 选择器只能选中具有 href 属性的<a>标记,而 a 选择器能选中所有<a>标记,包括用作锚点的<a>标记。

### 3. 制作动态图片边框效果

在 CSS2.0+规范中,任何元素都支持动态伪类,所以像 li:hover、img:hover、div:hover 和 p:hover 这些伪类都是合法的。使用伪类还能控制元素的后代或兄弟元素的动态效果。例如,li:hover ul(控制悬停时后代元素的样式)、img:hover～b(控制悬停时兄弟元素的样式)，下面是一个示例程序(4-17. html)，运行效果如图 4-14 所示。

```
<style>
  a{ display:inline-block; text-align:center; width:164px; text-decoration:
  none;}
  a img{ display:inline-block; padding:6px; border:1px solid transparent;}
  a img:hover{border:1px solid #009;}            /* 改变边框颜色 */
  a img:hover~b{ color:#F00;  text-decoration:underline;}    </style>
  <a href="#"><img src="images/pic1.jpg" /><b>楼兰古城遗址</b></a>
```

楼兰古城遗址　　楼兰古城遗址

图 4-14　动态图片边框效果(左为默认状态，右为鼠标经过时)

**4. :first-child 伪类**

:first-child 伪类选择器用于匹配它的父元素的第一个子元素，也就是说，这个元素是其父元素的第一个儿子，而无论它的父元素是哪个。示例代码(4-18. html)如下。

```
p:first-child{    font-weight: bold;    }
<body>
<p>这一段文字是粗体</p>                        <!--第 1 行,被选中-->
<h2>下面哪些文字是粗体的呢</h2>
<p>这一段文字不是粗体</p>
<h2>下面哪些文字是粗体的呢</h2>
<div><p>这一段文字是粗体</p>                   <!--第 5 行,被选中-->
<p>这一段文字不是粗体</p></div>
<div>下面哪些文字是粗体的呢
这一段文字不是
<p>这一段文字是粗体</p>                        <!--第 9 行,被选中-->
<p>这一段文字不是的</p></div>
</body>
```

这段文字共有 3 行会以粗体显示。第 1 行 p 是其父元素 body 的第 1 个儿子，被选中；第 5 行 p 是父元素 div 的第 1 个儿子，被选中；第 9 行 p 也是父元素 div 的第 1 个儿子，也被选中，尽管它前面还有一些文字，但那不是元素。

**5. :focus 伪类**

:focus 用于定义元素获得焦点时的样式。例如，对于一个表单来说，当光标移动到某个文本框内时(通常是点击了该文本框或使用 Tab 键切换到了这个文本框上),这个 input 元素就获得了焦点。因此,可以通过 input:focus 伪类选中它,改变它的背景色,使它突出显示,代码如下:

```
input:focus { background: yellow; }
```

对于不支持:focus 伪类的 IE6 浏览器,要模拟这种效果,只能使用两个事件结合 JavaScript 代码来模拟,它们是 onfocus(获得焦点)和 onblur(失去焦点)事件。

### 4.3.4 使用过渡属性配合动态伪类效果

CSS 的动态伪类能为网页添加一些动态效果,但动态伪类没有中间状态,当一个属性的值发生变化时,这种改变是突然发生的。比如一个元素的宽度是 100px,当鼠标指针悬停在上面时,宽度改变为 250px,这两种状态之间并没有平滑地变化,而是在这两种状态之间发生了跳跃。为此,CSS3 引入了过渡(Transitions)模块,提供了改变这种变换方式的选项。在 CSS 中,过渡就是让一个属性在两种状态之间平滑改变的动画。

为了让过渡发生,必须满足 4 个条件:一个初始状态、一个终止状态、过渡特征(如过渡时间和过渡的属性值等)和触发器(如鼠标指针悬停)。示例代码(4-19.html)如下。

```
div{ width:100px;                                    /*初始状态*/
    height:40px; background:#fcc; line-height:40px;
    transition:width 0.5s;}                          /*过渡特征*/
div:hover{width:300px;}                              /*终止状态,触发器为 hover*/
<div>演示过渡效果</div>
```

该例产生的动画效果是,当鼠标滑到 div 元素上时,div 元素的宽度会从 100px 逐渐伸展到 300px,动画持续时间为 0.5s。

#### 1. 过渡属性详解

CSS3 的过渡使用 transition 属性来定义,transition 属性的基本语法如下:

```
transition: transition-property transition-duration transition-timing-function transition-delay;
```

transition 属性实际上是 4 个属性的简写,其各个属性值的含义如下。

(1) transition-property——指定元素的某个属性上会有动画效果。例如:

```
transition-property:width;                /*在 width 属性上应用过渡*/
transition-property:font-size;            /*在 font-size 属性上应用过渡*/
transition-property:all;                  /*在所有属性上应用过渡*/
```

(2) transition-duration 属性——指定过渡从开始到结束的持续时间。其属性值是一个时间值(如0.5s),单位是s(秒)或者ms(毫秒)。默认值是0s,如果提供一个负值给该属性,则也会被解释为0s。例如:

```
transition-duration: 2s;                    /*过渡持续时间为2s*/
```

**注意**:transition-duration是创建过渡的唯一一个必要的属性,如果其他过渡属性都省略,但声明了transition-duration,过渡也会发生,但反过来则不行。

(3) transition-timing-function属性——能够让动画在过渡持续期间在速度上有变化,对动画的节奏进行控制。该属性的取值有两种不同的类型:关键字和cubic-bezier函数。

关键字的取值有以下几种。

① ease——默认值,平稳开始和结束,即动画开始和结束时比较慢,中途时比较快。

② linear——动态效果一直都匀速进行。

③ ease-in——平稳开始,动画效果开始时比较慢,然后不断加速直到结束。

④ ease-out——平稳结束,动画效果开始时比较快,然后不断减速直到结束。

⑤ ease-in-out——类似于ease值,但加速减速没有那么明显。

(4) transition-delay属性用于延迟一段时间后再开启过渡效果,例如希望在过渡开始前设置0.5s的延迟,可以使用下面的代码:

```
transition-delay: 0.5s;
```

transition-delay属性也可设置负值,考虑一个3s的过渡,但延迟了-1s。当该过渡被触发时,过渡会立即开始,但看上去就像是已经过去了1s一样,也就是说,整个过渡会从中途开始。

**2. transition属性的简写**

如果要对过渡属性进行简写,则可使用transition属性接2~4个值,因为过渡的速度变化和过渡前的延迟两个属性是可以省略的。但是,不管怎么写,transition-delay值必须写在transition-duration值的后面。下面是transition缩写的几个示例。

```
transition: color .5s ease-in .1s;        /*作用属性 持续时间 速度变化 延迟*/
transition: color .5s .1s;                /*作用属性 持续时间 延迟*/
transition: color .5s;                    /*作用属性 持续时间*/
```

**3. 多重过渡**

可以为独立属性或简写属性提供一系列用逗号分隔的值,这样就能把多种过渡效果添加到同一个元素上。例如,下面两个div选择器的代码都是多重过渡的例子。

```
div{transition:width 2s, height 1.5s, padding-left 4s;}
div{transition-property: width, height, padding-left;
    transition-duration: 2s, 1.5s,4s}
```

如果多个属性的过滤效果完全相同，则不需要使用多重过渡，设置 transition-property 的值为 all 即可。但是，值为 all 时将导致浏览器解析 CSS 代码的速度变慢。

下面是一个多重过渡效果的实例（4-20. html），分别对 div 元素的 width、height 和 padding 应用了过渡，使 div 元素逐渐变大并且文字向右移动，运行效果如图 4-15 所示。

```
<style>
div{ width:100px; height:40px; background:#fcc; line-height:40px;
    transition: width 2s, height 1.5s, padding-left 4s; }
div:hover{width:300px;padding-left:140px; height:80px;}
</style>
<div>演示过渡效果</div>
```

图 4-15　过渡效果演示实例

#### 4. 过渡效果综合实例

图 4-16 是一个移动的列表项，当鼠标指针滑入到某个列表项（li 元素）上时，列表项中的文字会向右移动，同时逐渐出现黄色背景，并且列表符号由方块变为圆形。代码（4-21. html）如下。

```
ul{padding:0; margin:0; list-style:none;}
li{font-size:14px; padding:8px; transition:all .5s;}
li b{float:left; width:16px; height:16px; background:#900; margin-right:12px;
transition:all .5s;}                                    /*用作列表符号,初始为方块*/
li:hover{background-color:#FFFF99; font-size:16px; padding-left:30px;}
li:hover b{border-radius:50%; background:#900;}  /*列表符号变为圆形*/
<ul>
    <li><b></b>过渡作用属性</li>  <li><b></b>过渡持续时间</li>
    <li><b></b>动画速度变化</li>  <li><b></b>过渡前延迟时间</li>
</ul>
```

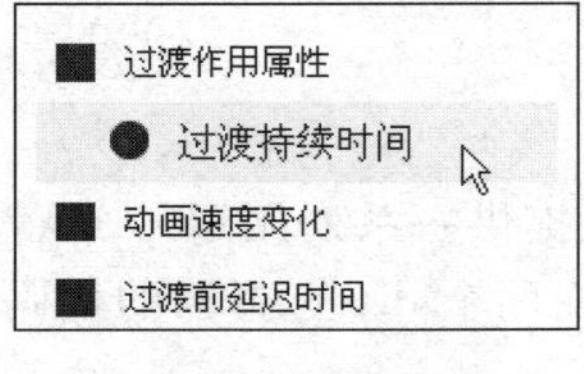


图 4-16　移动的列表项

## 4.3.5 伪元素选择器

在 CSS 中伪元素选择器主要有:first-letter、:first-line 以及:before 和:after。之所以称它们为“伪元素”,是因为它们在效果上使文档中产生了一个临时的元素,这是应用“虚构标记”的一个典型实例。

**1. :first-letter 和 :first-line**

:first-letter 用于选中元素内容中的首个字符,:first-line 用于选中元素内容中的首行文本。无论元素显示的区域是宽还是窄,样式都会准确地应用于首行。如果段落的首行只有 5 个汉字,则只有这 5 个汉字会应用样式。如果首行包含 30 个汉字,那么这 30 个汉字都会应用样式。下面是一个 p 元素的 CSS 代码(4-22.html),其显示效果如图 4-17 所示。

```
p:first-letter { font-size: 2em; float: left;}
p:first-line { font-weight: bold; letter-spacing: 0.3em;}
<p>春天来临,又到了播种耕种的季节,新皇后将炒熟了的麦子……</p>
```

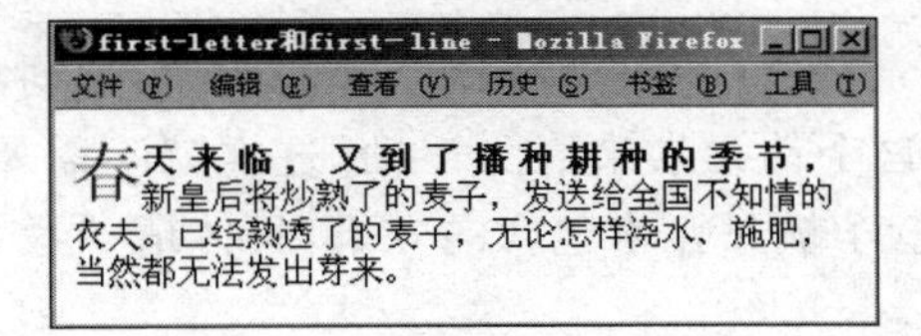


图 4-17 :first-letter 和:first-line 的应用

**注意**:可供:first-line 使用的 CSS 属性有一些限制,它只能使用字体、文本和背景属性,不能使用盒子模型属性(如边框、背景)和布局属性。

**2. :before 和 :after**

:before 和:after 两个伪元素必须配合 content 属性使用才有意义。它们的作用是在指定的元素内产生一个新的行内元素,该行内元素的内容是由 content 属性值决定的。例如下面代码(4-23.html)的效果如图 4-18 所示。

```
<style>
    p:before, p:after{content: "--"; color:red;}
</style>
<p>看这一段文字的左右</p>
<p>这一段文字左右</p>
```

可以看到,通过产生内容属性,p 元素的左边和右边都添加了一个新的行内元素,它们的内容是"--",并且设置伪元素内容的样式红色。

还可以将:before 和:after 伪元素转化为块级元素显示，例如将上述选择器修改如下，则显示效果如图 4-19 所示。

```
p:before,p:after{content: "--"; color:red; display:block;}
```

其中，content 属性一定要设置，否则伪元素会无效，如果不需要伪元素的内容，可设置 content 属性值为空，即 content:""。

content 属性经常配合 attr()函数使用，attr()函数用来获取 HTML 元素指定属性的值，例如 attr(title)将获取元素 title 属性的值，下面是一个例子，显示效果如图 4-20 所示。

```
.wcs:before{content:attr(title); color:#f00; font-weight:bold;}
<div class="wcs" title="第 5 部分:">王船山的美学思想</div>
```

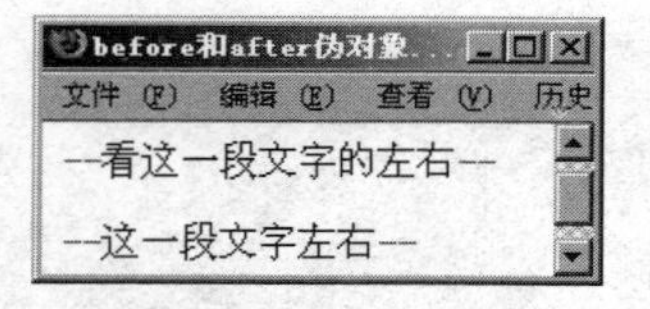


图 4-18 用:before 和:after 添加伪元素

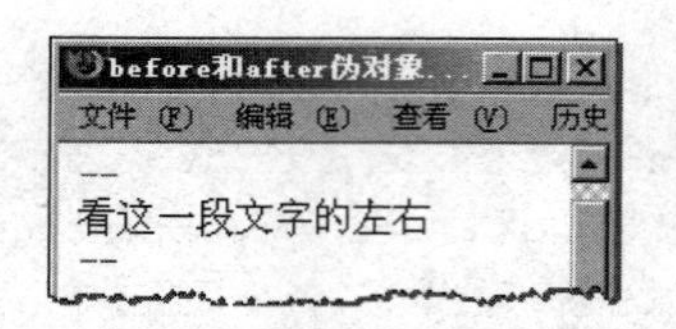


图 4-19 设置伪元素为块级元素

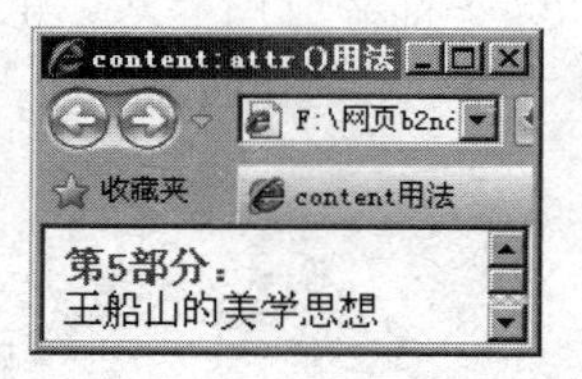


图 4-20 attr()函数的应用

利用:after 产生的伪元素，可以作为清除浮动的元素，即对浮动盒子的父元素设置:after 产生一个伪元素，用这个伪元素来清除浮动，这样就不需要在浮动元素后添加一个空元素了，也能实现浮动盒子被父元素包含的效果，具体请参考 5.1.3 节。

**提示:**

① 在 CSS3 中为了区分伪类选择器和伪元素选择器，伪元素选择器改为以两个冒号开头(如::after)，伪类选择器仍使用一个冒号(如:hover)，目前较新的浏览器都能识别两种写法，但 IE8 只支持单冒号格式，所以为了兼容 IE8 还是写单冒号好些。

② 目前的 CSS 标准还不支持嵌套伪元素，类似::after::after{}的写法是无效的。

### 3. CSS2.1 选择器总结

下面将常用的 CSS2.1 选择器列在表 4-4 中，请读者掌握它们的用法。

**表 4-4 CSS2.1 常用的选择器**

| 选择器名称 | 举　例 | 作用范围 |
|---|---|---|
| 通配选择符 | * | 所有的元素 |
| 标记选择器 | div | 所有 div 标记的元素 |
| 后代选择器 | div * | div 标记中所有的子元素 |
| | div span | 包含在 div 标记中的 span 元素 |
| | div .class | 包含在 div 标记中类名属性为 class 的元素 |

续表

| 选择器名称 | 举　例 | 作用范围 |
| --- | --- | --- |
| 并集选择器 | div，span | div元素和span元素 |
| 子选择器* | div＞span | 如果span元素是div元素的直接后代，则选中span元素 |
| 相邻选择器* | div＋span | 如果span元素紧跟在div元素后，则选中span元素 |
| 类选择器 | .class | 所有类名属性为class的元素 |
| 交集选择器 | div.class | 所有类名属性为class的div元素 |
| id选择器 | ＃itemid | id名为itemid的唯一元素 |
| | div＃itemid | id名为itemid的唯一div元素 |
| 属性选择器* | a[attr] | 具有attr属性的a元素 |
| | a[attr＝'x'] | 具有attr属性并且值为x的a元素 |
| | a[attr～＝'x'] | 具有attr属性并且值的字符中含有'x'的a元素 |
| 伪类选择器 | a:hover | 所有在hover状态下的a元素 |
| | a.class:hover | 所有在hover状态下具有class类名的a元素 |
| 伪元素选择器* | div:first-letter | 选中div元素中的第一个字符 |

## 4.4 CSS设计和书写技巧*

### 4.4.1 CSS样式总体设计原则

设计CSS样式时，应遵循"先普遍，后特别"的原则。首先对很多元素统一设置属性，然后为一些需要特别设置样式的元素添加class属性或id属性，并注意如下几点。

(1) 善于运用后代选择器。虽然定义标记选择器最方便(不需要在每个标记中添加class或id属性，使初学者最喜欢定义标记选择器或由标记选择器组成的后代选择器)，但有些标记在网页文档的各部分出现的含义不同，因此样式风格往往也不相同，例如网页中普通的文字链接和导航链接的样式就不同。为此，虽然可以将导航条内的各个＜a＞标记都定义为同一个类，但这样导航条内的所有＜a＞标记都要添加一个class属性，class＝"nav"要重复写很多遍。例如：

```
<div>
    <a class="nav" href="#">首 页</a>
    <a class="nav" href="#">中心简介</a>…
    <a class="nav" href="#">技术支持</a></div>
```

实际上，可以为导航条内＜a＞标记的父标记(如ul)添加一个id属性(nav)，然后用后代选择器(＃nav a)就可以选中导航条内的各个＜a＞标记了。这时HTML结构代码中的 id="nav"就只需写一次了，示例代码(4-24.html)如下，显然这样的代码更简洁。

```
<div id="nav">
    <a href="#">首 页</a>
    <a href="#">中心简介</a>…
    <a href="#">技术支持</a></div>
```

(2) 灵活运用 class 和 id。

例如，网页中有很多栏目框，所有栏目框有许多样式是相同的，因此可以将所有栏目框都定义为同一个类，然后再对每个栏目框定义一个 id 属性，以便对某个栏目框作特别的样式设置。

(3) 对于几个不同的选择器，如果它们有一些共同的样式声明，就可以先用并集选择器进行集体声明，然后单独声明某些元素的特殊样式以覆盖前面的样式。如：

```
h2,h3,h4,p,form,ul{margin:0;font-size:14px;}
h2{font-size:18px;}
```

### 4.4.2 DW 对 CSS 的可视化编辑支持

#### 1. 新建和编辑 CSS 样式

DW 对 CSS 代码的新建和编辑有很好的支持，对 CSS 的所有操作都集中在图 4-21 所示的“CSS 样式”面板中，单击“新建”( )，就会弹出如图 4-22 所示的对话框。

图 4-21 “CSS 样式”面板

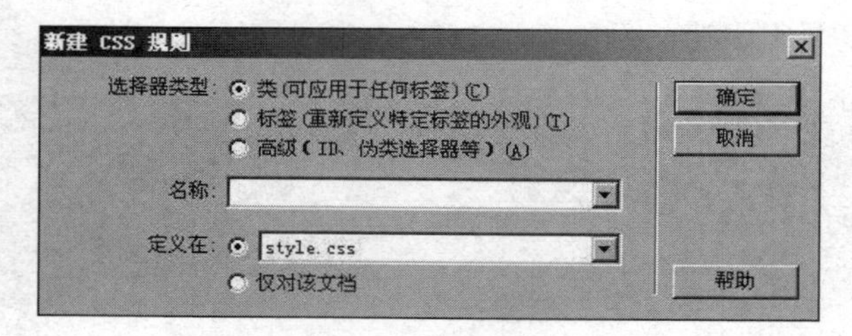


图 4-22 新建 CSS 选择器

其中，“选择器类型”中的“类(可应用于任何标签)”对应类选择器，“标签(重新定义特定标签的外观)”对应标记选择器，“高级(伪类选择器等)”对应除此之外的其他所有选择器(如 ID 选择器、伪类选择器和各种复合选择器)。确定选择器类型后，就可以在“名称”下拉列表框中输入或选择选择器的名称(要注意符合选择器的命名规范，即类选择器必须以点开头，ID 选择器必须以＃开头)，在“定义在”选项组中，可以选择将 CSS 代码写在外部 CSS 文件中(如 style.css)，并通过链接式引入该 CSS 文档；“仅对该文档”表示使用嵌入式引入 CSS，即把 CSS 代码作为＜style＞标记的内容写在文档头部。

定义好选择器后，单击“确定”按钮，就会弹出该选择器的 CSS 属性面板，如图 4-23 所示。所有选择器的 CSS 属性面板都是相同的。

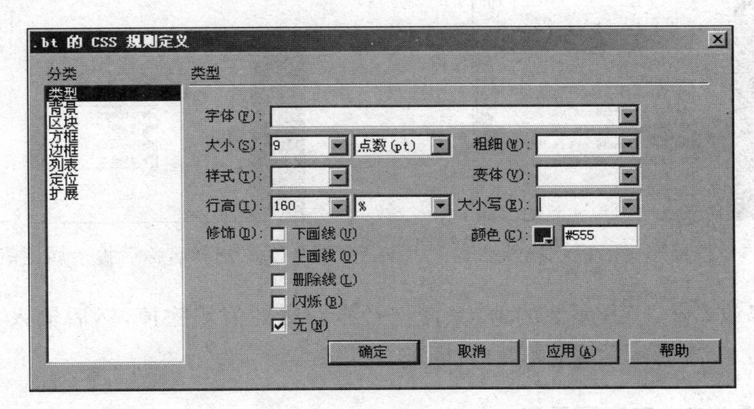


图 4-23　CSS 属性面板

对面板中的任何一项进行赋值后，都等价于向该选择器中添加一条声明，如下画线设置为“无”，就相当于在代码视图内为该选择器添加了一条“text-decoration: none;”。

设置完样式属性后，单击“应用”按钮，可以在设计视图中看到样式应用后的效果，也可单击“确定”按钮，将关闭规则定义面板并应用样式。这时在“CSS 样式”面板中将出现刚才新建的 CSS 选择器名称和其属性，如图 4-21 所示。

**2. 将嵌入式 CSS 转换为外部 CSS 文件**

如果在 HTML 文档头部已经用＜style＞标记添加了一段嵌入式的 CSS 代码，则可以将这段代码导出成一个 CSS 文件供多个 HTML 文档引用。导出方法有以下两种。

(1) 执行“文本”→“CSS 样式”→“导出”菜单命令，输入文件名(如 style.css)，就可将该段 CSS 代码导出成一个.css 文件。导出后可将此文档中的＜style＞标记部分全部删除，然后再单击图 4-21 中的“附加样式表”图标( )，将刚才导出的.css 文件引入，引入的方法可选择“链接”或“导入”，分别对应链接式 CSS 或导入式 CSS。

(2) 直接复制 CSS 代码。在 DW 中新建一个 CSS 文件，将＜style＞标记中的所有样式规则(不包括＜style＞标记和注释符)复制到 CSS 文档中，然后再单击“附加样式表”( )将这个 CSS 文件导入。

### 3. DW 对 CSS 样式的代码提示功能

Dreamweaver 对 CSS 同样具有很好的代码提示功能。在代码视图中编写 CSS 代码时，按回车键或空格键都可以触发代码提示。

编辑 CSS 代码时，在一条声明书写结束的地方按回车键，就会弹出该选择器拥有的所有 CSS 属性列表供选择，如图 4-24 所示。当在属性列表框中已选定某个 CSS 属性后，又会立刻弹出属性值列表框供选择，如图 4-25 所示。如果属性值是颜色，则会弹出颜色选取框；如果属性值是 URL，则会弹出文件选择框。

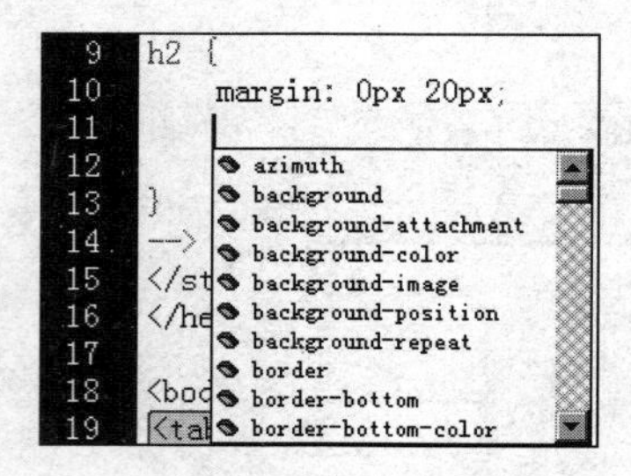


图 4-24 按回车键后提示属性名称

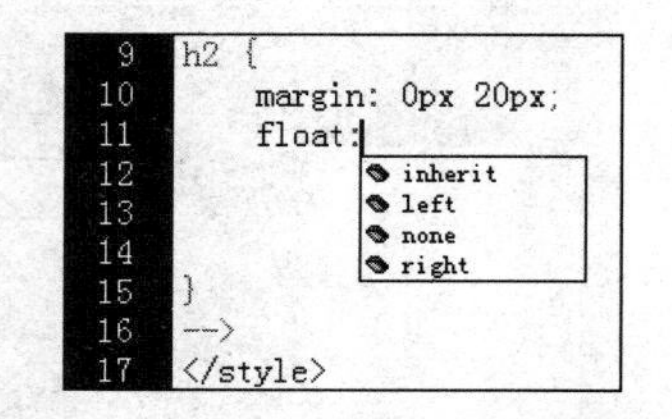


图 4-25 选择名称后提示属性值

如果要修改某个 CSS 属性的值，只需把冒号和属性值删除掉，然后输入一个冒号，就又会弹出如图 4-25 所示的属性值列表框来。

### 4. 快速插入 div 等布局元素

一般情况下，需要先插入 HTML 元素，再对元素设置 CSS 样式。执行“插入”→“布局对象”→“Div 标签”菜单命令，将弹出如图 4-26 所示的对话框，单击“确定”按钮就能快速插入一个带有类名或 id 名的 div 标记了。

图 4-26 插入 Div 标签对话框

### 5. 在代码视图中快速新建选择器和修改选择器

在代码视图中，如果将光标移动到某个 HTML 元素的标记范围内（尖括号内），如图 4-27 所示，再单击如图 4-21 所示的“CSS 样式”面板中的“新建”图标，则在弹出的如图 4-28 所示的“新建 CSS 规则”面板中，会自动为光标所在位置的元素建立选择器名，这样可免去手工书写该 CSS 选择器名称所带来的麻烦。

如果要修改某个 CSS 选择器的样式，可将光标置于这个 CSS 选择器的代码范围内，再单击如图 4-21 所示的“CSS 样式”面板中的“编辑”图标，就会弹出该选择器的属性设置面板(见图 4-23)供修改。

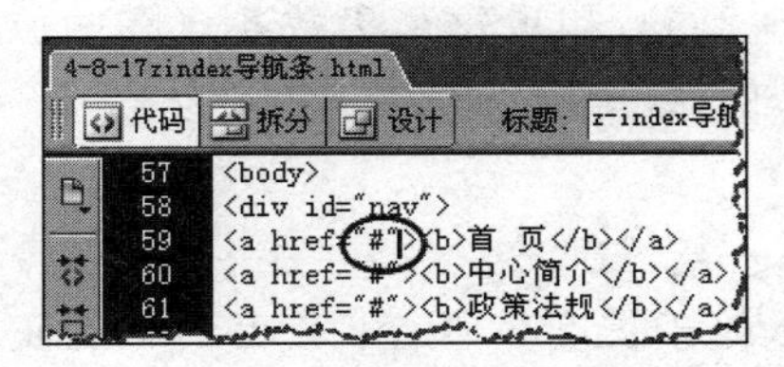


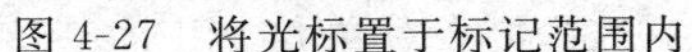
图 4-27　将光标置于标记范围内

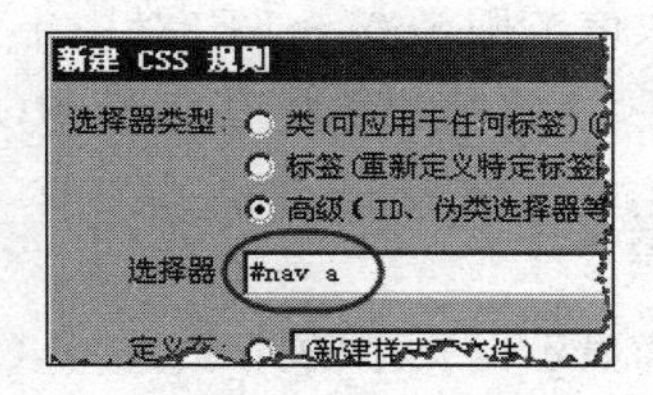


图 4-28　新建选择器时会自动出现光标位置的元素

### 4.4.3　CSS 属性的值和单位

值是对属性的具体描述,而单位是值的基础。没有单位,浏览器将不知道一个边框是 10cm 还是 10px。CSS 中较复杂的值和单位有颜色取值和长度单位。

**1. 颜色的值**

CSS 中定义颜色的值可使用命名颜色、rgb、rgba 和十六进制颜色 4 种方法。

1) 命名颜色

例如:

```
p{color: red; }
```

其中"red"就是命名颜色,能够被 CSS 识别的颜色名大约有 140 种。常见的颜色名如 red、yellow、blue、silver、Teal、White、navy、orchid、oliver、purple、green 等。

2) rgb 颜色

显示器的成像原理是红(Red)、绿(Green)、蓝(Blue)三色光的叠加形成各种各样的色彩。因此,通过设定 RGB 三色的值来描述颜色是最直接的方法。例如:

```
li{ color: rgb(139,31,185); }
li{ color: rgb(12%,201,50%); }
```

其值可以取 0～255 的整数,也可以是 0～100%的百分数,但 Firefox 浏览器并不支持百分数值。

3) rgba 颜色

在 CSS3 中,新增了支持透明度的 rgba 颜色值,rgba()函数有 4 个值,其中前 3 个值代表 rgb 3 种颜色的值,而最后一个参数 a 是 Alpha 的缩写,代表透明度,该参数的取值为 0～1,其中 0 表示完全透明,默认值 1 表示完全不透明。例如:

```
div{background:rgba(240,0,0,0.3);}
```

4) 十六进制颜色

十六进制颜色同样是基于 rgb 颜色,只不过将 RGB 颜色中的十进制数转换成了十六进制数，并用更加简单的方式写出来：#RRGGBB，例如#ffcc33。

其参数取值范围为00～FF(对应十进制仍为0～255)，如果每个参数各自在两位上的数值相同，那么该值也可缩写成"#RGB"的方式。例如，#ffcc33可以缩写为#fc3。

**2. CSS 长度单位**

为了正确显示网页中的元素，许多CSS属性都依赖于长度。所有长度都可以为正数或者负数加上一个单位来表示，而长度单位大致可分为3类：绝对单位、相对单位和百分比。

1) 绝对单位

绝对单位很简单，包括英寸(in)、厘米(cm)、毫米(mm)、磅(pt)和pica(pc)。

使用绝对单位定义的长度在任何显示器中显示的大小都是相同的，无论该显示器的分辨率或尺寸是多少。如font-size:9pt，则该文字在任何显示器中都是9pt大小。在手机网页中，由于不同类型的手机分辨率相差很大，应尽量使用绝对单位。

2) 相对单位

顾名思义，相对单位的长短取决于某个参照物，如屏幕的分辨率、字体高度等。

常用的相对长度单位有父元素的字体高度(em)、根元素的字体高度(rem)、字母x的高度(ex)和像素(px)。

- em是相对于父元素字体大小的比例，假设某个div的字体大小为15px，如果设置该div的子元素字体大小为2em，则子元素的实际字体大小为30px。
- rem是相对于HTML根元素字体大小的比例，假设定义了html{font-size:24px;}或150%，设置该页中某个元素字体大小为0.5rem，则元素实际字体大小为12px。
- ex是以字体中小写x字母为基准的单位，不同的字体有不同的x高度，因此即使font-size相同而字体不同的话，1ex的高度也会不同。
- px是指像素，即显示器按分辨率分割得到的小点。显示器由于分辨率或大小不同，像素点的大小是不同的，所以像素也是相对单位。

3) 百分比

百分比显得非常简单，也可看成是一个相对量。如：

```
td{font-size:12px; line-height: 160%; }    /*设定行高为字体高度的160%*/
hr{ width: 80%}                              /*水平线宽度相对其父元素宽度为80%*/
```

### 4.4.4 网页中的字体

网页是文字的载体，字体的使用是网页设计中不可或缺的一部分。为了网页的美观，有时经常需要使用一些特殊的字体，例如：

```
h2{font-family:"方正姚体",'幼圆',"宋体";}
```

这条语句的作用是定义 h2 元素的字体是方正姚体，但前提是网页浏览者的系统中必须安装有这种字体；如果没安装，则依次定义 h2 的字体为幼圆或宋体这两种备用字体；如果都没安装，则只能显示系统默认字体而导致字体可能无法显示。

为了解决由于浏览者系统中没有安装字体导致不能显示的问题，CSS3 提供了 @font-face 规则。利用这种规则可以将服务器端字体下载到本地，从而使网页中的字体显示摆脱浏览者系统中字体的限制。@font-face 规则的用途有以下几种。

### 1. 字体文件名简写

@font-face 可以为字体文件名定义一个变量，例如：

```
@font-face {
  font-family: YT;                              /* 声明一个名为 YT 的字体变量 */
  src:local("方正姚体"),local("幼圆"),local("宋体");
}
```

然后在任何需要使用 YT 这种字体时就可以使用如下这种简洁的写法。

```
h2{font-family:YT;}
```

**提示：**

(1) 在@font-face 规则中，font-family 属性的作用是声明字体变量，与普通选择器中的 font-family 作用明显不同。

(2) src 属性定义字体的下载地址，其值可以是 local(表示本机)或 url(表示网址，例如要使用服务器上下载的字体)。另外，每个 local()或 url()函数中只能写一种字体。

(3) 如果在 src 中定义了多个字体，则这些字体之间也是候选关系。

(4) 如果修改了 src 中定义的字体或顺序，则一定要关闭浏览器再打开才能看到修改后的效果，刷新浏览器是看不到效果的。

### 2. 使用服务器端字体

在@font-face 规则中，如果 src 属性定义的字体是一个 url 路径，则网页加载时会自动从服务器下载字体文件，再显示出来。示例代码(4-25. html)如下。

```
@font-face {
  font-family: FZCYS;
  src: local("FZYaSongS-B-GB"), url("fonts/FZCYS.woff2"),
url("fonts/FZCYS.woff")format('woff'), url("fonts/FZCYS.ttf");}
```

这表示如果用户系统中安装了方正粗雅体，则直接使用；如果没安装，则从 url 中指定的路径下载该字体文件再使用。本例中的路径是网站目录下 fonts 目录中的文件。

**提示：**

(1) 网络字体文件主要有 woff、svg、otf、eot 等。其中 woff(Web Open Font Format)

字体被所有现代浏览器支持，可以使用 Font2Web 工具将普通字体文件转换成 woff 等文件格式。

(2) 在字体文件 url 后可接函数，format 函数用来说明该字体文件的格式，以帮助浏览器识别。

(3) 必须保证 url()中的字体文件路径正确，url()中的路径可以是相对 url 或绝对 url。

(4) 对于中文字体，由于字体文件体积很大，可以使用 WebFont 网站提供的生成字体服务，仅输入需要的文字，再生成字体文件，这样字体文件的体积就可减少很多。

### 4.4.5 字体图标技术

网页中经常需要使用很多小图标，过去这些图标通常是图片文件，但图片文件的体积较大，制作起来也比较烦琐。随着 CSS3 技术的兴起，人们发现使用 CSS3 的某些特性(如圆角、渐变等)或 SVG 技术能绘制出各种各样的图标。于是有人结合@font-face 技术，创立了字体图标库，字体图标库能使用字体文件生成各种各样的图标，比起使用图片文件，可大大减少网页的体积。目前比较流行的字体图标库有 font-awesome 和 icomoon。本节以 icomoon 为例，介绍如何在网页中使用字体图标。

首先进入如图 4-29 所示的 icomoon 的网址 https://icomoon.io/app/#/select。在图标区单击任意图标即可选中该图标(可同时选中很多个图标，再次单击则取消选中)。选择好需要的图标之后，单击图 4-29 右下角的 Generate Font F 即可生成图标字体文件并转到下载页面，在下载页面单击 Download 则会下载生成的字体文件。

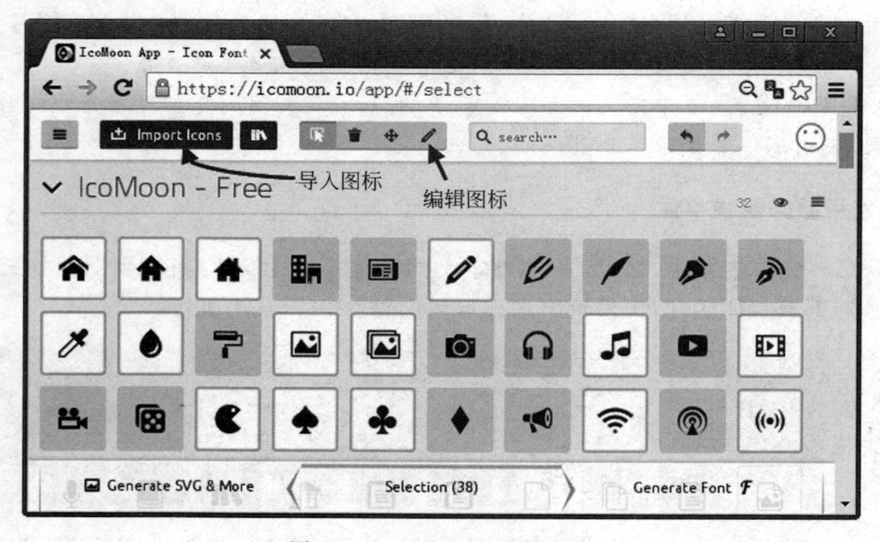


图 4-29 icomoon 的网站界面

解压下载的字体文件，将 fonts 目录复制到网站的根目录下，在需要使用字体图标的网页中加入如下 CSS 代码(4-26.html)。

```
@font-face{
    font-family: "myicon";                        /* 自定义的字体名称 */
    src: url("fonts/icomoon.eot");                /* IE9 兼容模式 */
    src: url("fonts/icomoon.eot")format("embedded-opentype")
                                                  /* 兼容 IE8 */
        ,url("fonts/icomoon.woff")format("woff")
        ,url("fonts/icomoon.ttf")format("truetype")
        ,url("fonts/icomoon.svg")format("svg");
    font-weight: normal;    font-style: normal;    }
.myicon{
    font-family: "myicon";
    font-style: normal; font-weight: normal;
    font-size: 32px;                              /* 设置字体图标的大小 */
    -webkit-font-smoothing: antialiased;         /* 在 webkit 浏览器中有抗锯齿效果 */
    -moz-osx-font-smoothing: grayscale;    }
```

然后在需要显示图标的地方插入任意一个 HTML 元素，本例中为<i>，设置其类名为 CSS 中定义的类名 myicon，并且可以设置字体颜色 color 属性来修改图标的颜色，例如：

```
<i style="color:#0fc;" class="myicon">&#xe900;</i>
```

这样就会在网页中显示如图 4-30 所示的某个字体图标了。

字体图标示例

图 4-30　字体图标示例

其中 e900 为该图标序号的十六进制编码，这个序号可以在下载的压缩文件中的 demo.html 中查找到，而网页中规定十六进制编码要在它的前面添加“&#x”前缀和“;”后缀，所以就是“”。

另外一种方法是在 CSS 中使用::before 伪元素插入该图标序号，这样在 i 元素中就不需要写图标的序号了，代码如下：

```
.myicon:before{content: "\e900";}
<i style="color:#900;" class="myicon"></i>
```

如果希望在鼠标滑过时，字体图标会变色，可以在 i 元素的外面包裹一个超链接标记，然后使用 hover 伪类选择器改变 i 元素的字体颜色，代码如下：

```
<a href="#"><i style="color:#0fc;" class="myicon icon-home"></i></a>
a:hover i{ color: #f00 !important; }             /* 通过 color 属性修改 */
```

## 4.5 盒子模型及其属性

在网页的布局和页面元素的表现方面，要掌握的最重要的概念是 CSS 的盒子模型(Box Model)以及盒子在浏览器中的排列(定位)，这些概念用来控制元素在页面上的排列和显示方式，形成 CSS 的基本布局。

设想有 4 幅镶嵌在画框中的画，如图 4-31 所示。我们可以把这 4 幅画看成是 4 个 img 元素，那么 img 元素中的内容就是画框中的画，画(内容)和边框之间的距离称为盒子的填充或内边距(padding)，画的边框称为盒子的边框(border)，画的边框周围还有一层边界(margin)，用来控制元素盒子与其他元素盒子之间的距离。

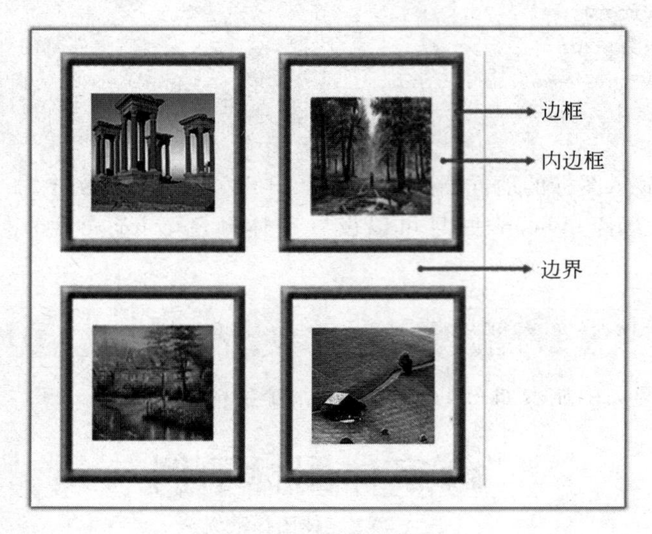


图 4-31　画框示意图

### 4.5.1 盒子模型概述

通过对画框中的画进行抽象，就得到一个抽象的模型——盒子模型，如图 4-32 所示。盒子模型是 CSS 的基石之一，它指定元素如何显示以及(在某种程度上)如何交互，页面上的每个元素都被浏览器看成是一个矩形的盒子，这个盒子由元素的内容、填充、边框和边界组成。网页就是由许多个盒子通过不同的排列方式(上下排列、左右排列、嵌套排列)堆积而成。

盒子的概念是非常容易理解的，但是如果要精确地利用盒子模型布局，有时候 1px 都不能够差，这就需要非常精确地理解盒子大小的计算方法。盒子模型的填充、边框、边界宽度都可以通过相应的属性分别设置上、右、下、左 4 个距离的值，内容区域的宽度可通过 width 和 height 属性设置，增加填充、边框和边界不会影响内容区域的尺寸，但会增加盒子的总尺寸。

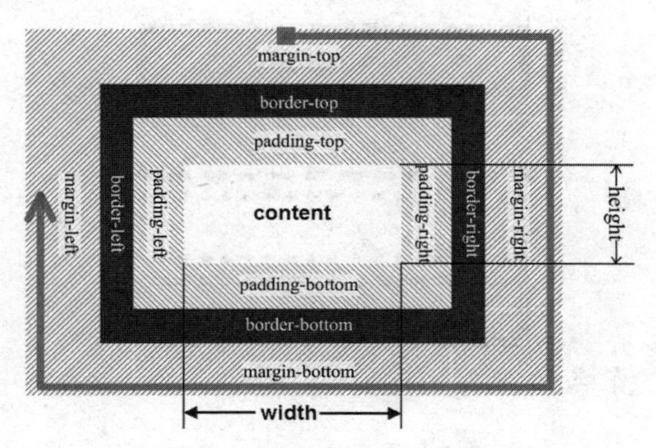


图 4-32　盒子模型及有关属性

在默认情况下，一个元素盒子实际占据的宽度为：

实际宽度＝左边界＋左边框＋左填充＋内容宽度＋右填充＋右边框＋右边界

例如，一个 div 元素的 CSS 样式定义如下。

```
div{background: #9cf;
    margin: 20px; border: 10px solid #039;
    padding: 40px; width: 200px; height:88px;}
<div>盒子模型</div>
```

则该元素占据的网页总宽度是：20＋10＋40＋200＋40＋10＋20＝340(px)。其中，该元素内容占据的宽度是 200px，高度是 88px。

由于默认情况下绝大多数元素的盒子边框是 0，盒子的背景是透明的，所以在不设置 CSS 样式的情况下元素的盒子不可见，但这些盒子依然是占据网页空间的。

通过 CSS 重新定义元素样式，包括设置元素盒子的 margin、padding 和 border 的宽度值，还可以设置盒子边框和背景的颜色，巧妙设置可使网页元素变得美观生动。

### 4.5.2　边框 border 属性

盒子的边框具有 3 个要素：宽度(粗细)、颜色和样式(线型)。利用 border 属性可同时设置边框的 3 个要素，例如，border：1px solid red 表示边框为 1px 实线红色。

实际上，border 属性是由 3 个子属性复合而成，分别是 border-width(宽度)、border-color(颜色)和 border-style(样式)。

#### 1. 边框样式

这里重点讲解 border-style 属性，它的属性值有实线(solid)、虚线(dashed)、点线(dotted)、双线(double)等，效果如图 4-33 所示。

各种样式边框的显示效果在 IE 和 Chrome 中略有区别。对于 groove、inset、outset 和 ridge 等其他 border-style 值，仅有 Firefox 支持。下面是图 4-33 对应的代码(4-27

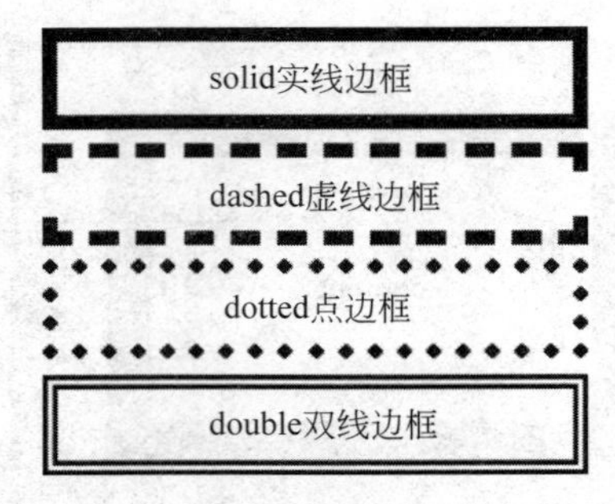


图 4-33 border-style 属性不同取值在 IE 中的效果

. html)。

```
div {
    border:6px black;                              /* 设置边框为 6px 黑色 */
    margin:6px;  padding:6px;  text-align:center;      }
<div style="border-style:solid;">solid 实线边框</div>
<div style="border-style:dashed">dashed 虚线边框</div>
<div style="border-style:dotted">dotted 点边框</div>
<div style="border-style:double">double 双线边框</div>
```

在实际中,也可以单独对某个边框设置样式,下面的代码显示效果如图 4-34 所示。

```
.box1{border: 4px solid red;}                      /* 同时设置 4 个边框 */
.box2{border-bottom: 6px double black; }           /* 单独设置下边框为黑色双线 */
.box3{border:3px dotted #00f;
    border-right:none;}                            /* 设置右边无边框,其他边框为虚线 */
.box4{border:5px dashed #666;
    border-width:0 5px; }                          /* 设置上下无边框 */
```

内容 内容 内容 内容

图 4-34 边框样式的设置效果

**提示:**

(1) 当有多条规则作用于同一个边框时,则后面设置的样式会覆盖前面的设置。

(2) border-width 的属性值只能是绝对宽度,如像素,不能为百分比等相对值。

(3) border-color 的属性值除了颜色外,还可以是 transparent,表示透明。

实际上,边框 border 属性有一个有趣的特点,即两条交汇的边框之间是一个斜角,我们可以通过为边框设置不同的颜色,再利用这个斜角,制作出像三角形一样的效果。

例如在图 4-35 中,第 1 个元素将 4 条边框设置为不同的颜色,并设置为 10px 宽,此时可明显地看到边框交汇处是斜角;第 2 个元素在第 1 个元素基础上将元素的宽和高设置为 0,并且没有内容,这样 4 条边框紧挨在一起,形成 4 个三角形的效果。

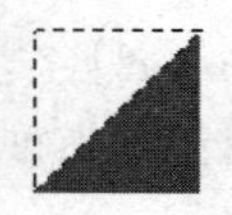
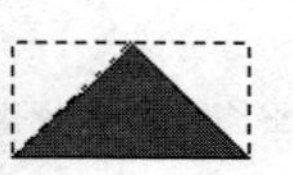

图 4-35　多个元素的边框交汇时的效果

第 3 个元素只有 2 条边，第 4 个元素有 3 条边，也是利用两条边交汇形成三角形效果，第 3 个元素将左边框设置为白色(或透明)，下边框设置为红色(当然也可设置上边框为白色，右边框为红色，效果一样)。第 4 个元素将左右边框设置为白色，下边框设置为红色，并且左右边框宽度是下边框的一半。第 3 个元素的代码(4-28.html)实现如下。

```
.delta{ height:0; width:0;
border-bottom:50px solid red; border-left: 50px solid transparent;}
<p class="delta"></p>
```

**2. border 属性的缩写**

边框 border 是一个复杂的对象，它可以设置 4 条边的不同宽度、不同颜色以及不同样式，对于整个属性的缩写形式如下：

```
border: border-width | border-style | border-color
```

例如，下面的代码将所有 div 元素的 4 条边均设置为 1px 宽、实线、蓝色边框样式。

```
div{border : 1px solid blue;}
```

border 属性不仅可以对整个属性进行缩写，也可以对单个边进行缩写。例如，要为 4 条边定义不同的样式，则可以如下缩写：

```
p{  border-width:1px 2px 3px 4px;          /*上  右  下  左*/
    border-color:white blue red;           /*上  左右  下*/
    border-style: solid dashed;            /*上下  左右*/}
```

如果要单独对某一条边的某个属性进行设置，则可以这样写：

```
border-right-color:red;                    /*设置右边框为红色*/
border-top-width:4px;                      /*设置上边框宽度为4px*/
```

### 4.5.3　圆角 border-radius 属性

默认情况下，元素的盒子是一个矩形。而在网页设计中，有些时候圆角或圆弧显得更加美观。过去，设计师为了实现圆角效果只能采用把圆角做成图片背景的方法。

为了使圆角制作更加方便，CSS3 提供了 border-radius 属性，用于设置元素盒子 4 个角的圆角效果。border-radius 属性实际上是在矩形的 4 个角上分别做内切圆，然后通过设置内切圆的半径来控制圆角的弧度，如图 4-36 所示。

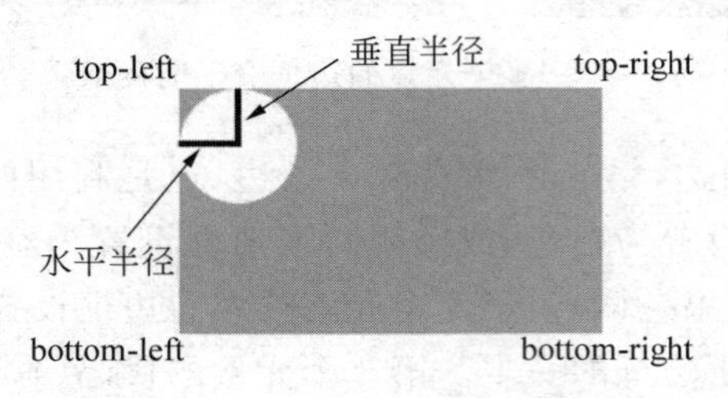


图 4-36 border-radius 圆角控制原理

border-radius 属性的语法格式如下：

```
border-radius: 1~4 length | %  / 1~4 length | %;
```

其中，前面的"1～4"指的是水平半径的 1～4 个值，后面的"1～4"指的是垂直半径的 1～4 个值。若水平半径和垂直半径相等，则后面的"1～4"可省略，例如：

```
border-radius: 5px 10px 20px 40px;        /* 上左 上右 下右 下左 */
border-radius: 5px 10px 20px;             /* 上右和下左都是 10px */
border-radius: 5px 10px;                  /* 上左和下右是 5px,上右和下左是 10px */
border-radius: 10px;                      /* 4 个角的半径都是 10px */
```

可见，如果提供 4 个值，则从"上左"开始按顺时针方向给 4 个角赋值，如果只提供 3 个值或 2 个值，则表示省略角的值与其对角线上角的值相等。

若水平半径和垂直半径不相等，则写法如下：

```
border-radius: 20px 10px/40px 30px 20px 10px;
```

表示水平半径中，上左和下右是 20px，上右和下左是 10px；垂直半径中，上左、上右、下右、下左分别是 40px、30px、20px、10px。

border-radius 示例程序(4-29. html)如下，显示效果如图 4-37 所示。

```
div{ width: 100px; height: 200px; border: 50px solid #c00; display:inline-block; }
.box1{border-radius: 100px; }.box2{ border-radius: 100px 0; }
.box3{ border-radius: 50%; }.box4{ border-radius: 0 50%50%0; }
.box5{height:100px;border-radius: 100px; }
<div class="box1"></div>…  <div class="box5"></div>
```

**注意**：border-radius 是对元素的盒子设置圆角，而不是边框。因此，即使元素无边框，border-radius 也能对元素的盒子产生圆角效果。代码(4-30. html)的效果如图 4-38 所示。

图 4-37　border-radius 实例效果

```
div{ width: 100px; height: 100px; background:#C96; display:inline-block; }
.box1{border-radius: 100px; }.box2{ border-radius: 100px 0; }
.box3{ height:50px;border-radius: 50%; }
.box4{ border-radius: 50%; background:url(images/head01.jpg)no-repeat;
background-size:cover;  }
.box5{height:50px;border-radius: 50px 50px 0 0;  }
```

图 4-38　盒子的圆角效果

说明：

（1）border-radius 的值不能是负值，因此无法实现内凹圆角效果。

（2）如果 border-radius 的值比元素的宽度或高度还大的话，则会等比例缩小 border-radius 的值。例如，假设元素占据宽度是 200px，高度是 300px，设置 border-radius 的值为 300px，则首先会遵循小值原理，由于元素的宽度值较小，因此会将 border-radius 水平半径缩放到 200px；再根据等比例原理，因为当初设置时是 300/300，也就是 1∶1 的比例，因此将垂直半径也缩放到 200px，于是，最后得到的是一个 200×200px 的圆弧。

### 4.5.4　图像边框 border-image 属性

在版面设计中，为了美观，经常需要用图片制作边框（俗称“花边”效果）。为此，CSS3 引入了 border-image 属性，它提供了一种应用装饰性边框的简单方法。要使用 border-image，首先需要准备好用于 border-image 的图片，例如，要制作如图 4-39 所示的边框，则要准备一张如图 4-40 所示的源图片。

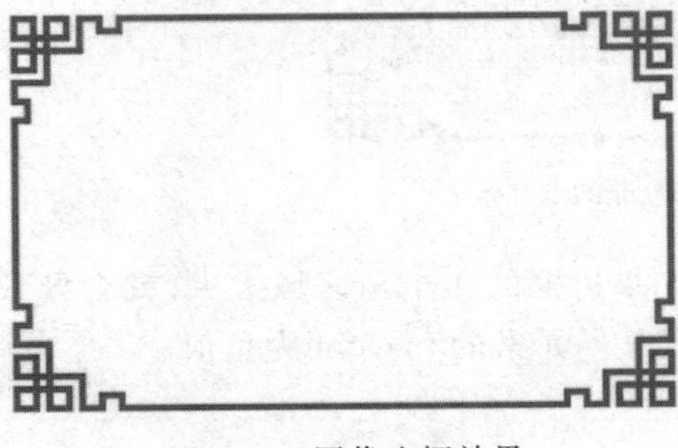

图 4-39　图像边框效果

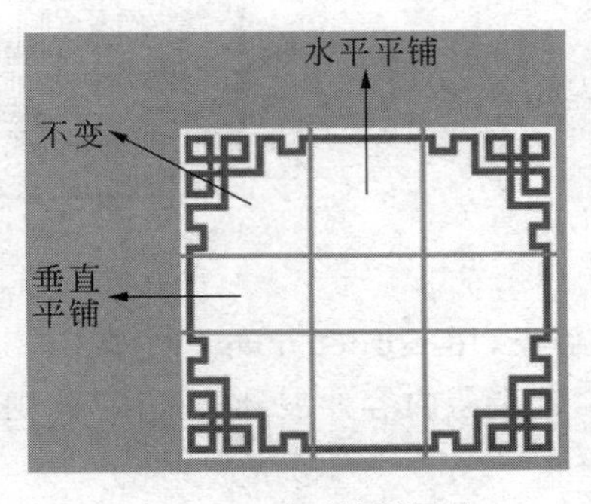


图 4-40　需要的源图片

border-image 的源图片会自动被两横两竖 4 条辅助线切割成 9 部分(俗称九宫格)。4 条辅助线的位置由其 slice 参数决定。其中,左上、右上、左下、右下 4 个角的区域将定位到 div 元素的 4 个角上,并保持不变。而左、右两条边的区域将垂直平铺(或拉伸),并定位到 div 元素的左右两条边上,上下两条边的区域将水平平铺(或拉伸),并定位到 div 元素的上下两条边上。

border-image 属性的语法如下:

```
border-image: source slice repeat;
```

其中,source 指定所用图像的 url 地址,slice 是 1～4 个长度值(或百分比值),其取值类似于 margin、padding 的值。slice 值的作用是设置图片用在每一条边上的区域(距离),从而标记出要用在元素边框上的区域。repeat 值可以是一个或两个关键字,设置的是图片沿着元素竖直(第 1 个关键字)和水平方向(第 2 个关键字)的重复方式。

repeat 的取值有以下 4 种。

stretch:默认值,将图片进行拉伸以填充边框的长;

repeat:沿着边框的长平铺图片;

round:沿着边框的长整数次平铺图片(元素可能被自动调整大小以适应该要求);

space:也是沿着边框的长整数次的平铺图片,但如果图片不能填满元素,则使用空白填充。

border-image 的示例代码(4-31.html)如下,运行效果如图 4-41 所示。由于使用的源图片(见图 4-40)中,左上、右上、左下、右下 4 个角的区域宽和高都是 74px,因此设置 slice 参数的值为 74。

```
.delta{ height:60px; width:300px;
    border: 74px solid orange;            /* 必须先设置边框和图像边框一样大 */
border-image:url(images/borderimg.jpg)74 repeat; }
.delta p{ margin:-40px;}                 /* 使 p 元素向外伸展到父元素的边框区域 */
<div class="delta"><p>图像边框示例…</p></div>
```

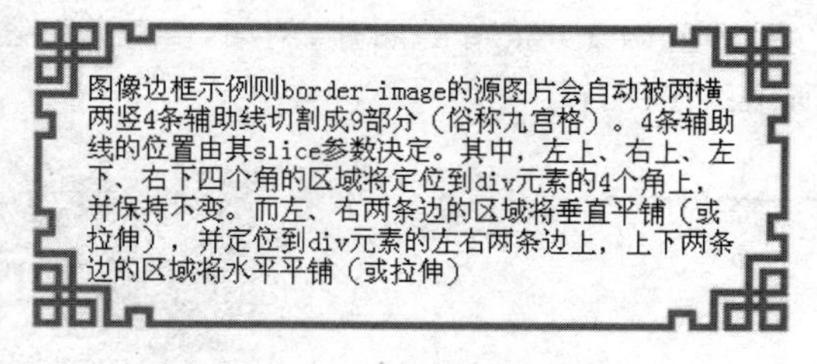


图 4-41　图像边框的效果

可见,用 border-image 制作图像边框时,如果边框的 4 个角区域太大,就会导致边框很粗,若希望内容伸展到边框区域,则可以设置其子元素的 margin 为负值。

### 4.5.5 padding 和 margin 属性

padding 和 margin 属性比较简单，只能设置宽度值，最多分别对上、右、下、左分别设置宽度值，例如，padding-left：10px。

#### 1. padding 填充属性

padding 属性（俗称填充或内边距）。位于盒子的边框和内容之间，和表格的 cellpadding 属性相似。如果填充值为 0，则盒子的边框会紧挨着内容（见图 4-42 左），这样通常不美观。为了使边框和内容之间有一些间隙（见图 4-42 右），就需要设置 padding 值不为 0。

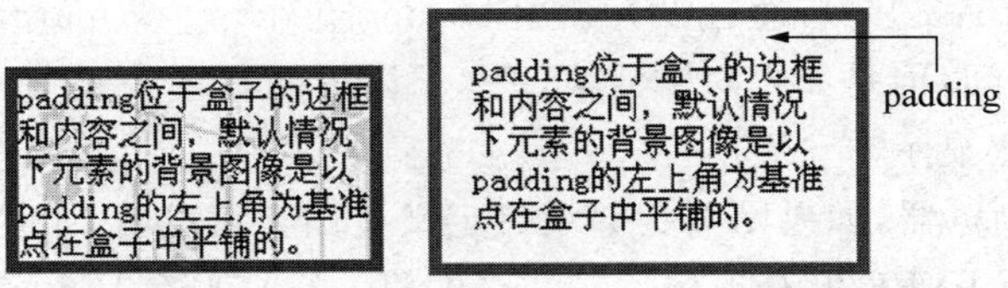

padding位于盒子的边框和内容之间，默认情况下元素的背景图像是以padding的左上角为基准点在盒子中平铺的。

padding位于盒子的边框和内容之间，默认情况下元素的背景图像是以padding的左上角为基准点在盒子中平铺的。

padding

图 4-42　padding 值为 0（左）和为 15px（右）时元素的效果

当对盒子设置了背景颜色或背景图像后，则背景会覆盖 padding 和内容组成的区域，并且默认情况下背景是以 padding 的左上角为基准点在元素盒子中平铺的。

padding 属性值可以是像素或百分比，当以“%”为单位时则是以父元素的 width 为基准的。例如，假设下面代码（4-32. html）中 div 的父元素是 body 元素，如果 body 元素的宽为 800px，则该 div 的 padding-left 值为 80px。

```
.qwe{width:300px; height:100px; padding-left:10%; border:2px solid red;}
<div class="qwe"></div>
```

#### 2. margin 边界属性

margin 位于盒子边框的外侧，也称为外边距。其不会应用背景，因此该区域总是透明的。通过设置 margin，盒子与盒子之间会产生一定的间距，从而使页面不过于拥挤。可以统一设置 4 个外边距的宽度，也可单独设置各个外边距的宽。例如：

```
margin:4px 8px;                                  /* 上下 4px,左右 8px */
margin-left: -10px;                              /* 左边界-10px */
```

#### 3. 盒子模型属性的缩写

CSS 属性的缩写是指将多条 CSS 属性集合写到一行中的编写方式，通过对盒子模型属性的缩写可减少 CSS 代码，使代码更清晰。对于 margin、padding 和 border-width 的宽度值，如果只写一个值，则表示 4 个方向的宽度值相等，例如，p{margin：5px}。

如果给出了 2 个、3 个或者 4 个属性值，它们的含义将有所区别，具体如下。

(1) 如果给出 2 个属性值，前者表示上下边距的宽度，后者表示左右边框的宽度；

(2) 如果给出 3 个属性值，那么前者表示上边距的宽度，中间的数值表示左右边框的宽度，后者表示下边距的宽度；

(3) 如果给出 4 个属性值，那么依次表示上、右、下、左边距的宽度，即按顺时针排序。

**4. 盒子模型其他需注意的问题**

关于盒子模型，还有以下几点需要注意。

(1) 边界 margin 值可为负，如 margin：－480px，填充 padding 值不可为负。

(2) 如果盒子中没有内容（即空元素，如<div></div>），对它设置的宽度或高度为百分比单位（如 width：30％），而且没有设置 border、padding 或 margin 值，则盒子不会被显示，也不会占据空间，但是如果对空元素的盒子设置的宽或高是像素值的话，盒子会按照指定的像素值大小显示。

(3) 对于 IE6 浏览器，如果网页头部没有定义文档类型声明 DOCTYPE，或定义不正确（最常见的是 DOCTYPE 没有顶格写在文档的第一行），那么 IE6 将进入怪异（quirk）模式，此时盒子的宽度 width 或高度 height 等于原来的宽度或高度再加上填充值和边框值。因此，在使用了盒子模型属性后一定要有文档类型声明。

**5. 各种元素盒子模型属性的浏览器默认值**

所谓浏览器的默认样式，就是指不设置任何 CSS 样式的情况下浏览器对元素样式的定义，例如，对于标题元素，浏览器默认会以粗体的形式显示，用户编写 CSS 样式实际上就是覆盖浏览器对元素默认的样式定义。各种元素的浏览器的默认样式如下。

(1) 绝大多数 html 元素的 margin、padding 和 border 属性浏览器默认值为 0。

(2) 有少数 html 元素的 margin 和 padding 浏览器默认值不为 0。主要有 body、h1～h6、p、ul、li、form 等，因此有时必须重新定义它们的这些属性值为 0。

(3) 表单中大部分 input 元素（如文本框、按钮）的边框属性默认不为 0，有时可以对 input 元素边框值进行重新定义达到美化表单中文本框和按钮的目的。

## 4.6 标准流下的定位及应用

CSS 中有 3 种定位机制，即标准流（normal flow）、浮动（float）和定位（position）属性下的定位。除非设置了浮动属性或定位属性，所有元素默认都是在标准流中定位的。

### 4.6.1 标准流下的定位原则

顾名思义，标准流中元素盒子的位置由元素在 HTML 文档中的位置决定。也就是说，在文档前面出现的元素一定会排在后面出现的元素的前面。具体是：

(1) 行内元素的盒子在同一行中从左至右水平排列。

(2) 块级元素的盒子占据一整行,从上到下一个接一个排列。

(3) 对于嵌套的元素,子元素的盒子位于父元素盒子的里面,并且叠放在父元素的上方。

(4) 盒子与盒子之间的距离由 margin 属性决定。盒子与内容之间的距离由 padding 属性决定。

(5) 在 HTML 代码中添加一个元素就是向浏览器中插入了一个盒子。

例如,下列代码(4-33.html)中有一些行内元素和块级元素,其中块级元素 p 还嵌套在 div 块内。下面采用“*”通配符让页面所有元素呈现“盒子”,效果如图 4-43 所示。

```
<html><head>
<style>
* {border: 2px dashed #F06; padding: 6px; margin: 2px;}
body{ border: 3px solid blue;}
a{ border: 3px solid blue;}
</style></head>
<body>
<div>网页的 banner(块级元素)</div>
<a href="#">行内元素 1</a><a href="#">行内 2</a><a href="#">行内 3</a>
<div>这是无名块<p>这是盒子中的盒子</p></div></body></html>
```

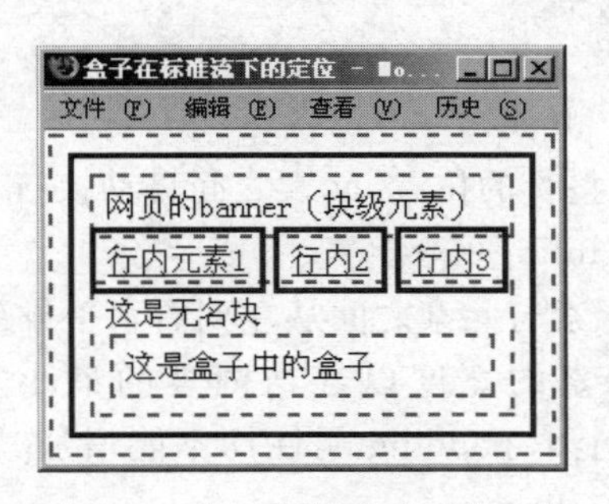


图 4-43 盒子在标准流下的定位

在图 4-43 中,最外面的虚线框是 html 元素的盒子,里面的一个实线框是 body 元素的盒子。在 body 中,包括两个块级元素 div(从上到下排列)和三个行内元素 a(从左到右并列排列),还有一个 p 元素盒子嵌套在 div 盒子中,所有盒子之间的距离由 margin 和 padding 值控制。

**1. 行内元素的盒子**

行内元素的盒子只能在浏览器中得到一行高度的空间(行高由 line-height 属性决定,如果未设置该属性,则是内容的默认高度),如果给它设置上下 border、margin、padding 等值,导致其盒子的高度超过行高,那么盒子上下部分将和其他元素的盒子重叠,如图 4-43 所示。

从图 4-44 可以看出，当增加 a 元素的边框和填充值时，行内元素 a 占据的浏览器高度并没有增加，下面这个 div 块仍然在原来的位置，导致行内元素盒子的上下部分和其他元素的盒子发生重叠（此时 a 元素的盒子将叠放在其他盒子上方），而左右部分不会受影响。因此，不推荐对行内元素直接设置盒子属性，一般先设置行内元素以块级元素显示，再对它设置盒子属性。

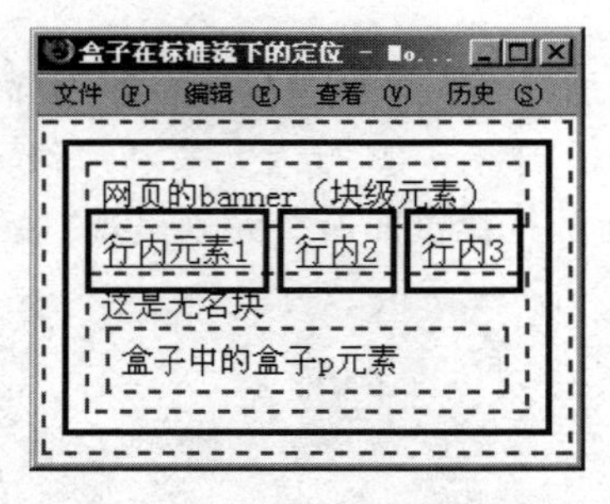


图 4-44 增大 a 元素高度后的效果

**2. display 属性**

实际上，标准流中的元素可通过 display 属性来改变元素是以行内元素显示还是以块级元素显示，或不显示。display 属性的常用取值及其含义如下：

```
display: block | inline | none | list-item| inline-block | flex
```

（1）块级元素（display：block）。

每个元素占据浏览器一整行的位置，元素之间自动换行，从上到下依次排列。

（2）行内元素（display：inline）。

行内(inline)元素是指元素与元素之间从左到右水平排列，只有当浏览器窗口容纳不下才会转到下一行，每个元素的宽度以容纳内容的最小宽度为准，对行内元素设置 width、height、上下 margin、上下 padding 属性均不能增加其占有的空间，但可设置 line-height，左右 margin、左右 padding。

（3）行内块元素（display：inline-block）。

行内块元素将在一行内水平排列，但每个元素又具有块级元素的特点，设置 width、height、margin、padding 等属性均有效，也就是结合了行内元素和块级元素的特点。

（4）隐藏元素（display:none）。

当某个元素被设置成 display:none 之后，浏览器会完全忽略掉这个元素，该元素将不会被显示，也不会占据文档中的位置。像 title 元素默认就是此类型。在制作下拉菜单、Tab 面板时就需要用 display：none 把未激活的菜单或面板隐藏起来。

**提示**：使用 visibility:hidden 也可以隐藏元素，但元素仍然会占据文档中原来的位置。

（5）列表项元素（display:list-item）。

在 html 中只有 li 元素默认是此类型，将元素设置为列表项元素并设置它的列表样式后，元素左边将增加列表图标(如小黑点)。

修改元素的display属性一般有以下用途。

(1) 对行内元素设置宽度和高度，或者让行内元素从上到下排列(如制作垂直导航条)，这时需将行内元素转换为块级元素显示(display：block)。

(2) 使块级元素从左到右依次排列，可设置(display：inline-block)或者浮动属性。

(3) 控制元素的显示和隐藏，如下拉菜单、提示框、Tab面板中的元素，隐藏时需设置display：none。

## 4.6.2 margin合并现象

### 1. 上下margin合并问题

上下margin合并是指当两个块级元素上下排列时，它们之间的边界(margin)将发生合并，也就是说，两个盒子边框之间的距离等于这两个盒子margin值的较大者。如图4-45所示，浏览器中两个块元素将会由于margin合并而按图4-45右图方式显示。

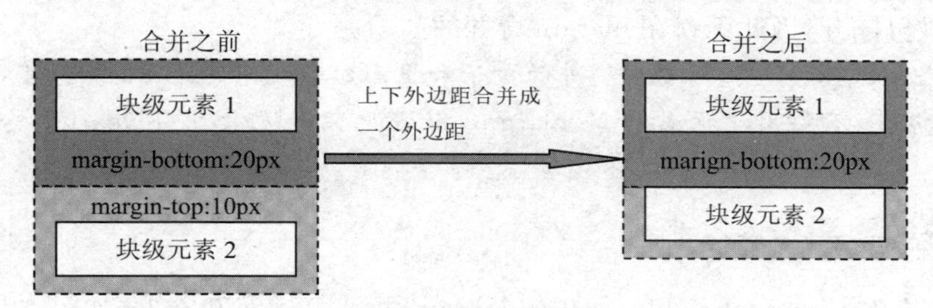


图4-45 上下margin合并

元素上下margin合并的一个例子是由几个段落(p元素)组成的典型文本页面，第一个p元素上面的空白等于段落p和段落p之间的空白宽度。这说明了段落之间的上下margin发生了合并，从而使段落各处的距离相等了。

### 2. 父子元素margin合并问题

当一个元素包含在其父元素中时，若父元素的边框和填充为0，此时父元素和子元素的margin挨在一起，那么父元素的上下margin会和子元素的上下margin发生合并，但是左右margin不会发生合并现象，如图4-46所示。

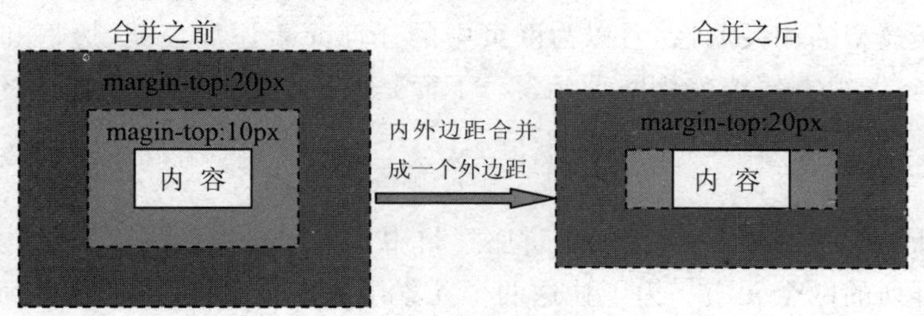


图4-46 父子元素空白边合并

下面是一个上下 margin 合并的例子(4-34.html),它的显示效果如图 4-47 所示。

```
#inner {
    margin: 30px; border: 1px solid #F00;
    height: 50px; width: 200px; background-color: #9CF;}
#outer {margin: 20px;}                    /* 父元素只设置了边界,未设置边框和填充 */
body {margin: 10px;}
<body>
    <div id="outer"><div id="inner">此处显示 id "inner" 的内容</div></div>
</body>
```

在图 4-47 中,由于父元素没有设置边框和填充值,使父元素和子元素的上下 margin 发生了合并,而左右 margin 并未合并。如果有多个父元素的边框和填充值都为 0,那么子元素会和多个父元素的上下 margin 发生合并。因此上例中,上 margin 等于 #inner、#outer、body 这 3 个元素上 margin 的最大值 30px。

若父元素的边框或填充不为 0,或父元素中还有其他内容,那么父元素和子元素的 margin 会被分隔开,因此不存在 margin 合并的问题。

**提示:** 如果有盒子嵌套,要调整外面盒子和里面盒子之间的距离,尽量用外面盒子的 padding 来调整,不要用里面盒子的 margin,以避免父子元素上下 margin 合并现象的发生。

**3. 左右 margin 不会合并**

元素的左右 margin 等于相邻两边的 margin 之和,不会发生合并,如图 4-48 所示。

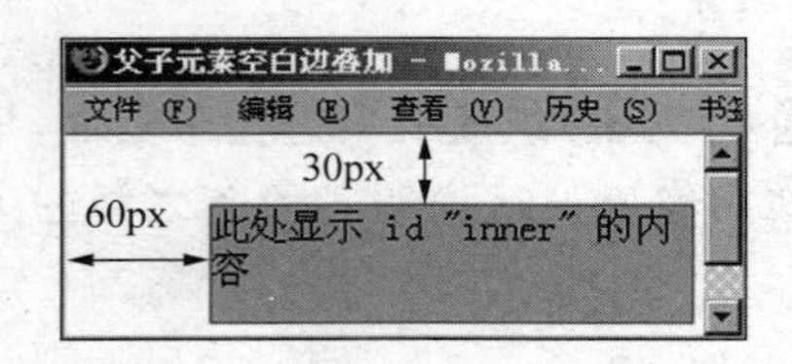


图 4-47 父子元素上下空白边叠加图

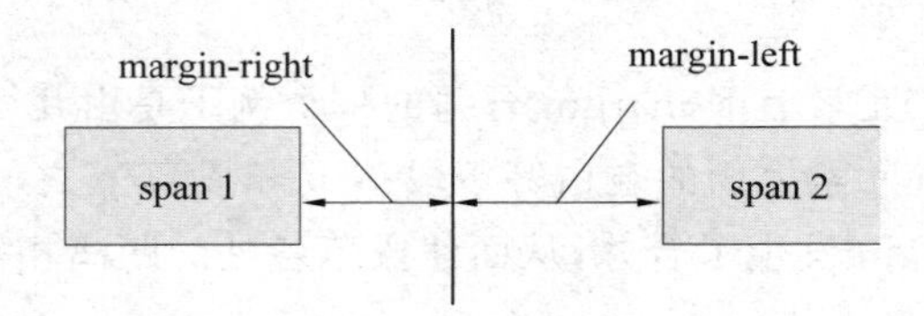


图 4-48 行内元素的左右 margin 不会合并

## 4.6.3 盒子模型的应用

利用盒子模型的相关属性,可以为网页中的任何元素添加填充、边框和背景等效果,只要运用得当,能很方便地美化网页元素。下面是两个盒子模型属性应用的实例。

**1. 制作日历效果**

图 4-49 是网页中某些通知或学术讲座栏目中常见的日历效果。从结构上看,日期和月份是上下排列的两个元素。为了让这两个元素组成一个整体,可以在外面再套一个 div 元素。因此该日历由 3 个 HTML 元素组成,结构代码(4-35.html)如下。

```
<div class="news_date">                              <!--表示日历整体-->
    <div class="news_day">27 </div>
    <div class="news_month">2017-06 </div>
</div>
```

接下来设置CSS样式，主要是要为外层news_date元素添加边框和宽度。为内层两个元素设置字体颜色、背景颜色和行高。代码如下。

```
.news_date {
    width: 50px; text-align: center;
    border: 1px solid #d26d22;}
.news_day {
    line-height: 30px; font-size: 18px;
    background: #d26d22; color: #fff;}
.news_month {
    line-height: 18px; font-size: 10px;
    background: #fff; color: #d26d22;}
```

图4-49 日历效果

**提示**：设置元素的height和line-height属性为同一值时，将使元素中的内容垂直居中显示。例如，“line-height: 30px; height: 30px;”。此时，height属性可以省略。本例中，就将.news_day和.news_month中的height属性省略了，仍然能垂直居中。

**2. 制作留言评论界面**

图4-50是一个留言评论界面，从表面上看，该界面似乎是由左右两个盒子组成。而实际上，这两个盒子是包含关系，左边的盒子本来位于右边盒子里面，再通过负值margin将其强行拖动到其父元素的外面。结构代码(4-36.html)如下。

```
<div class="weibo">
    <div class="intro"></div>
    <p class="txt">王小波曾经说过,大多数人…</p>
</div>
```

CSS样式代码如下。

王小波曾经说过，大多数人在说话，少数人在沉默；大多数人幸福，少数人痛苦。所以，我曾经很热切的希望我能成为大多数，可是我失败了。我是一个与众不同的人，自始至终都是一个与众不同的人，这种与众不同不是我骄傲的资本，而是我前进的动力。…


图 4-50　留言评论界面

```
.weibo{font-size:14px; width:40%;margin-left:90px; background-color:
#EEF7FF; border:1px solid #CCC; }
.intro{margin-left:-90px; padding:5px; width:60px; height:60px;
background: url(images/tx1.jpg)no-repeat;border:1px solid #CCC; line-height:
1.6em; }
.txt{margin-top:-60px;}                          /*将文本拖动到原来位置的上方*/
```

可见，通过负 margin，子元素可以跳出父元素边框的范围，使其看起来不像子元素。

### 3. 制作竖直导航菜单

利用盒子模型及其在标准流中的定位方式，就可以制作出无需表格的竖直菜单，原理是通过将 a 元素设置为块级元素显示，并设置它的宽度，再添加填充、边框和边距等属性实现的。当鼠标滑过时改变它的背景和文字颜色以实现动态交互。代码(4-37.html)如下，效果如图 4-51 所示。

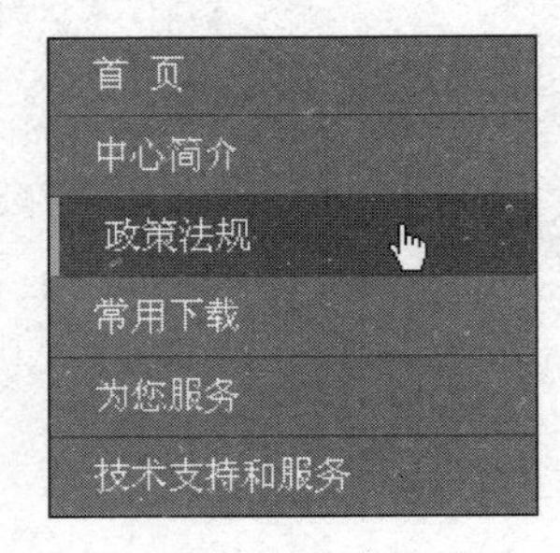


图 4-51　竖直导航菜单

```
#nav{width:217px;}
#nav a {
    font-size: 16px; color: #fcfcfc;
    text-decoration: none;
    background-color: #14a69a;
    display: block;
    border-bottom: 1px solid #0e746b;
    padding-left: 20px;
    line-height: 35px;
    margin: 0 2px; }
#nav a:hover {
    color: #fff; background-color: #0e746b;          /*改变字体色和背景色*/
    border-left: 5px solid #fbb03b; }                /*添加左边黄色边框*/
<div id="nav">
    <a href="#">首 页</a><a href="#">中心简介</a>…
    <a href="#">为您服务</a><a href="#">技术支持和服务</a>
</div>
```

### 4.6.4 Chrome 浏览器的 CSS 调试功能

在制作网页时，需要对每个元素的大小和位置有清晰直观的了解，以帮助开发者对元素进行定位，以及检查元素应用了哪些样式。以便对元素显示的效果进行分析。Chrome 浏览器提供了网页的调试功能，在浏览器窗口中右击，选择快捷菜单中的“检查”命令，将出现如图 4-52 所示的窗口。

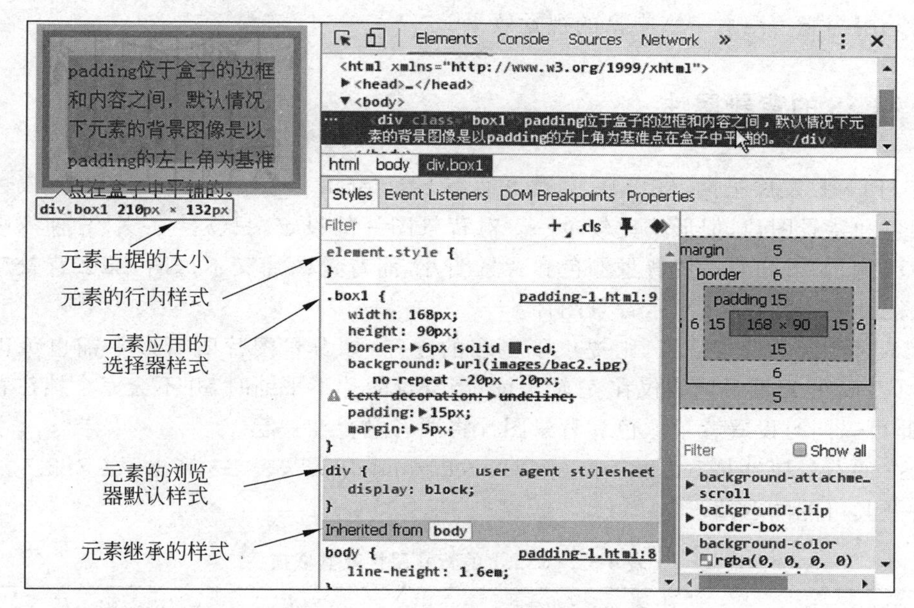


图 4-52 Chrome 的网页调试界面

用鼠标在窗口右上方的 HTML 代码中滑动，每滑动到一个元素上时，就会以半透明背景显示该元素占据的网页空间，并以不同颜色标识出元素的 margin、border、padding、内容等区域。窗口的右下方还会显示该元素的盒子模型图。

窗口的中下方会显示元素应用的 CSS 代码，从上到下按照优先级依次是行内样式、选择器样式、浏览器默认样式、继承的样式。在此，用户可以清楚地看到元素成功地应用了哪些样式，而被划掉的样式可能是如下情况：样式冲突，优先级较低的样式被去掉；样式书写错误，无法识别；样式被注释掉了。

而且，用户还可对图 4-52 中的 HTML 代码和 CSS 代码做调试修改，此时网页马上会显示修改后的效果。

在仿站（模仿其他网站）中，使用浏览器的调试功能能方便地抽取需要的网页元素，因为一个网页的代码分为两部分：HTML 代码或 CSS 代码，它们位于网页的不同部分，如果直接保存网页，只能保存网页的 HTML 代码，虽然从 HTML 代码中找到特定网页元素的代码是比较容易的，但是从 CSS 文档中去找特定网页元素的所有样式是非常困难的。而使用浏览器调试功能，网页元素所有的 CSS 样式都显示在一起，可以方便地复制。

**提示**：在图 4-52 中，单击选中某个 HTML 元素后，在其右键快捷菜单中选择 Copy→Copy outerHTML 命令能复制元素的 HTML 代码。在右键快捷菜单中选择“:hover”命令，能查看该元素的“:hover”伪类样式代码。

## 4.7 背景的运用

背景(background)是网页中常用的一种表现方法，无论是背景颜色还是背景图片，只要灵活运用都能为网页带来丰富的视觉效果。

### 4.7.1 CSS 的背景属性

在 HTML 发展早期，HTML 元素可使用 bgcolor 和 backgroud 等 HTML 属性设置背景颜色和背景图片，但形式比较单一。对背景图片的设定，只支持在 X、Y 轴都平铺的方式。因此，如果同时设置背景颜色和背景图片，而背景图片又不透明，那么背景颜色将被背景图片完全挡住，只显示背景图片。

CSS 对元素的背景设置，则提供了更多的途径，如背景图片既可以平铺也可以不平铺，还可以仅在 X 轴平铺或仅在 Y 轴平铺；当背景图片不平铺时，并不会完全挡住背景颜色，因此可以同时设置背景颜色和背景图片将两者融合在一起。

CSS 的背景属性是 backgroud，或以“backgroud-开头”，表 4-5 列出了 CSS2.1 中的背景属性及其可能的取值。

**表 4-5 CSS2.1 的背景属性及其取值**

| 属　性 | 描　述 | 可　用　值 |
|---|---|---|
| background | 设置背景的所有控制选项 | 其他背景属性可用值的集合 |
| background-color | 设置背景颜色 | 命名颜色、十六进制颜色等 |
| background-image | 设置背景图片或渐变填充 | url(URL)或渐变属性值 |
| background-repeat | 设置背景图片的平铺方式 | repeat、repeat-x<br>repeat-y、no-repeat |
| background-attachment | 设置背景图片固定还是随内容滚动 | scroll、fixed |
| background-position | 设置背景图片显示的起始位置(第1个值为水平位置，第2个值为竖直位置) | [left \| center \| right] [top \| center \| bottom]或[x%] [y%]或[x-pos] [y-pos] |

#### 1. background 属性的缩写

background 属性是表 4-5 中其他背景属性的缩写，其缩写顺序为：

```
background: background - color | background - image | background - repeat |
background-attachment | background-position
```

例如：

```
body {background:silver url(images/bg.jpg)repeat-x fixed 50%50%;}
```

可以省略其中一个或多个属性值，如省略，则该属性将使用浏览器默认值，默认值为：

- background-color：transparent　　/＊背景颜色透明＊/
- background-image：none　　/＊无背景图片＊/
- background-repeat：repeat　　/＊背景完全平铺＊/
- background-attachment：scroll　　/＊随内容滚动＊/
- background-position：0% 0%　　/＊从左上角开始定位＊/

说明：

（1）background-repeat 取值有完全平铺（repeat）、不平铺（no-repeat）、水平平铺（repeat-x）、垂直平铺（repeat-y）。其中 repeat-x 和 repeat-y 的效果如图 4-53 所示。

（2）background-position（背景定位）属性值单位中百分数和像素的意义不同，使用百分数定位时，是将背景图片的百分比位置和元素盒子的百分比位置对齐。例如：

```
background:url(hua.gif)no-repeat 50%33%;
```

就表示将背景图片的水平 50%处和 div 盒子的水平 50%处对齐，竖直方向 33%处和盒子的竖直方向 33%处对齐。这样背景图片将位于盒子的水平中央（相当于设置为 center），垂直方向约 1/3 处。而如果设置为像素则表示相对于盒子的左边缘或上边缘（边框内侧）偏移的距离。图 4-54 对这两种属性值单位进行了对比。

图 4-53　背景水平平铺和垂直平铺的效果

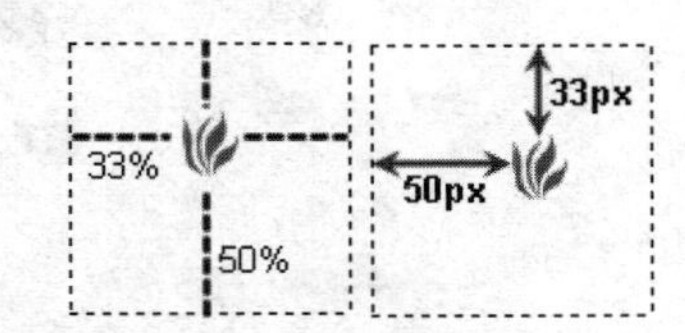


图 4-54　背景定位属性取值单位不同的效果

background-position 的取值还可为负数，这通常用在背景图像比盒子尺寸还要大时，设置为负数可以使盒子不显示背景图像的左边或上边部分的图案。

背景的所有这些属性都可以在 DW 的 CSS 面板的“背景”选项面板中设置，它们之间的对应关系如图 4-55 所示。

**2. background-size 属性**

在 CSS3 之前，背景图像是无法改变大小的，也就是不能缩放，这在很多时候不太方便。为此，CSS3 提供了 background-size 属性，用来改变背景图像的尺寸。其语法如下：

```
background-size: length | percentage | cover | contain;
```

其中，length 表示长度，percentage 表示百分比，cover 表示保持图像的宽高比例，将图片

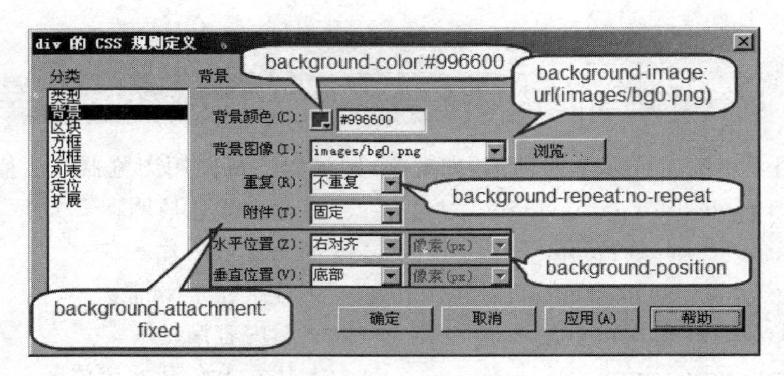


图 4-55 DW 中的背景设置面板

缩放到正好完全覆盖元素的背景区域。contain 表示保持图像的宽高比例,将图片缩放到正好能完全显示出来的大小。

下面是一个示例代码(4-38.html),其显示效果如图 4-56 所示。

```
div{width: 160px; height: 200px; display:inline-block;
        background: #fcc url(images/tx1.jpg)no-repeat;}
.box1{background-size:contain;}
.box2{background-size:cover;}
.box3{background-size:100%100%;}
.box4{background-size:50px 50px; background-repeat:repeat;}
```

图 4-56 background-size 值为 contain、cover、100%和数值时的效果

可见,当设置为 contain 时,背景图片在一个方向上可能不能铺满元素;设置为 cover 时,背景图像能铺满元素,但图像的某些区域又不能被显示出来;设置为 100% 100%时,能保证背景图像正好和元素一样大,但图像可能会发生变形。

**提示**:background-size 属性无法作为 background 属性的一个属性值来缩写。

### 3. background-origin 与 background-clip 属性

这两个属性具有相同的可选属性值,分别是 border-box、padding-box、content-box。默认值都是 padding-box。也就是说,背景默认情况下是铺满填充区域和内容区域的。

background-origin 用来规定背景图片的定位区域,background-clip 用来规定背景图片的裁剪区域。例如,content-box 表示背景只会显示在内容区域,而不会显示到填充区域，而border-box表示背景会从边框区域开始显示，因此，只有当盒子设置了border和padding的值为非0时才能看到这两个属性的应用效果。

**4. background多背景图**

在过去，每个元素只能设置一张背景图片，有些不方便。为此，CSS3标准允许使用background属性为元素设置多张背景图，每个背景图之间用逗号隔开，示例代码（4-39.html）如下，显示效果如图4-57所示。

```
.mutibg{background: url(images/pic1.jpg)no-repeat,          /*第一张背景图*/
    url(images/pic2.jpg)no-repeat 30px 30px,
    url(images/pic3.jpg)no-repeat 60px 60px,
    url(images/pic4.jpg)no-repeat 180px 0px;
color:#fff;width:270px;line-height:210px;border:1px dotted red;}
<div class="mutibg">多背景图效果</div>
```

图4-57 为元素设置多个背景图

可见，如果多个背景图发生重叠，则前面的背景图会覆盖在后面的背景图的上方。

**5. opacity属性**

opacity属性用于设置元素的透明度。其取值为[0～1]，取值为0时，表示元素完全透明，此时元素不可见，取值为1时表示完全不透明，因此0～1的值表示半透明效果。

下面的代码（4-40.html）用来实现当鼠标指针滑动到元素上时，元素出现半透明的效果。

```
.box1:hover{opacity:0.5;
      filter:Alpha(opacity=50);}          /*兼容IE8-浏览器*/
```

所有主流浏览器都支持opacity属性，而IE8以下浏览器不支持，但IE8支持使用滤镜属性实现透明度效果。因此，上述代码是为了兼容IE8浏览器而使用了filter属性。

opacity属性具有继承性，因此如果设置一个元素的opacity值为0.5，则它所有的子元素都不可能比这个值更加不透明。opacity会使元素的背景和它的内容都变得透明。

#### 6. opacity 与 rgba()的区别

opacity 作用于元素，用 opacity 设置的透明度会使元素的背景和内容（如文字）及其子元素全部带有透明度效果，而 rgba()是属性值，只作用于属性，它能应用于 color、background-color 和渐变属性中，可以仅让背景半透明或仅让内容半透明。因此 rgba()使用得更广泛一些。

### 4.7.2 背景的基本运用技术

#### 1. 同时运用背景颜色和背景图片

在一些网页中，页面的背景从上到下由深颜色逐渐过渡到浅颜色，由于网页的高度通常不固定，所以无法仅用背景图片来实现这种渐变背景。这时可以对 body 元素同时设置背景颜色和背景图片，在网页的上部采用很窄的从上到下渐变的图片水平平铺作为上方的背景，再用一种和图片底部颜色相同的颜色作为网页背景色，这样就实现了很自然的渐变效果，而且无论页面有多高。图 4-58 也是对一个元素同时运用背景图和背景颜色的例子，主要是设置背景图片不平铺，并且底端对齐，同时设置背景颜色。CSS 代码(4-41. html)如下。

```
#sidebar{ background:#666 url(images/side_bg.gif)no-repeat center bottom ;  }
```

#### 2. 控制背景在盒子中的位置及是否平铺

在 CSS 中，背景图像能够精确定位到盒子的任何位置，并允许不平铺，这时效果就像普通的 img 元素一样。例如图 4-59 网页中的背景图像就是用让背景图片不平铺并且定位于右下角实现的。实现的代码(4-42. html)如下。

图 4-58 同时运用背景图和背景色

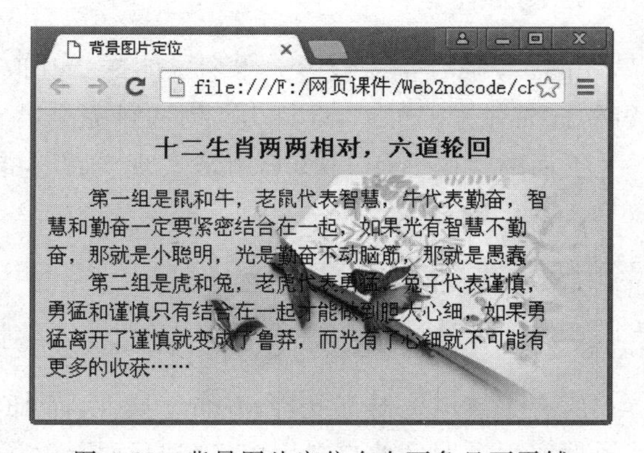


图 4-59 背景图片定位在右下角且不平铺

```
body { background: #eadece url(shu.jpg)no-repeat right bottom ; }
```

如果希望图 4-59 中的背景图片始终位于浏览器的右下角，不会随网页的滚动而滚动，则可将 background-attachment 属性设置为 fixed，代码如下：

```
body {background: #f7f2df url(cha.jpg)no-repeat fixed right bottom ;}
```

利用背景图像不平铺的方法还可以改变列表的项目符号。虽然使用列表元素 ul 的 CSS 属性 list-style-image：url(arrow. gif)可以将列表项前面的小黑点改变成自定义的小图片，但无法调整小图片和列表文字之间的距离。

要解决这个问题，可以将小图片设置成 li 元素的背景，不平铺，且居左，为防止文字遮住图片，将 li 元素的左 padding 设置成 20px，这样就可通过调整左 padding 的值实现精确调整列表小图片和文字之间的距离了，代码(4-43. html)如下，效果如图 4-60 所示。

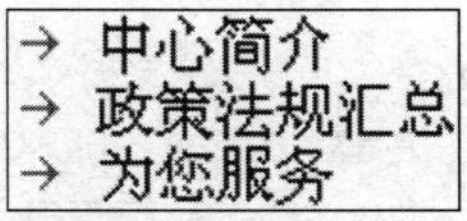

→ 中心简介
→ 政策法规汇总
→ 为您服务

图 4-60　用图片自定义项目符号

```
ul{ list-style-type:none; }
li{
    background:url(arrow.gif)no-repeat 0px 3px;        /*距左边 0px,距上边 3px*/
    padding-left:20px;     }
```

有了背景的精确定位能力，完全可以使列表项的符号出现在 li 元素的任意位置上。

**3. 多个元素背景的叠加**

背景图片的叠加是很重要的 CSS 技术。当两个元素是嵌套关系时，那么里面元素盒子的背景将覆盖在外面元素盒子背景之上，利用这一点，再结合对背景图片位置的控制，可以将几个元素的背景图像巧妙地叠加起来。下面以 4 图像可变宽度圆角栏目框的制作来介绍多个元素背景叠加的技巧。

制作可变宽度的圆角栏目框需要 4 个圆角图片，当圆角框制作好之后，无论怎样改变栏目框的高度或宽度，圆角框都能根据内容自动适应。

由于需要 4 个圆角图片作可变宽度的圆角栏目框，而一个元素的盒子只能放一张背景图片(假设不使用 CSS3 的多背景图功能)，所以必须准备 4 个盒子，把这 4 张圆角图片分别作为它们的背景，考虑到栏目框内容的语义问题，这里选择 div、h3、p、span 共 4 个元素，按照图 4-61 的方式设置这 4 个元素的背景图片摆放位置，并且都不平铺。然后再把这 4 个盒子以适当的方式叠放在一起，这是通过以下元素嵌套的代码实现的。

从图 4-43 中可以看出，要形成圆角栏目框，首先要把 span 元素放到 p 元素里面，这样它们两个的背景就叠加在一起，形成了下面的两个圆角，然后再把 h3 元素和 p 元素都放到 div 元素中去，就形成了一个圆角框的 4 个圆角了。因此，结构代码(4-44. html)如下。

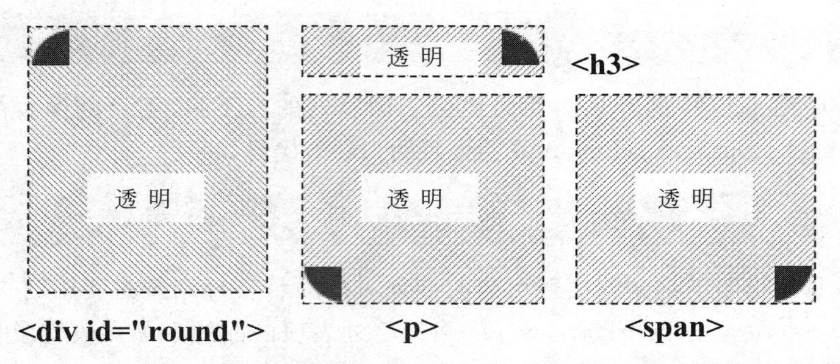


图 4-61　4 图像可变宽度圆角栏目框中 4 个元素盒子的背景设置

```
<div id="round">
    <h3>圆角栏目框的标题</h3>
    <p><span>栏目框的内容…</span></p>
</div>
```

由于几层背景的叠加，背景色只能放在最底层的盒子上，也就是对最外层的 div 元素设置背景色，否则上面元素的背景色会把下面元素的背景图片(圆角)覆盖掉。与此相反，为了让内容能放在距边框有一定边距的区域，必须设置 padding 值，而且 padding 值只能设置在最里层的盒子(span 和 h3)上。因为如果将 padding 设置在外层盒子(如 p)上，则内外层盒子的边缘无法对齐，就会出现如图 4-62 所示的错误。

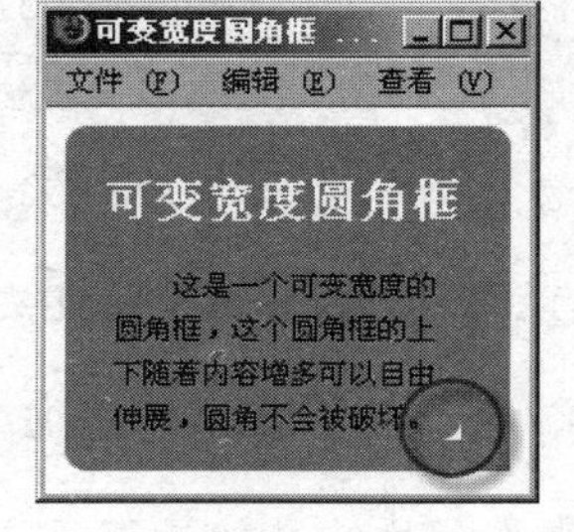


图 4-62　错误的背景图像位置

接下来对这 4 个元素设置 CSS 属性，主要是将这 4 个圆角图片定位到相应的位置上，span 元素必须设置为块级元素显示，应用盒子属性才会有正确效果。CSS 代码如下。

```
#round{
      font: 12px/1.6 arial;
      background: #abc276 url(images/right-top.gif)no-repeat right top;  }
    #rounded h3 {
      background: url(images/left-top.gif)no-repeat;
      padding: 15px 20px 0;
      color: #fff;                                    /*设置标题的文字颜色为白色*/
      margin: 0;    }
    #rounded p {
      margin: 0;                                      /*清除 p 元素的默认边界*/
      text-indent:2em;                                /*内容部分段前空两格*/
      background: url(images/left-bottom.gif)no-repeat left bottom;     }
    #rounded span{
        padding: 10px 20px 13px;     display:block;
        background:url(images/right-bottom.gif)no-repeat right bottom;     }
```

最终效果如图4-63所示，但这个圆角框没有边框，要制作带有边框的可变宽度圆角框，则至少需要4张图片通过滑动门技术实现。

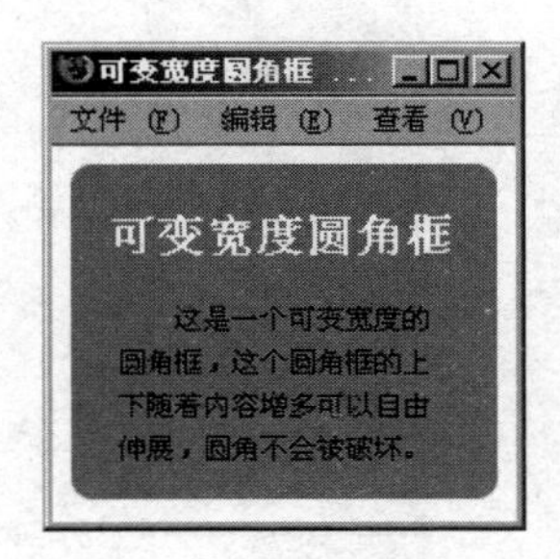


图4-63 最终的效果

### 4.7.3 滑动门技术

CSS中有一种著名的技术叫滑动门技术(sliding doors technique)，它是指一个图像在另一个图像上滑动，将它的一部分隐藏起来，因此而得名。实际上它是一种背景的高级运用技巧，主要是通过两个盒子背景的重叠和控制背景图片的定位实现的。

滑动门技术的典型应用有：制作图像阴影；制作自适应宽度的圆角导航条。

**1. 图像阴影**

阴影是一种很流行、很有吸引力的图像处理技巧，它给平淡的设计增加了深度，形成立体感。使用图像处理软件很容易给图像增添阴影。但是，可以使用CSS产生简单阴影效果，而不需要修改底层的图像。通过滑动门技术制作的阴影能自适应图像的大小，即无论图像是大是小都能为它添加阴影效果。这对于交友类网站很适合，因为网友上传的个人生活照片大小一般是不一样的，而这种方法能自适应地为这些照片添加阴影。

图4-64展示了图像阴影的制作过程，在图4-64中有6张小图，对其进行了编号(①～⑥)，在下面的制作步骤中为了叙述方便，我们用图①～⑥表示图4-64中的6张小图。

(1) 准备一张图①所示的gif图片，该图片左边和上边是白色部分，其他区域是完全透明的，将其称为"左上边图片"，然后再准备一张图②所示的灰色图片作背景，灰色图片的右边和下边最好有柔边阴影效果，这两张图片都可以比待添加阴影的图像尺寸大得多。

(2) 把待添加阴影的图片③放到灰色图片上面，通过设置图像框的填充值使图像的右边和下边能留出一些，显示灰色的背景，如图中④所示，灰色背景图片多余的部分就显示不下了。

(3) 接着再把图①插入到图像和灰色背景图片之间，使图①的图片和图像③图片从左上角开始对齐。这样它的右上角和左下角就挡住阴影了，就出现了如图⑤所示的阴影效果。

(4) 图①的图片比图像大一些也没关系，因为图①的图片和图像是左上角对齐的，所以其超出图像盒子的右边和下边部分就显示不下了。而图②的灰色背景图片由于是从右下角开始铺，所以超出图像盒子的左边和上边部分就显示不下了。如图⑥所示，这样图像阴影就能自适应图像大小，就好像①和②两张图片分别向右下和左上两个方向滑动一样。

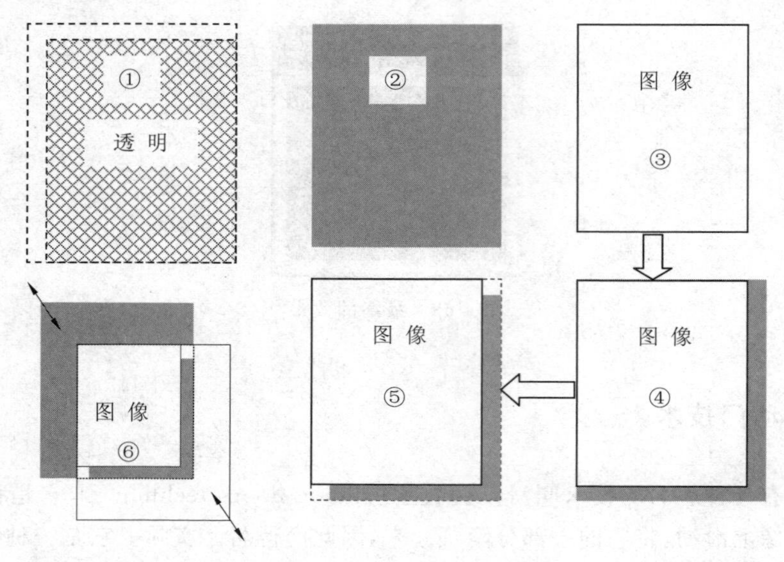


图 4-64 滑动门制作图片阴影原理图

也可以不用图②的图片文件作灰色的背景，而是直接将 img 元素的背景设为灰色，再设置它的背景图片为图①的图片，由于背景图片会位于背景颜色上方，这样就出现了没有柔边的阴影效果。代码如下(4-45.html)，效果如图 4-65 所示。

```
img {
    background-color: #CCC;                    /* 灰色背景作为阴影 */
    padding:0 6px 6px 0;                       /* 使右边和下边留出一部分显示灰色背景 */
    background-image: url(top-left.gif);       /* 背景图像为左上边图片 */
}
<img src="works.jpg"/>
```

图 4-65 利用 img 的背景色和左上边图片制作阴影效果

当然，最好先给图片添加边框和填充，使图片出现像框效果，再对它添加阴影效果，这样更美观。由于阴影必须在 img 图像的边框外出现，所以在 img 元素的盒子外必须再套一个盒子。这里选择将 img 元素放入到一个 div 元素中。代码如下，效果如图 4-66 所示。

```
.shadow img {
    background-color: #FFF;                  /* 图像填充区的背景为白色 */
    padding: 6px;
    border: 1px solid #333;                  /* 图像边框为灰色 */      }
.shadow {
    background: #ccc url(top-left.gif);      /* 左上边图像将叠放在灰色背景之上 */
    float: left;                             /* 浮动使 div 宽度不会自动伸展 */
    padding:0 6px 6px 0;      }
<div class="shadow"><img src="works.jpg"/></div>
```

由于是用背景色作的阴影，所以没有阴影渐渐变淡的柔边效果，为了实现柔边效果，就不能用背景色作阴影，而还是采用图 4-64②中一张右边和下边是柔边阴影的图像作阴影。这样 img 图像下面就必须有两张图片重叠，最底层放阴影图片（图 4-64②），上面一层放左上边图片（图 4-64①）。因为每个元素只能设置一张背景图片，而为了放两张背景图片，就必须有两个盒子。因此必须在 img 元素外套两层 div。

另外，我们知道 png 格式的图片支持 alpha 透明（即半透明）效果，因此可以将左上边图片（图 4-64①）和灰色背景图像交界处的地方做成半透明的白色，保存为 png 格式后引入，这样阴影就能很自然地从白色过渡到灰色。实现的代码（4-46. html）如下，效果如图 4-67 所示。

```
.shadow img {
    background-color: white; padding: 6px; border: 1px solid #333;}
.shadow div {
    background-image: url(top-left.png);
    padding:0 6px 6px 0;                          /* 留出两张背景图片的显示位置 */ }
.shadow {
    background: url(images/bottom-right.gif)right bottom;
    float: left;}
<div class="shadow"><div><img src="works.jpg"/></div></div>
```

图 4-66　添加了边框后的阴影效果

图 4-67　通过图像实现了柔边的阴影效果

这样就实现了图像柔边阴影效果，由于左上边图片和img图像是左上角对齐，所以如果左上边图片比img图像大，即超过了div盒子的大小，那么多出的右下部分将显示不下。同样，阴影背景图像与img图像从右下角开始对齐，如果背景图像比盒子大，那么背景图像的左上部分也会自动被裁去。所以，我们可以把这两张图片都做大些，就能自适应地为任何大小的图片添加阴影效果。

### 2. 自适应宽度圆角导航条

现在很多网站都使用了圆角形式的导航条，这种导航条两端是圆角，而且还可以带有背景图案，如果导航条中的每一个导航项都是等宽的，那么制作起来很简单，用一张圆角图片作为导航条中所有a元素的background-image就可以了。

但是有些导航条中的每个导航项并不是等宽的，如图4-68所示，这时能否仍用一张圆角图片作所有导航项的背景呢？答案是肯定的，使用滑动门技术就能实现：当导航项中的文字增多时，圆角图片就能够自动伸展（当然这并不是通过对图片进行拉伸实现的，那样会使圆角发生变形）。它的原理是用一张很宽的圆角图片给所有导航项作背景。

图 4-68 自适应宽度的圆角导航条

由于导航项的宽度不固定，而圆角总要位于导航项的两端。这就需要用两个元素的盒子分别放圆角图片的左右部分，而且它们之间要发生重叠，所以选择在a标记中嵌入b标记，这样就得到了两个嵌套的盒子。结构代码如下（4-47.html），之后为CSS的设置步骤。

```
<div id="nav">
<a href="#"><b>首 页</b></a><a href="#"><b>中心简介</b></a>
…<a href="#"><b>技术支持和服务</b></a>
</div>
```

（1）利用CSS设置a元素的背景为圆角图片的左边部分，只要设置a元素盒子比圆角图片窄，让圆角图片作为背景从左边开始平铺a元素，则圆角图片右边就显示不下了，效果如图4-69①所示。

（2）设置b元素的背景为圆角图片的右边部分，只要设置b元素盒子比圆角图片窄，让圆角图片作为背景从右边开始平铺b元素，则圆角图片左边就显示不下了。效果如图4-69②所示。

（3）把b元素插入到a元素中，这时a元素的盒子为了容纳b的盒子会被撑大，如图4-69③所示。这样里面b元素的背景就位于外面a元素背景的上方，通过设置a元素的左填充值使b的盒子不会挡住a盒子左边的圆角，而b盒子右边的圆角（右上方为不透明白色背景）则挡住了a盒子右边的背景，这样左右两边的圆角就都出现了，如图4-69④所示。同时，改变文字的多少，能使导航条自动伸展，而圆角部分位于padding区域，不会影响圆角。

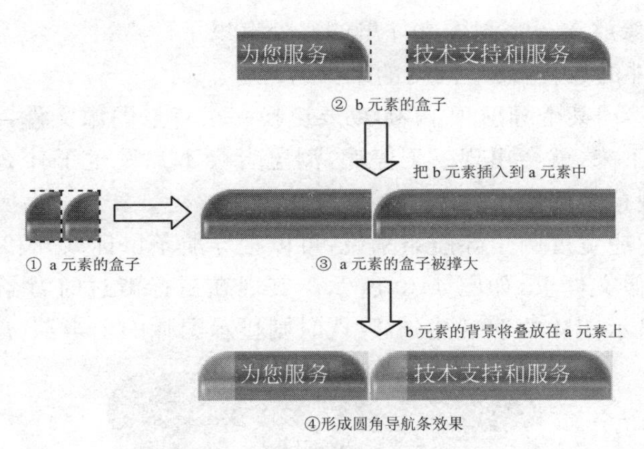


图4-69　滑动门圆角导航条示意图

(4) 根据以上分析设置外面盒子a元素的CSS样式如下。

```
#nav a {
    font-size: 14px;    color: white;    text-decoration: none;
    line-height: 32px;          /* 设置盒子高度与行高相等,实现文字垂直居中 */
    padding-left: 24px;         /* 设置左填充为 24px,防止里面的内容挡住左圆角 */
    float: left;                /* 使导航项水平排列 */
    background: url(round.gif); /* 背景图像默认从左边开始铺 */}
```

(5) 再写里面盒子b元素的CSS样式代码。

```
#nav a b {
    background: url(round.gif)right top;   /* 使用同一张背景图像但从右边开始铺 */
    display: block; padding-right: 24px;      /* 防止里面的文字内容挡住右圆角 */}
```

(6) 最后给导航条添加简单的交互效果。

```
#nav a:hover {color: silver;}                   /* 改变文字颜色 */
```

## 4.7.4　背景图像的翻转

通过背景定位属性(background-position)可以使背景图片从盒子的任意位置上开始显示,如果设置background-position为负值,那么将有一部分背景移出盒子,而不会显示在盒子中;另外,如果盒子没有背景那么大,那么只能显示背景图的一部分。

利用这些特点,用户可以将多个元素的背景图片放置在一个大的图片文件里,让每个元素的盒子只显示这张大背景图的一部分,例如制作导航条时,在默认状态下显示背景图的上半部分,鼠标滑过时显示背景图的下半部分,这样就用一张图片实现了导航条背景的翻转。

把多个背景图像放在一个图像文件里的好处有以下两点。

(1) 减少了文件的数量,便于网站的维护管理。

(2) 鼠标指针移动某个导航项上,如果要更换一个背景图像文件,那么有可能要替换的图像还没有下载下来,就会出现一下停顿,浏览者会不知发生了什么;而如果使用同一个文件,就不会出现这个问题了。

例如,对于自适应宽度圆角导航条来说,可以把导航条鼠标离开和滑过两种状态时的背景做在同一个图像文件里,如图4-70所示。实现在鼠标滑过时背景图案的翻转,即当鼠标滑过时,让它显示图片的下半部分,默认时则显示图片的上半部分。

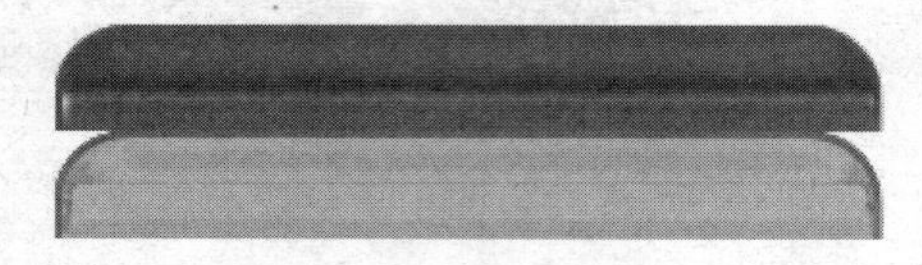

图4-70 将正常状态和鼠标悬停状态的背景图案放在一张图片round.gif

在4.7.3节的4-47.html的CSS代码中添加如下代码(4-48.html),即实现鼠标悬停时导航图像的翻转,其效果如图4-71所示。

```
a:hover {
    background-position:0 -32px; }        /*图片从左边开始铺,向上偏移32px*/
a:hover b{ color: red;
    background-position:100%-32px; }     /*图片从右边开始铺,向上偏移32px*/
```

图4-71 带有图片翻转效果的滑动门导航条

推荐把许多元素的背景图像放在同一个图片文件中,这称为CSS Sprite(精灵)技术。这样可减少要下载的文件数量,从而减少对服务器的请求次数,加快页面载入速度。

### 4.7.5 传统圆角效果

圆角在网页设计中让人又爱又恨,一方面设计师为追求美观的效果经常需要借助于圆角,另一方面为了在网页中设计圆角又不得不增添很多工作量。在用表格设计圆角框时,制作一个固定宽度的圆角框需要一个3行1列的表格,在上下两格放圆角图案。而用表格制作一个可变宽度的圆角框则更复杂,通常采用"九宫格"的思想制作,即利用一个3行3列的表格,把4个角的圆角图案放到表格的左上、右上、左下、右下4个单元格中,把圆角框4条边的图案在表格的上中、左中、右中和下中4个单元格中进行平铺,在中间一个单元格中放内容。

尽管在4.5.3节使用border-radius可以方便地制作圆角盒子,但如果要制作带有花纹或图案的圆角,则还是需要用一些传统的方法,下面对传统CSS圆角设计分类进行讨论。

### 1. 固定宽度的圆角框（不带边框的）

用 CSS 制作不带边框的固定宽度圆角框（如图 4-72 所示）至少需要两个盒子：一个盒子放置顶部的圆角图案；另一个盒子放置底部的圆角图案，并使它位于盒子底部。把这两个盒子叠放在一起，再对栏目框设置和圆角相同的背景色就可以了。关键代码（4-49.html）如下。

```
#rounded{font: 12px/1.6 arial;
      background: #cba276 url(images/bottom.gif)no-repeat left bottom;
      width: 280px; padding: 0 0 18px; margin:0 auto;}
#rounded h3 {
      background: url(images/top.gif)no-repeat;
      padding: 20px 20px 0; font-size: 170%; color: white;
      line-height:1em; margin: 0;  }
<div id="rounded">
    <h3>不带边框的圆角框</h3><p>这是一个不带边框的圆角框…</p>
    </div>
```

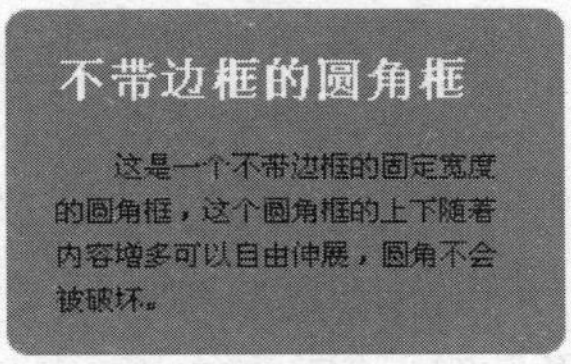

不带边框的圆角框

这是一个不带边框的固定宽度的圆角框，这个圆角框的上下随着内容增多可以自由伸展，圆角不会被破坏。

图 4-72　不带边框的圆角框

### 2. 固定宽度的圆角框（带边框的）

制作带边框的固定宽度圆角框（如图 4-73 所示）则至少需要 3 个盒子，最底层的盒子放置圆角框中部的边框和背景组成的图案，并使它垂直平铺，上面两层的盒子分别放置顶部的圆角和底部的圆角，这样在顶部和底部圆角图片就遮盖了中部的图案，形成了完整的圆角框。代码（4-50.html）如下。

```
#rounded{font: 12px/1.6 arial;
      background: url(images/middle-frame.gif)repeat-y;
      width: 280px; padding: 0; margin:0 auto;}
#rounded h3 {
      background: url(images/top-frame.gif)no-repeat;
      padding: 20px 20px 0; font-size: 170%; color: #cba276; margin: 0;}
#rounded p.last {padding: 0 20px 18px;
      background: url(images/bottom-frame.gif)no-repeat left bottom;
      height:1%;                          /*防止元素没有内容在IE6中不显示*/  }
```

```
<div id="rounded">
    <h3>带边框的圆角框</h3>    <p>这是一个固定宽度的圆角框…</p>
    <p class="last"></p></div>
```

带边框的圆角框

这是一个固定宽度的圆角框，由于是固定的宽度，因此制作起来容易且简单。这个圆角框的上下随着内容增多可以自由伸展，圆角不会被破坏。

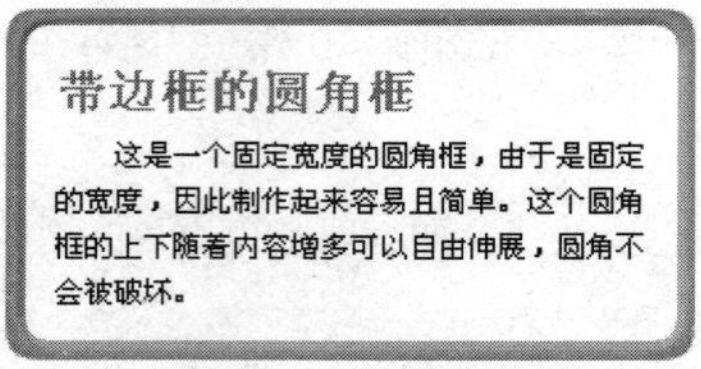

图 4-73　带边框的圆角框

需要说明的是，顶部的圆角图案和底部的圆角图案既可以分别做成一张图片，也可以把它们都放在一张图片里，通过控制背景位置来实现显示哪部分圆角。

## 4.8　CSS3 样式美化功能

CSS3 提供的样式美化功能主要有阴影效果、渐变效果、描边效果和遮罩效果，这使得过去很多需要使用图片实现的效果，现在可以用 CSS3 代码实现了。

### 4.8.1　阴影和发光效果

CSS3 提供了两个实现阴影效果的属性：box-shadow 属性用来为元素的盒子添加阴影，text-shadow 属性用来为文本添加阴影。这两个属性的属性值设置方式都是一样的。

**1. 盒子阴影**

box-shadow 属性的语法如下：

```
box-shadow: h-shadow v-shadow blur spread color [inset];
```

其中，h-shadow 和 v-shadow 用于设置阴影偏离盒子的水平和垂直距离，blur 设置阴影的模糊距离，spread 设置阴影的尺寸大小。color 设置阴影的颜色，inset 设置阴影为外阴影(outset，默认值)还是内阴影(inset)。

```
box-shadow: 10px 10px 5px #888888;            /* 设置左下角阴影 */
box-shadow: 0 0 15px #888888;                 /* 设置外发光 */
box-shadow: 10px 10px 5px #888888 inset;      /* 设置内凹阴影 */
```

**提示**：如果只写 3 个数值，表示省略了 spread 值，此时 spread 默认值为 0。

可见，如果设置 h-shadow 和 v-shadow 的值为正数，则为左下角偏移的阴影，而如果值为 0，则不发生偏移，变成一种外发光的效果。

还可以为4条边设置不同的阴影，示例代码如下：

```
box-shadow:-10px 0 10px red,    /*左边阴影*/  10px 0 10px yellow,   /*右边阴影*/
0 -10px 10px blue,              /*上边阴影*/  0 10px 10px green;    /*下边阴影*/
```

下面是图4-74所示各种阴影效果对应的完整代码(4-51.html)。

```
<style>
div{display:inline-block; width:120px; height:100px; margin:10px; border-
radius:8px; line-height:100px; text-align:center; color:white;background-
color:#9C9;}
.shad1{box-shadow: 10px 10px 5px #888888;      /*设置左下角阴影*/    }
.shad2{box-shadow: 0 0 25px #888888;           /*设置外发光*/    }
.shad3{box-shadow: 10px 10px 5px #888888 inset;         /*设置内凹阴影*/}
.shad4{box-shadow:-10px 0 10px red,  /*左边阴影*/  10px 0 10px yellow,/*右边阴影*/
0 -10px 10px blue,     /*上边阴影*/       0 10px 10px green;  /*下边阴影*/  }
</style>
<div class="shad1">左下角阴影</div><div class="shad2">外发光</div>
<div class="shad3">内阴影</div><div class="shad4">多颜色阴影</div>
```

图4-74 各种阴影效果

**2. 翘边阴影**

图4-75是一种翘边阴影效果。这种效果制作的思路是：为图像所在的元素增加两个伪元素，将伪元素的盒子先倾斜变成平行四边形，再旋转一定角度，就露出两个角了，如图4-76所示。另一个伪元素的盒子也是类似做法，代码(4-52.html)如下。

```
.box li{
    position: relative; padding: 5px; margin-right: 25px;
    float: left; width: 290px; height: 200px; background: #fff;
    box-shadow: 0 0px 4px rgba(0,0,0,0.3), 0 0 60px rgba(0,0,0,0.1)inset;    }
.box li:before{
    position:absolute; content: ''; width: 90%; height: 80%;
    left: 18px; bottom: 11px; z-index: -2;     /*使阴影置于底层*/
    background: transparent;
    box-shadow: 0 8px 20px rgba(0,0,0,0.6);
    transform: skew(-12deg)rotate(-5deg);     /*先扭曲-12°,再旋转-5°*/  }
```

```
.box li:after{
    position:absolute; content: ''; width: 90%; height: 80%; right: 18px;
    bottom: 11px; z-index: -2; background: transparent;
    box-shadow: 0 8px 20px rgba(0,0,0,0.6);
    transform: skew(12deg)rotate(5deg);}
<ul class="box"><li><img src="img/1.jpg"></li>…          </ul>
```

图 4-75　翘边阴影效果

图 4-76　翘边阴影原理

除了翘边阴影外，这种方法还可以用来制作如图 4-77 所示的曲线阴影，其原理图如图 4-78 所示，读者可根据原理图写出实现的代码。

图 4-77　曲线阴影效果

图 4-78　曲线阴影原理

**3. 文字阴影**

text-shadow 属性用于添加文本阴影，这使得过去要在 Photoshop 中实现的阴影、发光等效果可以直接用 CSS 实现了。text-shadow 属性的取值和 box-shadow 完全一致，下面是几个实例(4-53.html)，效果如图 4-79 所示。

```
text-shadow: 0 0 10px red;                                  /*红色发光文字*/
text-shadow: 0 1px 1px #fff;                                /*1px 白色阴影的文字*/
text-shadow: -1px -1px 0 #fff,1px 1px 0 #333,1px 1px 0 #444;
                                                            /*浮雕字效果*/
text-shadow: 0 0 5px #f96; color:transparent;               /*模糊字效果*/
text-shadow: 1px 1px 0 #f96,-1px -1px 0 #f96;              /*描边字效果*/
```

王船山 王夫之 湘西草堂 船山书院

图 4-79　发光字、浮雕字、模糊字、描边字效果

### 4.8.2 渐变效果

渐变是指一系列(至少两种)颜色之间的缓慢过渡。利用渐变可制作出元素被光照射等效果。渐变属性可用于背景图或边框图。CSS3 中的渐变包括线性渐变和径向渐变。

**1. 线性渐变**

线性渐变 linear-gradient()必须作为 background-image 的属性值,它的语法如下:

```
background-image: linear-gradient(direction, color-stop1, color-stop2, …);
```

线性渐变的第 1 个参数是方向,其值既能是方向,也能是角度。如果不写,则默认值是从上到下渐变(to bottom)。下面是线性渐变的一些例子(4-54.html)。

```
background-image: linear-gradient(red, blue);        /* 上红下蓝的渐变 */
background-image: linear-gradient(black, rgba(55,0,0,0));
                                                      /* 上黑下透明的渐变 */
background-image: linear-gradient(to right, red , blue);
                                                      /* 左红右蓝的渐变 */
background-image: linear-gradient(to bottom right, red , blue);
                                                   /* 左上角红到右下角蓝的渐变 */
background-image: linear-gradient(120deg, red , blue);
                                                   /* 左上角 120°红到蓝渐变 */
background-image: linear-gradient(red, green, blue);   /* 上红中绿下蓝的渐变 */
```

以上渐变颜色是在盒子范围内均匀分布的。如果希望两种渐变颜色在盒子范围内占据的比例不一致,可以在颜色后面添加长度或百分比。

```
background-image: linear-gradient(to right, red 75%,blue);
                                        /* 从距左边 75%的位置开始左红右蓝的渐变 */
background-image: linear-gradient(to right, red 100px ,blue);
```

另外,使用 repeating-linear-gradient 能创建重复的线性渐变。下面的代码将红黄蓝 3 种渐变颜色不断地重复,会产生 5 行重复的水平条纹。

```
background: repeating-linear-gradient(red, yellow 10%, green 20%);
```

**2. 径向渐变**

径向渐变 radial-gradient()是指由一个中心点开始向四周扩散的渐变。其语法如下:

```
background-image: radial-gradient([position,] [shape size,] start-color, stop
-color);
```

径向渐变的第 2 个参数为中心点位置，第 2 个参数为直径，这两个参数是可选的，如果不设置，则中心点默认是元素的正中心，直径默认是元素中心点到背景边缘的距离。例如：

```
background: radial-gradient(red,yellow, green);     /* 从中心到四周为红黄蓝的渐变 */
background: radial-gradient(200px at top right,red,white, green);
                                        /* 以右上角为中心点半径为 200px 的径向渐变 */
```

默认情况下，渐变的起始位置是从渐变的中心到元素背景的边缘，如果要设置渐变的起始位置，可以在每种颜色后增加一个长度或百分比值。例如，下面代码(4-55.html)的显示效果如图 4-80 所示。

```
.radial{width: 400px; height: 240px; border-radius:12px;
    background: radial-gradient(200px,white 100px, red 100px);}
```

图 4-80　设置渐变的起始位置

从图 4-80 可以看出，当渐变的起点和渐变的终点设置为同一位置时，将看不到渐变效果。另外，如果将图 4-80 从圆心处开始切分成 4 块，则左下角和右下角分别为一段 1/4 的弧线，利用这个特点，可以制作出如图 4-81 所示的带有弧线的圆角导航项效果。具体代码(4-56.html)如下。

```
.box{width: 100px; height: 34px; line-height:34px; font-size:14px;
        text-align:center;  color:white;  background-color:#39F;
        border-radius:12px 12px 0 0;           /* 设置盒子左上和右上方为圆角 */
        position:relative;                     /* 设置为伪元素的定位基准 */
        margin:10px auto;}
.box::after,.box::before{
        width: 12px; height: 12px; content:"";
    position:absolute; left:100%; top:22px;            /* 向下偏移到底端 */
background-image: radial-gradient(16px at top right, rgba(255,255,255,0)12px,
#39f 12px);
}
.box::before{left:-12px;
     background-image: radial-gradient(24px at top left, rgba(255,255,255,0)
12px, #39f 12px);
}
<div class="box">首 页  </div>
```

图 4-81　带有弧线的圆角导航项(右为导航条)

### 3. 设置径向渐变的形状

如果元素的盒子不是正方形,而是长方形,则径向渐变有两种形式：一是渐变图案随盒子拉伸,显示为椭圆形渐变;另一种是渐变图案不随盒子拉伸,显示为圆形渐变。例如下面代码(4-57. html)的显示效果如图 4-82 所示。

```
background: radial-gradient(ellipse,white 25%, red);     /* 椭圆形渐变,默认值 */
background: radial-gradient(circle 200px, white 25%, red); /* 圆形渐变 */
```

图 4-82　椭圆形渐变和圆形渐变

其中,ellipse 是默认的渐变形状,因此 ellipse 也可省略,另外,设置了 ellipse 就不能再设置渐变半径,因此上例中 ellipse 后面没接 200px。因为一旦设置了渐变半径,就会自动转变成圆形渐变方式。

### 4. 渐变中的透明度设置

CSS3 渐变也支持透明度(transparent),可用于创建减弱变淡的效果。如果要实现从一种颜色到透明的渐变,则可以用 rgba()函数来定义透明颜色节点。rgba()函数中第 4 个参数用来定义颜色的透明度：0 表示完全透明,1 表示完全不透明。下面的代码显示效果如图 4-83 所示。

```
background: radial-gradient(150px,red, rgba(255,0,0,0));      /* 从红色到透明的渐变 */
```

图 4-83　从红色到透明的渐变

**5. 多重渐变**

background 属性除了支持多张背景图以外，还支持多重渐变填充，此时，多个渐变的效果会发生叠加，形成多重渐变的效果。此外，利用 background-size 属性可将渐变图案缩小或放大，如图 4-84 所示的各种条纹图案效果就是用这个方法制作的，关键代码(4-58.html)如下。

```
background-image: linear-gradient(45deg, #555 25%, transparent 25%,
transparent), linear-gradient(-45deg, #555 25%, transparent 25%, transparent),
linear-gradient(45deg, transparent 75%, #555 75%), linear-gradient(-45deg,
transparent 75%, #555 75%);}                          /*第一个图案*/
background-image: linear-gradient(transparent 50%, rgba(200, 0, 0, .5) 50%),
linear-gradient(90deg, transparent 50%, rgba(200, 0, 0, .5) 50%);
                                                      /*第二个图案*/
background-size: 20px 20px; width: 150px; height: 80px; background: #ace;
```

图 4-84 使用多重渐变制作各种条纹图案

**6. 背景图像与渐变背景共存**

如果要同时对一个元素设置图像背景和渐变背景，则可以使用如下代码(4-59.html)，需要注意的是，这种写法需要为渐变属性值添加-webkit-前缀才有效。

```
background:url(images/pic1.jpg)no-repeat 50%50%,                  /*背景图像*/
-webkit-linear-gradient(top, rgba(255,255,0,.7),rgba(0,0,0,0));   /*渐变背景*/
```

## 4.8.3 描边效果

外轮廓 outline 在页面中呈现的效果和边框 border 的效果极其相似，但 outline 和 border 是完全不同的，外轮廓不会占用网页布局空间，不一定是矩形，外轮廓属于一种动态样式，只有在元素获取到焦点或者被激活时才会呈现。

如果同时使用 outline 和 border 属性，就可实现双重边框效果。代码(4-60.html)如下，效果如图 4-85 左图所示。

```
.box{width: 200px; height: 134px; border-radius:16px;
    line-height:84px; text-align:center;
```

```
    border:13px solid red;                    /* border 的边框 */
    outline:5px solid blue;                   /* outline 的边框 */
    margin:16px auto;          }
```

实现双重边框效果的第二种方法是同时使用 border 和 box-shadow 属性，将上述代码中的 outline 属性替换为以下的 box-shadow 属性，则效果如图 4-85 右图所示。

```
box-shadow: 0  0 0  13px #888888;
```

图 4-85 outline 和 box-shadow 制作的双重边框效果

可见，outline 制作的外轮廓边框只能是矩形，要制作圆角的外轮廓，只能用 box-shadow 来做。过去，为表单元素获得焦点时添加外边框一般使用 outline 实现，而现在一般使用 box-shadow 来实现。但 outline 的优势是能够被 IE8 浏览器支持。

### 4.8.4 遮罩效果

CSS3 提供了 mask 属性，它可提供图片的遮罩效果。该属性在撰写本书时仅仅被 webkit 内核的浏览器支持，因此需要添加-webkit-前缀。

**1. 使用图片作为遮罩层**

一般来说，要实现遮罩，先要使用 mask-image 属性引用一张有透明部分的图片（如 PNG 图片），该图片用于遮挡在 HTML 元素上，被图片透明部分遮住的部分将不被显示，而被不透明部分遮住的部分将被显示。

图 4-86 是一个遮罩效果的例子，其中遮罩图（中）是一张有透明区域的 PNG 图片，其对应的代码(4-61.html)如下。

```
.element {
  width: 200px; height: 66px; padding-top:170px; color: #000;
 background: url(images/swy.jpg);
-webkit-mask-image: url(images/apple.png);  /* 去掉这句就是原图了 */
-webkit-mask-repeat: no-repeat;  }          /* 遮罩图像不重复 */
<div class="element">2012 年 11 月 15…</div>
```

mask-size 属性用于改变遮罩图像的大小，与 background-size 属性类似。

mask-position 用于设置遮罩图和背景元素的对齐关系，如果希望遮罩图的中心与背景元素的中心对齐，可使用 mask-position: 50% 50%或 mask-position: center。

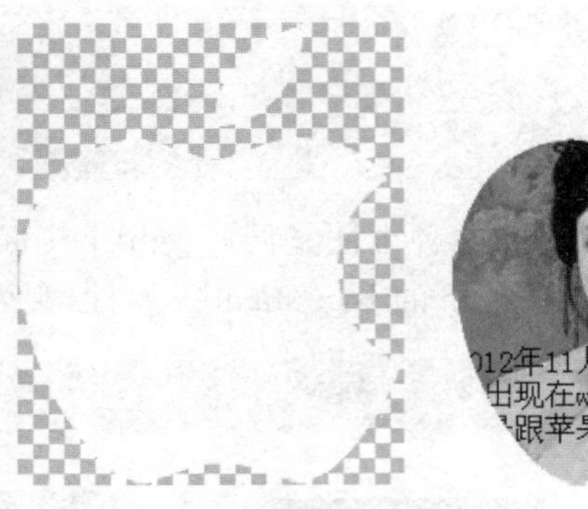

图 4-86 被遮罩元素(左)、遮罩图(中)、遮罩后效果(右)

下面在 4-58. html 的基础上添加如下代码，当鼠标滑动到遮罩图时，遮罩图以中心点为原点缩小为原来的 60%。代码如下。

```
.element { …                        /* 省略了 4-61.html 中已有的代码 */
-webkit-mask-position: center;      /* 遮罩中心点 */
transition: -webkit-mask-size 1s; }
.element:hover{-webkit-mask-size: 60%;}
```

## 2. 使用渐变层作为遮罩

mask-image 属性的值除了可以是图片 url 之外，还可以是渐变填充(与 background-image 属性类似)，如果用渐变填充遮挡在 HTML 元素之上，则被半透明部分遮罩的图片也会具有半透明效果。例如，将 4-61. html 中的-webkit-mask-image 属性分别改为如下值，则显示效果如图 4-87 所示。

```
-webkit-mask : radial-gradient(100px,red, rgba(55,0,0,0));
                                            /* 红色到透明的径向渐变 */
-webkit-mask : linear-gradient(black, rgba(55,0,0,0));
                                            /* 上黑下透明的线性渐变 */
```

图 4-87 使用渐变层作为遮罩的效果

说明：除了可以用 gradient 属性值制作渐变遮罩层外，也可以使用具有半透明渐变效果的 PNG 图片作为渐变遮罩层，都能实现相同的效果。

## 4.9 变形与动画效果

### 4.9.1 平面变形效果

在 CSS3 中，transform 属性用于实现盒子的自由变形效果。transform 的取值主要有以下几种：旋转 rotate、扭曲 skew、缩放 scale、移动 translate、矩阵变形 matrix。

**1. 缩放 scale**

scale(X,Y)用于对元素进行缩放，其中 X 表示水平方向缩放的倍数，Y 表示垂直方向缩放的倍数，Y 值也可省略，此时表示 X、Y 方向放大的倍数相同。例如：

```
transform:scale(2,1.5);    /* 元素在水平方向放大到 2 倍,垂直方向放大到 1.5 倍 */
transform:scale(1.1);      /* 元素在水平和垂直方向均放大到 1.5 倍 */
```

如果只希望在 X 轴或 Y 轴进行缩放，可使用 scaleX 或 scaleY，例如：

```
transform:scaleX(2);                    /* 该语句等价于 transform:scale(2,1); */
```

默认情况下，元素缩放的基点位于元素中心位置，可以通过 transform-origin 对基点进行设置。例如：

```
transform-origin: top left;           /* 设置缩放点为左上角 */
transform-origin: 0 50%;              /* 设置缩放点为正左边,水平 0,垂直 50% */
```

下面是一个例子(4-62.html)，当鼠标悬停时，图片将放大显示。

```
.main_img{ height: 255px; width: 248px;  overflow:hidden;position: relative;}
.main_img img {  transition: all .3s ease-in;
   transform-origin: top;}                          /* 设置缩放点为正上方 */
.main_img:hover img {opacity: .7; transform:scale(1.5); }
<div class="main_img"><img src="img/61.jpg"></div>
```

**2. 旋转 rotate**

rotate(angle)用于对元素进行一个平面上指定角度的旋转，其中 angle 是指旋转角度，如果设置的值为正数，则表示顺时针旋转；如果设置的值为负数，则表示逆时针旋转。默认情况下，元素旋转的基点位于元素的中心位置，可以通过 transform-origin 属性设置基点位置。

```
transform:rotate(30deg);
```

**3．移动 translate**

translate 属性值用于对元素进行移动，移动可分为 3 种方式：translateX(x)仅水平方向移动(X 轴移动)；translateY(y)仅垂直方向移动(Y 轴移动)；translate(x,y)表示水平方向和垂直方向同时移动。例如：

```
transform:translateX(50%);
transform:translate(50%,30%);
```

**4．扭曲 skew**

skew 属性值用于对元素进行斜切或扭曲，也可分为 3 种方式：skew(x,y)使元素在水平和垂直方向同时扭曲(X 和 Y 轴同时按一定角度值扭曲变形)；skewX(x)仅使元素在水平方向扭曲变形；skewY(y)仅使元素在垂直方向扭曲变形。例如：

```
transform: skew(45deg,15deg);
```

**5．同时应用多种变形效果**

如果对 transform 属性设置多个属性值(注意多个属性值之间必须用空格分离)，就能对元素同时应用多种自由变形的效果了。例如：

```
transform: rotate(45deg)scale(0.8,1.2)skew(60deg,-30deg);
```

**注意**：设置了 transform 的元素一般会叠放在其他元素的上方。

**6．制作可伸缩的下画线**

图 4-88 所示的是一个导航条，默认情况下，导航条没有下画线，当鼠标悬停时，会逐渐出现一条从中心向两端延伸的下画线。该实例的制作思路是：用一个伪元素的下边框表示下画线，初始状态下，使用 scaleX(0)函数将该元素缩放为 0，悬停状态下，使用 scaleX(1)函数将该元素缩放为 1，再配合 transition 属性实现过渡效果。代码(4-63.html)如下。

```
#nav a {
color:#333; text-align: center; text-decoration: none;
display: block; padding:6px 10px 4px; margin:0 2px;
float:left; position: relative;                    /* 作为伪元素的定位基准 */}
#nav a:after {
    position: absolute; left: 0; bottom: -7px; width: 100%;
```

```
    content: "";   border-bottom: 2px solid #ff5a5a;   /* 下画线 */
    transform: scaleX(0);                              /* 缩小到 0 */
    transform-origin: 50%50%;          /* 从元素的中心点开始缩放,可调整参数试试 */
    transition:transform 0.3s ease-out;}
#nav a:hover:after {transform: scaleX(1);}             /* 放大到 1 */
<div id="nav"><a href="#">首 页</a><a href="#">中心简介</a>…</div>
```

首 页　中心简介　政策法规　常用下载　为您服务　中心简介

图 4-88　带有可伸缩下画线的导航条

说明：本实例如果不需要下画线的拉伸效果,则可以直接用 a 元素的下边框来做,本例由于元素的下边框拉伸,而内容不能拉伸。因此下边框和内容必须分别是一个元素。

**7. 制作图片墙**

照片墙可以让我们将收集的照片用网页展示出来,图 4-89 是一个照片墙,该实例主要应用了 CSS3 中的旋转、缩放和阴影等效果,实现照片的不规则排列,当鼠标移动到某张照片上时,照片还会出现放大的效果。

图 4-89　图片墙效果

该实例的结构代码(4-64.html)如下。

```
<div class="content">
    <img class="pic1" src="img/1.jpg" />
    <img class="pic2" src="img/2.jpg" />
          …
    <img class="pic10" src="img/10.jpg" />
</div>
```

CSS 样式主要是对 body 元素设置背景图片,再对各张图片设置大小、位置和旋转角度等,以及鼠标滑过时放大,出现阴影的过渡效果。CSS 代码如下。

```
body{
    background: url(../img/bg1.jpg)no-repeat top center fixed;
    background-size: 100%auto;                   /* 让背景图像左右撑满浏览器 */}
```

```
.content{
    width: 900px; height: 1000px; overflow: hidden; margin: 100px auto;
    position: relative;                          /* 设置为展示图片的定位基准 */}
img{
    z-index: 1; width: 20%;                      /* 设置图片初始大小为 20% */
    height: auto; position: absolute;
    padding: 10px 10px 15px 10px; background: #ffffff;
    border: 1px solid #ccc;                      /* 给图片加边框 */
    -moz-transition: 0.5s;                       /* 动画的持续时间 */
    -webkit-transition: 0.5s; transition: 0.5s; }
img:hover{
    z-index: 2;                                  /* 鼠标滑过时置于顶层 */
    transform: scale(1.5);                       /* 放大到 1.5 倍 */
    -moz-transform: scale(1.5);
    -webkit-transform: scale(1.5);
    box-shadow: -10px 10px 20px #000000;
    -moz-box-shadow: -10px 10px 20px #000000;
    -webkit-box-shadow: -10px 10px 20px #000000;    }
.pic1{
    left: 100px; top: 50px; -webkit-transform: rotate(20deg);
                                                 /* 旋转 20° */
    -moz-transform: rotate(20deg); transform: rotate(20deg);}
.pic2{
    left: 280px; top: 60px; -webkit-transform: rotate(-10deg);
    -moz-transform: rotate(-10deg);    transform: rotate(-10deg);}
/* .pic3 到.pic10 的代码与.pic1 类似,故省略 */
```

**提示**：zoom 和 transform:scale 两个属性都可对元素进行缩放，但区别是很明显的。

(1) zoom 的缩放是相对于左上角的，且无法改变，而 scale 默认是居中缩放，且可以改变缩放的原点；

(2) zoom 缩放会改变元素占据的空间大小，而 scale 不会，因此页面布局不会发生变化；

(3) zoom 只能等比例缩放，而 scale 支持 X 轴、Y 轴不等比例缩放；

(4) zoom 的取值只能是小数或百分比，如 zoom:0.5，而 scale 不支持百分比，只能是数字，并且还可以是负数。

### 4.9.2 3D 变换效果

CSS3 提供了 3D 变换效果的功能模块，使 HTML 元素对象能在浏览器中呈现出三维变换的效果，配合 hover 伪类和 transition 属性，还能实现三维动画效果。

由于 3D 变换是在三维空间上的变换，其涉及如图 4-90 所示的三维立体坐标轴。其中，X 轴是指屏幕的水平方向，Y 轴是指屏幕的垂直方向，而 Z 轴是指垂直于屏幕所在平面的轴。

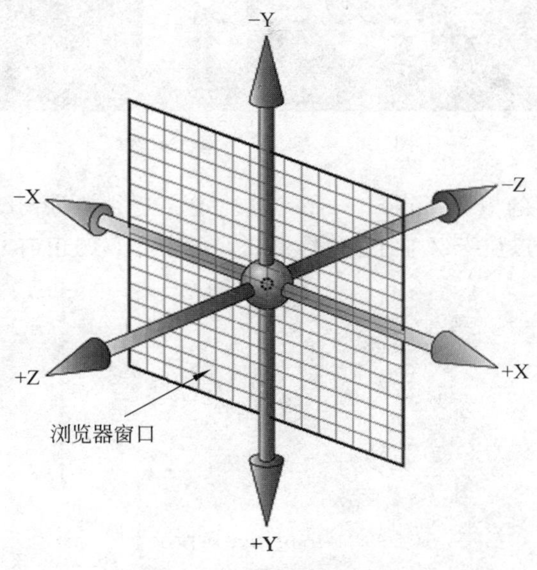


图 4-90　三维立体坐标轴

### 1. 三维旋转属性值

三维旋转属性包括如下 3 个属性：

- rotateX(angle)——围绕 X 轴旋转，比如人在单杠上旋转。
- rotateY(angle)——围绕 Y 轴旋转，比如人跳钢管舞时的旋转。
- rotateZ(angle)——围绕 Z 轴旋转，比如抽奖大转盘的旋转。

下面是这 3 个属性应用的示例代码(4-65.html)，效果如图 4-91 所示。

```
div{
  width:120px; line-height:80px; text-align:center;
  display:inline-block; background:#FcF; border:2px solid #900;
  border-radius:10px; margin:50px auto;
  transition: all 1s ease-in;                    /*设置过渡效果*/        }
.r2d:hover{transform:rotate(180deg);}
.r3dX:hover{transform:rotateX(135deg);}
.r3dY:hover{transform:rotateY(135deg);}
.r3dZ:hover{transform:rotateZ(180deg);}
<div class="r2d">2D 旋转</div><div class="r3dX">3D X 轴旋转</div>
<div class="r3dY">3D Y 轴旋转</div><div class="r3dZ">3D Z 轴旋转</div>
```

### 2. 透视属性 perspective

perspective 属性的值可以决定元素 3D 变形效果的强弱，其原理是我们观察三维物

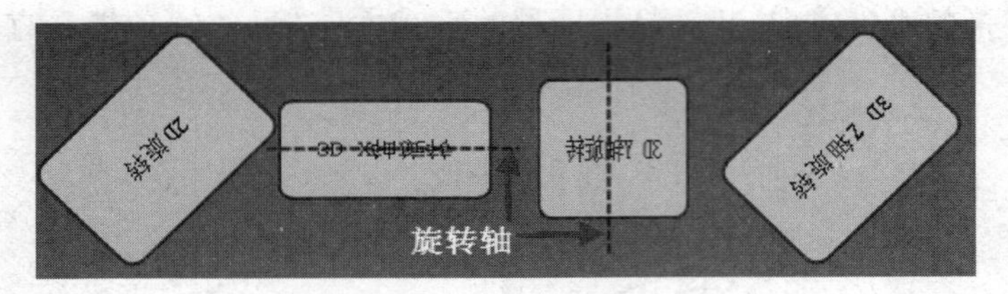


图 4-91　三维旋转属性示例

体时，有一种近大远小的效果。perspective 属性定义透视点距 3D 元素的距离，以像素计。默认情况下，透视点位于 Z 轴上，并且是在元素中心点的正前方，如图 4-92 所示。

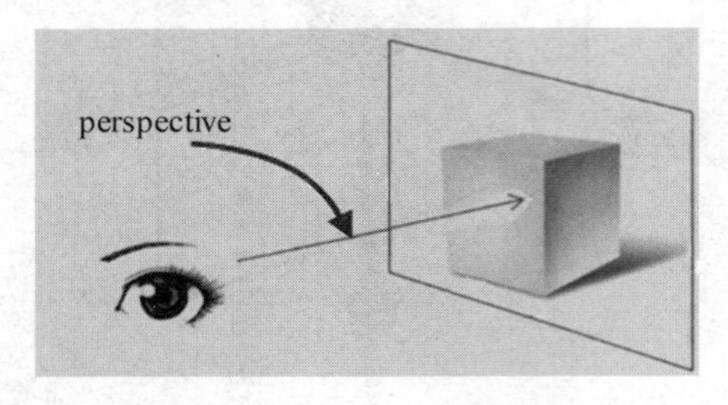


图 4-92　perspective 属性示意图

由于 3D 场景都会涉及视角和透视的问题，如果不使用 perspective 属性，则镜头方向只能是平行于 Z 轴向屏幕内，也就是从元素的正前方向元素里面看。如果对元素的父元素设置 perspective 属性，就相当于添加了一个 3D 场景，此时元素在视觉上将产生近大远小的效果，从而使 3D 效果更加逼真，但元素本身的尺寸并不会发生变化。

下面是一个例子，div 元素未旋转时如图 4-93 左图所示，对该 div 元素进行绕 Y 轴旋转 45°，当不使用 perspective 时，元素旋转后的效果如图 4-93 右图所示，当对其父元素使用 perspective 时，元素的效果如图 4-93 下图所示。代码(4-66.html)如下。

```
.container{perspective: 500px; }
.box{
    border:solid 1px #000;  background:#0066FF;
    margin:100px auto; width:310px;
    padding:10px; border-radius:8px;
    transition:all 1.5s;}
.box:hover{transform-style: preserve-3d; transform: rotateY(-45deg); }
<div class="container">
    <div class="box" ><img src="images/jxwy.jpg" width="310" /></div>
</div>
```

**3. 3D 平移属性**

CSS 中 3D 平移的属性值有 translateX(x)、translateY(y)、translateZ(z)，分别表示在 X 轴、Y 轴和 Z 轴进行平移。

图 4-93 使用 perspective 后的旋转效果(左为原图)

其中 translateZ()表示在 Z 轴进行平移,当其值为正时,表示元素将移动到屏幕的前方,也就是朝浏览者的眼睛方向移动,因此当设置了 perspective 属性时,再设置 translateZ()值为正会使元素越来越大(近大远小的原理);当 translateZ()值接近 perspective 属性值时,元素将占满整个屏幕,这是因为视点(眼睛)和物体挨得很近时,眼睛看到的视野完全被物体挡住了,所谓"一叶障目不见泰山"就是这个道理。

但当 translateZ 的值大于 perspective 值时,元素将不可见,因为此时元素移到浏览者眼睛后面去了,浏览者是无法看到自己眼睛后面的东西的。在上例中添加如下代码即可测试 translateZ 方法的效果。

```
.box:hover{transform: translateZ(488px);}     /* 调整该值为 600px 再试试 */
```

#### 4. 3D 缩放属性

CSS 中 3D 缩放的属性值有 scaleX(x)、scaleY(y)、scaleZ(z),分别表示在 X 轴、Y 轴和 Z 轴进行缩放。

#### 5. 制作立方体

综合应用 3D 变换的各种属性,可制作出如图 4-94 所示的立方体。代码(4-67.html)如下。

```
.box {
    width: 200px;line-height: 200px; height:200px; text-align: center;font-
   size: 64px;
```

```
    margin: 100px auto; position: relative;
    perspective: 800px;                                       /* 视点距离对象为 800 */
    transform-style: preserve-3d;
    transform: rotateX(-15deg)rotateY(15deg);
    transition: transform 1s;                                 /* 设置过渡效果 */      }
.box:hover{transform: rotateX(35deg)rotateY(-30deg);}         /* 设置 hover 效果 */
.front, .back, .left, .right, .top , .bottom {
    position: absolute;  width: 100%;height: 100%;
    left: 0;top:0; opacity: 0.5;}                             /* 元素透明度都为 0.5 */
.front {background-color: pink;     transform: translateZ(100px);}
.back {background-color: purple;   transform: translateZ(-100px);}
.left {background-color: green;
    transform: rotateY(90deg)translateZ(-100px);}
.right {background-color: #f33;
    transform: rotateY(-90deg)translateZ(-100px);}
.top {background-color:#09c;
    transform: rotateX(90deg)translateZ(100px);}
.bottom {background-color: yellow;
    transform: rotateX(-90deg)translateZ(100px);}
<div class="box">
    <div class="front">前</div><div class="back">后</div>
    <div class="left">左</div><div class="right">右</div>
    <div class="top">上</div><div class="bottom">下</div>
</div>
```

图 4-94　立方体效果

以上代码中，

(1) 由于 box 中有多个元素，必须设置 transform-style：preserve-3d，用于定义子元素保留 3D 位置，否则多个元素会在同一个平面上。

(2) 立方体的长宽高都是200px,通过将“前”面向屏幕前方平移了100px,“后”面向屏幕后方平移100px,从而使立方体的正中心位于屏幕所在平面上。

(3) “左”面和“右”面因为沿Y轴旋转了90°和-90°,整个面都位于屏幕前方,因此均向屏幕后方平移了100px。

**6. 设置视点聚焦位置**

默认情况下,视点聚焦位置位于元素的正中心,可以使用perspective-origin属性改变视点聚焦的位置,代码如下:

```
perspective-origin:90% 20px;     /*视点位置位于X轴的20%与Y轴的20px交界处*/
```

### 4.9.3 animation 动画效果

CSS3提供了animation属性,用来实现动画效果,与transition属性需要事件触发动画效果相比,animation属性不需要任何事件触发就能播放动画。例如,可利用CSS3动画来制作loading图标,因为这比GIF动画文件更小巧。

**1. @keyframes 和 animation 属性原理**

animation属性制作动画主要依赖关键帧:@keyframes,每个关键帧表示动画过程中的一个关键状态,这与Flash动画的实现原理相似。不同关键帧是通过from(相当于0%)、to(相当于100%)或百分比来定义的(为了得到最佳的浏览器支持,建议使用百分比)。

@keyframes的语法如下:

```
@keyframes 动画名{
        from或 n%{CSS 样式规则} … to或 n%{样式规则}}
```

下面定义了一个动画,其效果是让一个元素沿着一个正方形的轨迹发生移动,移动过程中还会伴随颜色的变化。

```
@keyframes myfirst     {                          /*定义动画名*/
    0%{background:red; left:0; top:0;}            /*定义起始帧样式,0%可换成 from*/
    25%{background:yellow; left:200px; top:0px;}
    50%{background:blue; left:200px; top:200px;}
    75%{background:green; left:0px; top:200px;}
    100%{background:red; left:0; top:0;}          /*定义结束帧样式,100%可换成 to*/
}
```

@keyframes定义好后,必须通过animation属性把它绑定到一个选择器。@keyframes是通过“动画名”绑定到animation属性的。animation属性完整的写法如下。

```
animation-name:myfirst;                        /* 绑定同名的 @keyframes */
animation-duration:5s;                         /* 规定动画的一个周期的持续时间 */
animation-timing-function:linear;              /* 规定动画的速度曲线,默认是 ease */
animation-delay:1s;                            /* 规定动画开始前的延迟时间 */
animation-iteration-count:infinite;            /* 规定动画的播放次数 */
animation-direction:alternate;                 /* 规定动画在下一周期是否逆向播放 */
animation-play-state:running;                  /* 规定动画是运行还是暂停 */
animation-fill-mode:forwards;
                    /* 动画播放完时回到动画播放前的状态还是保留动画播放后的状态 */
```

animation 属性支持简写形式,上述所有代码可以简写为:

```
animation:myfirst 5s linear 2s infinite alternate;
animation-play-state:running;
```

该实例主要的 HTML 和 CSS 代码(4-68. html)如下,运行效果如图 4-95 所示。

```
div {
    width:100px; height:100px; background:red;
    position:relative;                               /* 相对于原来的位置 */
    animation:myfirst 5s linear 2s infinite alternate;   }
@keyframes myfirst{                                  /* 加入上述@keyframes 中的代码 */}
<div></div>                                          <!--作为运动方块的元素-->
```

图 4-95　4-68. html 的运行示意图

**2. 连续播放两个动画**

如果要在一个元素上绑定两个动画效果,并让两个动画连续播放,可对 animation 各属性分别设置两个属性值。例如下面的代码(4-69. html)可实现小球垂直落下然后弹跳几次的效果,如图 4-96 所示。

```
@keyframes Effect1{
    0%{ transform:translateY(0px); opacity:0;}
```

```
    100%{ transform:translateY(250px); opacity:1; border:1px solid red;}}
@keyframes Effect2{0%{ margin-top:50px; } 100%{ margin-top:0px; }}
.ball{
    animation-name:Effect1, Effect2;            /* 应用两个动画 */
    animation-duration:1s, 0.5s;                /* 两个动画的持续时间 */
    animation-timing-function:ease-in, ease-out;
    animation-delay:0s, 1s;
    animation-iteration-count:1,8;
    animation-fill-mode:forwards, forwards;
    animation-direction:normal, alternate;
    margin: 100px auto; background:#FFCCFF;
    border-radius:50%; width:60px; height:60px;}
<div class="ball"></div>
```

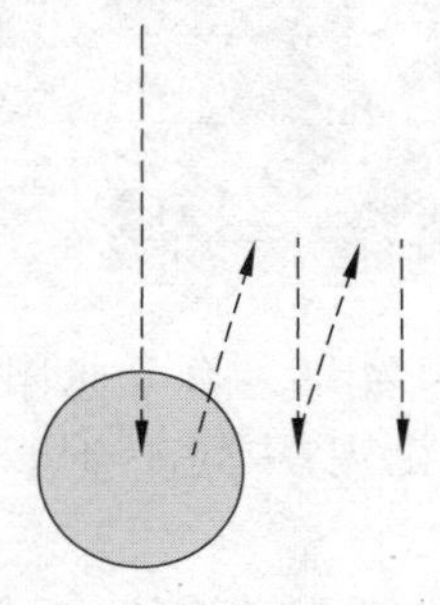

图 4-96　4-69.html 的运行示意图

可见，设置 animation-direction：alternate 可实现元素来回运动的效果。将第 2 个动画的延迟时间设置成第 1 个动画的持续时间，可实现第 2 个动画接着第 1 个动画播放。

### 3. 制作图片轮播效果

图片轮播是指几张图片在同一区域中，按照一定的顺序交替循环显示，本实例可实现自动轮播、淡入淡出的渐变效果，但不能实现点击图片切换。

该实例的结构代码(4-70.html)如下。

```
<div class="imgsBox">
    <a href="#"><img src="images/01.jpg" />  </a>
        …
    <a href="#"><img src="images/05.jpg" />  </a>
</div>
```

为了让 5 张图片叠放在一起，必须把这 5 张图片所在的 a 元素设置为绝对定位，然后把包含框 imgsBox 元素设置为相对定位，作为 5 张图片的定位基准。CSS 代码如下。

```
.imgsBox{width:248px;height:168px; position:relative;}
```

```
.imgsBox a{display:block;width:100%;height:100%; position:absolute; left:0;
top:0;
opacity:0;
animation-timing-function: linear;
animation-name:fade;
animation-iteration-count: infinite;
animation-duration: 20s;}
.imgsBox a:nth-child(1){animation-delay: -1s; }
.imgsBox a:nth-child(2){animation-delay: 3s;}   /*每张图片动画间隔时间为4s*/
.imgsBox a:nth-child(3){animation-delay: 7s; }
.imgsBox a:nth-child(4){animation-delay: 11s;}
.imgsBox a:nth-child(5){animation-delay: 15s; }
@keyframes fade    {                            /*定义动画名*/
0%{opacity:0; z-index:2;}
5%{opacity:1; z-index: 1;}                      /*0-5%为图片的渐现阶段*/
20%{opacity:1;z-index:1;}                       /*5-20%为图片的停留阶段*/
25%{opacity:0;z-index:0;}                       /*20-25%为图片的渐隐阶段*/
100%{opacity:0;z-index:0;}}
```

上述代码中,定义整个动画时长为20s,有5张图片,因此有4个图片过渡效果。每个过渡效果分为3个阶段:前1s为渐现,中间3s时长为停留,后1s为渐隐。因此每个过渡效果是5s,4个过渡效果就是20s。

也可这样理解:虽然每张图片的动画时长是5s,但前一张图片的渐隐过程和后一张图片的渐现过程是同时进行的。即前一张图片只播放4s,后一张图片就开始播放,因此每张图片的动画时间间隔是4s。又因为第1张图片的播放不需要渐现过程,所以设置它的动画延迟是−1s,表示从第2s开始播放。

## 习　题

1. 下列哪条是定义CSS样式规则的正确形式?(　　)
   A. body {color=black}　　B. body:color=black
   C. body {color:black}　　D. {body;color:black}
2. 下面哪种方式不是CSS中颜色的表示法?(　　)
   A. #ffffff　　B. rgba(255,0,0,.1)
   C. rgb(ff,ff,ff)　　D. white
3. 关于CSS3中的背景属性,下列说法正确的是(　　)。
   A. 不可以改变背景图片的原始尺寸大小
   B. 不可以对一个元素设置两张背景图片
   C. 可以对一个元素同时设置背景颜色和背景图片
   D. 在默认情况下背景图片不会平铺,左上角对齐

4. 下列哪个CSS属性具有继承性？（　　）

A. opacity　　B. background-color

C. display　　D. margin

5. CSS中定义 .outer {background-color: red;} 表示的是（　　）。

A. 网页中某一个id为outer的元素的背景色是红色的

B. 网页中含有 class= "outer" 元素的背景色是红色的

C. 网页中元素名为outer元素的背景色是红色的

D. 网页中含有 class= ".outer" 元素的背景色是红色的

6. 在CSS3中，使用transform属性可以实现变形效果。下列选项中，能够实现元素缩放的函数是（　　）。

A. translate()　　B. scale()　　C. skew()　　D. rotate()

7. 当perspective属性值小于（　　）属性值时，元素将不可见。

A. rotateZ()　　B. scaleZ()　　C. skewZ()　　D. translateZ()

8. 举例说出3个上下边界（margin）的浏览器默认值不为0的元素________、________、________。

9. CSS中，继承是一种机制，它允许样式不仅可以应用于某个特定的元素，还可以应用于它的________。

10. 如果要使网页中的背景图片不随网页滚动，应设置的CSS声明是________。

11. 设#title{padding: 6px 10px 4px}，则id为title的元素左填充是________。

12. 如果要使下面代码中的文字变红色，则应填入：

```
<h2 ________>课程资源</h2>
```

13. 在CSS中，transition表示________；translate表示________；transform表示________；animation表示________，其中________是属性值。

14. background-attachment属性的取值有________、________。

15. @keyframes后的动画名必须和________属性的属性值关联起来。

16. 简述用DW新建一条CSS样式规则的过程。

17. 如何用选择器选中一系列兄弟元素中除第一元素外的其他所有元素？

18. 有些网页中，当鼠标滑过时，超链接的下画线是虚线，你认为这是怎么实现的？

19. 如何用Chrome浏览器的“检查”功能，为元素临时添加某条样式？

20. 写出下列选择器的类型和作用。

(1) a:hover

(2) a.hover

(3) a:hover b

(4) a.hover b

21. 利用CSS盒子模型属性，在网页中分别绘制出如图4-97所示的5个盒子效果。

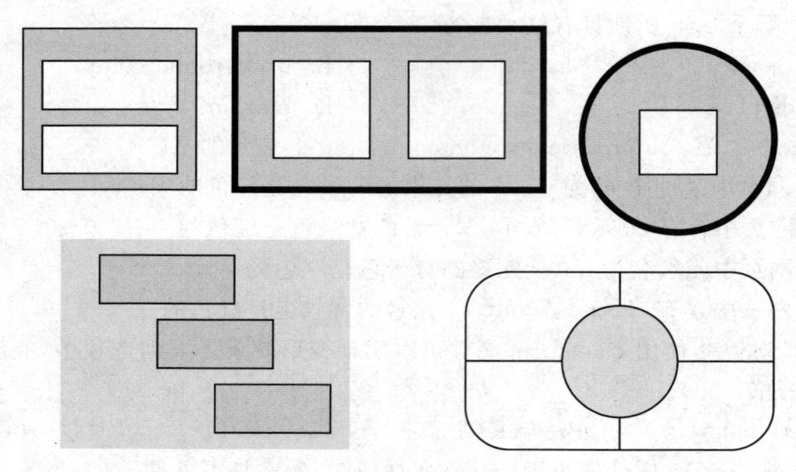

图 4-97　5 个盒子效果

# 第5章　CSS布局

网页本质上是一种在浏览器上完成的平面设计作品，网页布局就是将网页元素合理排列在网页版面上，达到美观大方、井然有序的效果。使用CSS进行网页布局，本质是利用标准流、浮动或定位属性的性质对网页布局元素进行合理排列。

## 5.1　浮动

在标准流中，块级元素的盒子都是上下排列，行内元素的盒子都是左右排列，如果仅仅按照标准流的方式进行排列，就只有这几种可能性，限制太大。CSS的制定者也想到了这样排列限制的问题，因此又给出了浮动和定位方式，从而使排版的灵活性大大提高。

如果希望相邻的块级元素盒子左右排列（所有盒子浮动）或者希望一个盒子被另一个盒子中的内容所环绕（一个盒子浮动）做出图文混排的效果，这时最简单的实现办法就是运用浮动（float）属性使盒子在浮动方式下定位。

### 5.1.1　盒子浮动后的特点

在标准流中，一个块级元素在水平方向会自动伸展，在它的父元素中占满整个一行；而在竖直方向和其他元素依次排列，不能并排，如图5-1所示。使用“浮动”方式后，这种排列方式就会发生改变。

图5-1　3个盒子在标准流中

CSS中有一个float属性，默认值为none，也就是标准流通常的情况，如果将float属性的值设为left或right，元素就会向其父元素的左侧或右侧靠近，同时盒子的宽度不再伸展，而是收缩，在没设置宽度时，会根据盒子里面的内容来确定宽度。

下面通过一个实验来演示浮动的作用，基础代码（5-1.html）如下，这个代码中没有使用浮动，它的显示效果如图5-1所示。

```
div{
    padding:10px; margin:10px; border:1px dashed #111;
    background-color:#90baff;    }
.father{
    background-color:#ff9;  border:1px solid #111;  }
<div class="father">
    <div class="son1">Box-1</div>
    <div class="son2">Box-2</div>
    <div class="son3">Box-3</div>
</div>
```

**1. 一个盒子浮动**

接下来在上述代码中添加一条 CSS 代码，使 Box-1 盒子浮动。代码(5-2.html)如下：

```
.son1{float:left;}
```

此时显示效果如图 5-2 所示，可发现在给 Box-1 添加浮动属性后，Box-1 的宽度不再自动伸展，而且不再占据原来浏览器分配给它的位置。如果再在未浮动的盒子 Box-2 中添一行文本，就会发现 Box-2 中的内容是环绕着浮动盒子的，如图 5-3 所示。

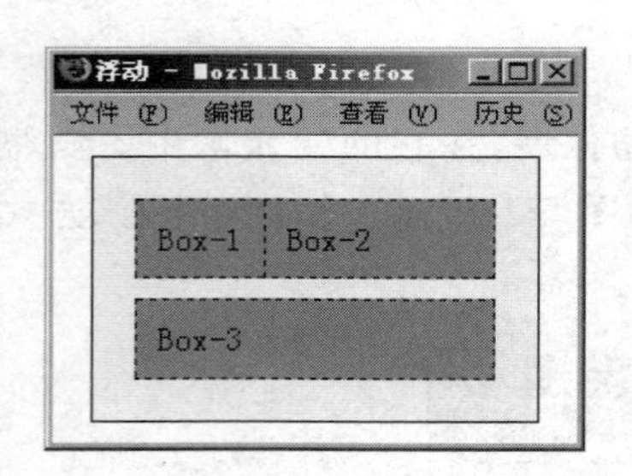

图 5-2　第一个盒子浮动

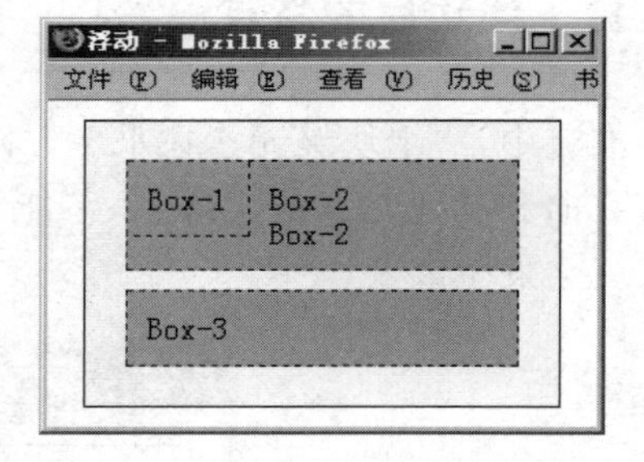

图 5-3　增加第二个盒子的内容

总结：设置元素浮动后，元素发生了如下一些改变：

(1) 浮动后的盒子将以行内块(inline-block)元素显示，即宽度会自动收缩，但保持块级元素的其他性质。

(2) 浮动的盒子将脱离标准流，即不再占据浏览器原来分配给它的位置。

(3) 未浮动的盒子将占据浮动盒子的位置，同时未浮动盒子内的内容会环绕浮动后的盒子。

**提示**：所谓"脱离标准流"，是指元素不再占据在标准流下浏览器分配给它的空间，其他元素就好像这个元素不存在一样。例如在图 5-2 中，当 Box-1 浮动后，Box-2 就顶到了 Box-1 的位置，相当于 Box-2 视 Box-1 不存在一样。但是，浮动元素并没有完全脱离标准流，这表现在浮动盒子会影响未浮动盒子中内容的排列，例如 Box-2 中的内容会跟在 Box-1 盒子之后进行排列，而不会忽略 Box-1 盒子的存在。

### 2. 多个盒子浮动

在 Box-1 浮动的基础上再设置 Box-2 也左浮动，代码(5-3. html)如下：

```
.son2{float:left;}
```

此时显示效果如图 5-4 所示(在 Box-3 中添加了一行文本)。可发现 Box-2 盒子浮动后仍然遵循上面浮动的规律，即 Box-2 的宽度也不再自动伸展，而且不再占据原来浏览器分配给它的位置。

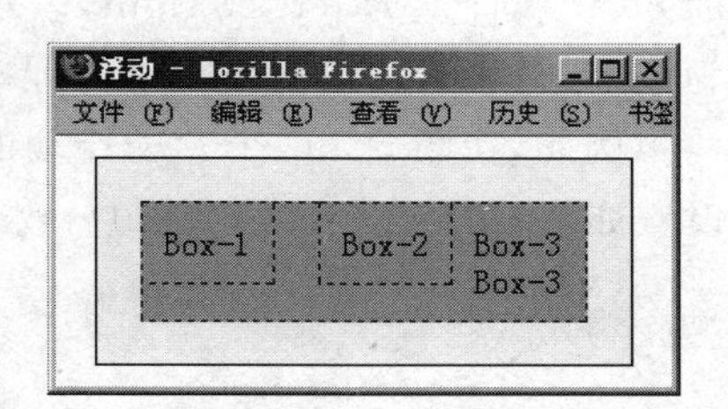


图 5-4　设置两个盒子浮动

如果将 Box-1 的浮动方式改为右浮动：. son1{float:right}，则显示效果如图 5-5 所示，可看到 Box-2 移动到了 Box-1 的前面，这说明元素浮动后其显示顺序和它们在代码中的位置可能并不一致。

接下来设置 Box-3 也左浮动：. son3{float:left}，则显示效果如图 5-6 所示。可发现 3 个盒子都浮动后，就产生了块级元素水平排列的效果。同时由于都脱离了标准流，导致其父元素中的内容为空。

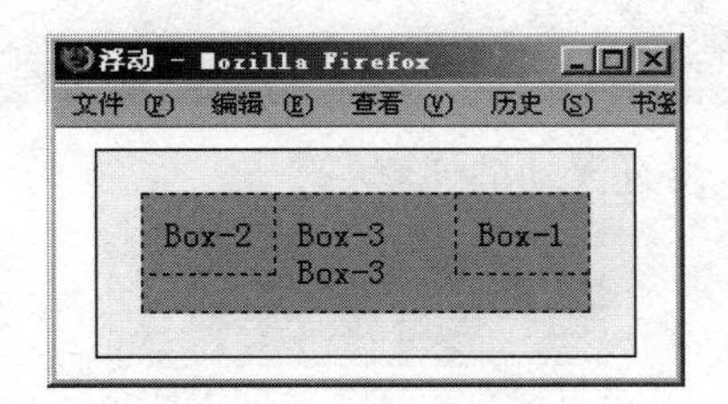


图 5-5　改变浮动方向

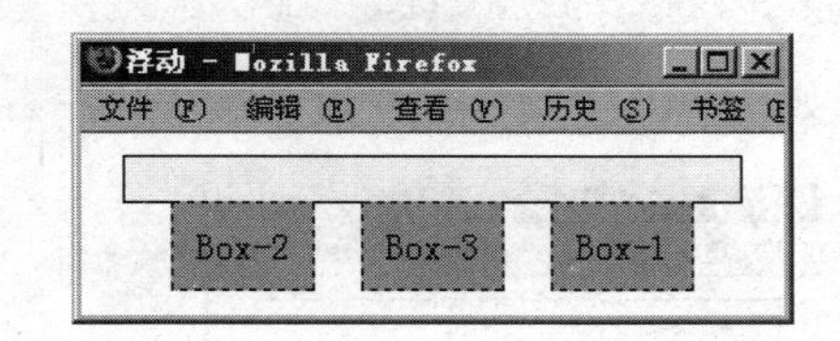


图 5-6　3 个盒子都浮动

对于多个盒子浮动，除了每个浮动盒子都遵循单个盒子浮动的规律外，还有以下两条规律：

(1) 多个浮动元素不会相互重叠，一个浮动元素的外边界(margin)碰到另一个浮动元素的外边界后便停止运动。

(2) 若包含的容器太窄，无法容纳水平排列的多个浮动元素，那么最后的浮动盒子会向下移动(见图 5-7)。但如果浮动元素的高度不同，那当它们向下移动时可能会被卡住(见图 5-8)。

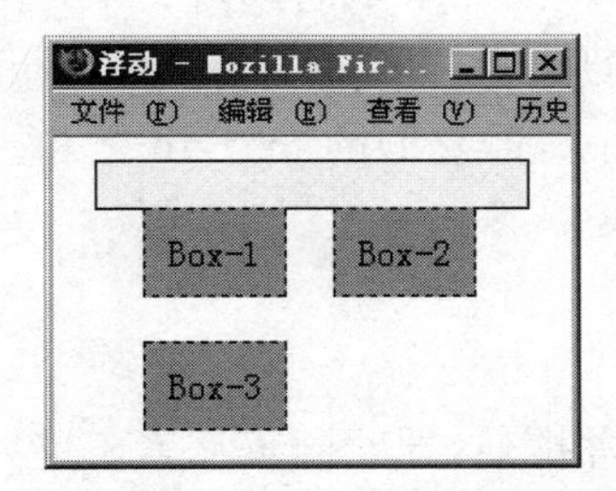


图 5-7　没有足够的水平空间

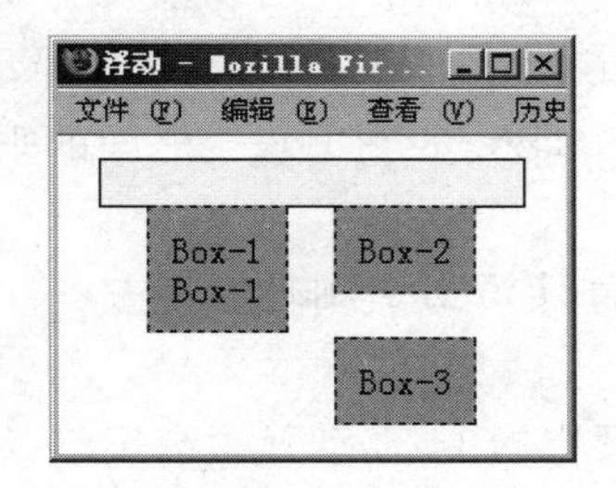


图 5-8　被 Box-1 卡住了

### 5.1.2 清除浮动元素的影响

clear 是清除浮动属性，它的取值有 left、right、both 和 none（默认值）。如果设置盒子的 clear 属性值为 left 或 right，表示该盒子的左边或右边不允许有浮动的元素。值设置为 both 则表示两边都不允许有浮动元素，因此该盒子将会在浏览器中另起一行显示。

例如，在图 5-5 两个盒子浮动的基础上，设置 Box-3 清除浮动，即在 5-1.html 基础上设置如下 CSS 代码（5-4.html），效果如图 5-9 所示。

```
.son1{float:right;}        .son2{float:left;}
.son3{clear:both;}
```

可以看到，对 Box-3 清除浮动（clear：both；），表示 Box-3 的左右两边都不允许有浮动的元素，因此 Box-3 移动到了下一行显示。

实际上，clear 属性既可以用在未浮动的元素上，也可以用在浮动的元素上，如果对 Box-3 同时设置清除浮动和浮动，即：

```
.son3{clear:both; float:left;}
```

则效果如图 5-10 所示，可看到 Box-3 的左右仍然没有浮动的元素。

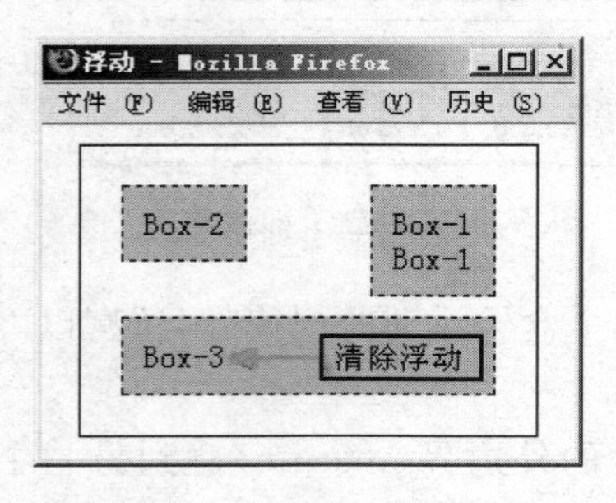


图 5-9 对 Box-3 清除浮动

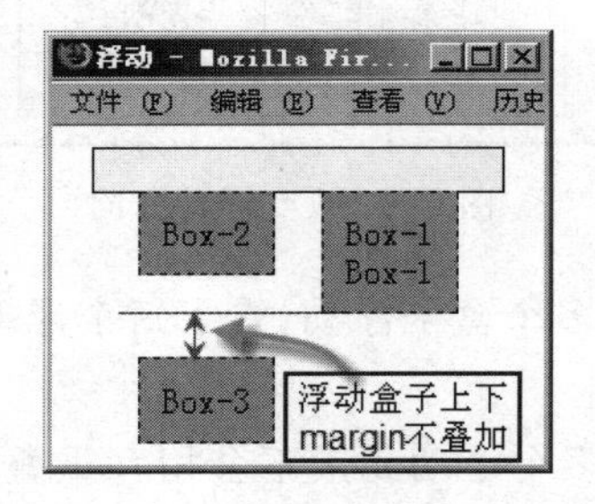


图 5-10 对 Box-3 设置清除浮动和浮动

由此可见，清除浮动是清除其他盒子浮动对该元素的影响，而设置浮动是让元素自身浮动，两者并不矛盾，因此可同时设置元素清除浮动和浮动。

由于上下 margin 叠加现象只会发生在标准流的情况下，而浮动方式下盒子的任何 margin 都不会叠加，所以设置盒子浮动并清除浮动后，上下两个盒子的 margin 不叠加。在图 5-10 中，Box-3 到 Box-1 之间的垂直距离是 20px，即它们的 margin 之和。

### 5.1.3 清除浮动影响的方法

在网页布局中，浮动元素会影响其他元素的正常排列，导致网页元素不能按人们的意愿显示。因此设置元素浮动后应尽量清除该元素浮动对其他元素的影响。对于下列两种情形应采用不同的方法清除浮动。

**1. 来自子元素的浮动**

如果一个父元素内所有的子元素都浮动，一定要记得对这个父元素作清除浮动处理。否则该父元素下面的元素会顶到浮动元素的位置上去（如图 5-11 所示），下面的代码（5-5. html）可清除子元素浮动对父元素的影响，其显示效果如图 5-12 所示。

```
div{padding:10px; margin:10px;
    border:1px dashed #111;     background-color:#9bf;  }
.father{background-color:#ff9;  border:1px solid #111;   }
    .cls {clear: both; }
    .son1{float:right; }        .son2{float:left;}
    .box3{background:#ccf;}
<div class="father">
        <div class="son1">Box-1<br />Box-1</div>
        <div class="son2">Box-2</div>
        <br class="cls">                          <!--这是清除浮动的元素-->
</div>
<div class="box3">Box-3</div>                     <!--父元素下面的元素-->
```

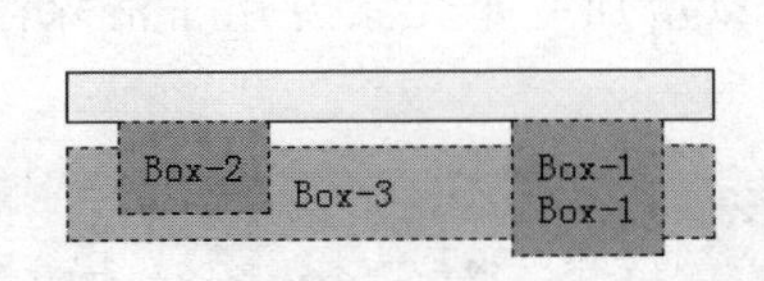

图 5-11　未清除子元素浮动时的效果

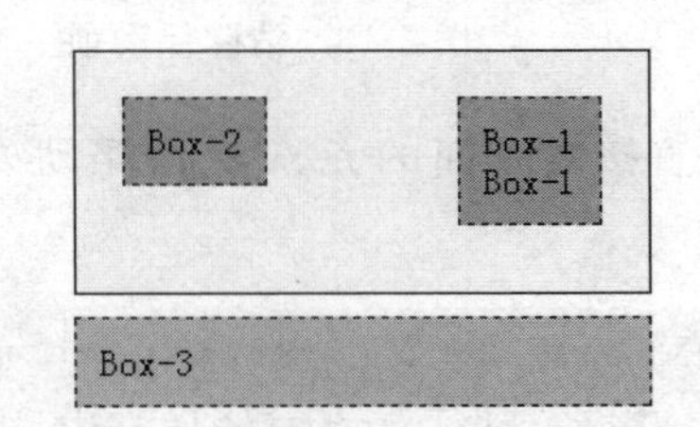

图 5-12　清除子元素浮动后的效果

这种方法添加了一个元素（. cls）专门用来清除浮动，如果不愿添加新元素，可使用伪元素的方式来设置清除浮动。下面的代码在父元素内部的末尾添加一个伪元素，使用伪元素清除浮动的经典代码（5-6. html）如下：

```
.father:after { content: ''; display: table; clear: both; }
.father { * zoom: 1; }                  /* 兼容 IE6、IE7,如不需要可去掉 */
```

**注意：** 对于一个父元素内的所有子元素都浮动，一种极其错误的做法是设置父元素的高度来掩饰浮动对它的影响，如. father{height:50px;}，这样做只是掩饰了浮动，并没有清除浮动的影响，虽然使父元素看起来正常了，但父元素下面的元素仍然会顶到上面去。

因此，在 CSS 布局时，如果发现一个元素移动到它原来位置的左上方或右上方，并且和其他元素发生了重叠，则很可能是受到了其他盒子浮动的影响。

**2. 来自兄弟元素的浮动**

如果一个元素前面的兄弟元素浮动(见图 5-13),则可以对紧邻该浮动元素的后一个元素作清除浮动处理。例如,不希望 Box-3 受前面兄弟元素浮动的影响,则可对 Box-3 清除浮动,代码(5-7.html)如下,显示效果如图 5-14 所示。

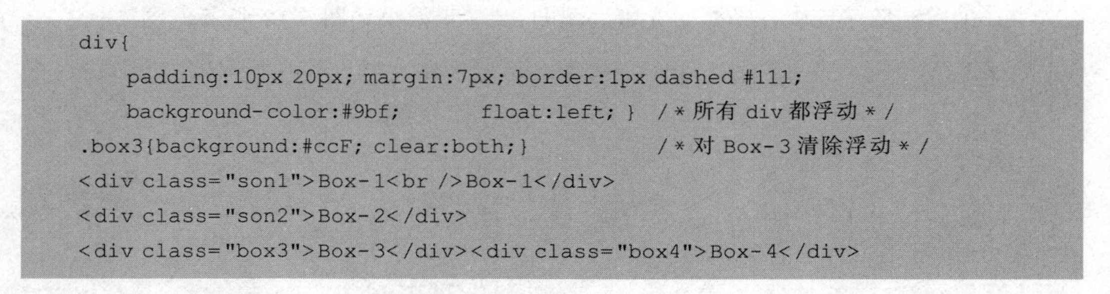

```
div{
    padding:10px 20px; margin:7px; border:1px dashed #111;
    background-color:#9bf;      float:left; }  /* 所有 div 都浮动 */
.box3{background:#ccF; clear:both;}            /* 对 Box-3 清除浮动 */
<div class="son1">Box-1<br />Box-1</div>
<div class="son2">Box-2</div>
<div class="box3">Box-3</div><div class="box4">Box-4</div>
```

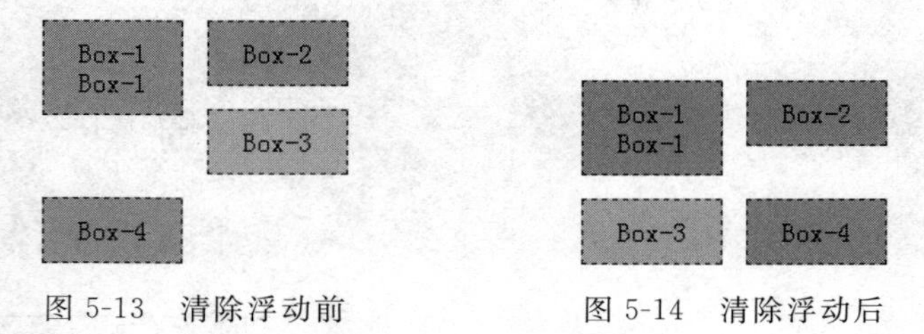


图 5-13　清除浮动前　　　图 5-14　清除浮动后

除了直接对后面的元素清除浮动外,还可以增加一个元素专用于清除浮动,代码如下:

```
<div class="son1">Box-1<br />Box-1</div><div class="son2">Box-2</div>
<br class="cls" style="clear:both">            <!--增加一个清除浮动的元素-->
<div class="box3">Box-3</div><div class="box4">Box-4</div>
```

虽然增加一个元素使代码变得冗余,但这样使每个元素的功能变得更加清晰,因此推荐使用。

**3. 避免滥用浮动**

由于元素浮动会对其他元素的布局产生影响,因此应避免滥用浮动,下面是两种滥用浮动的典型场景。

(1) 为了使元素宽度收缩而设置浮动,由于浮动元素的宽度会自动收缩(称为主动包裹),于是就用浮动属性代替 width 属性。实际上,如果只需要改变元素的宽度,应设置 width 属性,而不是 float。

(2) 为了清除浮动的影响而浮动,清除浮动正确的做法是使用 clear 属性(例如图 5-9 中的 Box-3),但如果对 Box-3 设置 float 属性,再设置 width 值,似乎也能达到图 5-9 中的效果,但实际上这种错误的做法将导致更多的元素受到浮动的影响而布局混乱。因此,如果要清除浮动应对相应的元素设置 clear 属性,而不是 float。

## 5.2 浮动的应用举例

利用单个盒子浮动，可制作出图文混排及首字下沉等效果。利用多个盒子浮动，则可制作出水平导航条等效果。

### 5.2.1 图文混排及首字下沉效果

如果将一个盒子浮动，另一个盒子不浮动，那么浮动的盒子将被未浮动盒子的内容所环绕。如果这个浮动的盒子是图像元素，而未浮动的盒子是一段文本，那么就实现了图文混排效果。示例代码(5-8.html)如下，效果如图5-15所示。

```
<style>
img{
    border:1px gray dashed; margin:10px 10px 10px 0;
    padding:5px; float:left;                    /* 设置图像元素浮动 */     }
p{ margin:0;
    font:14px/1.5 "宋体"; text-indent: 2em;   }
</style>
<img src="images/sheshou.jpg" />
<p>在遥远古希腊的大草原中,……这就是"人马族"。</p>
<p>人马族里唯独的一个例外--奇伦……</p>
```

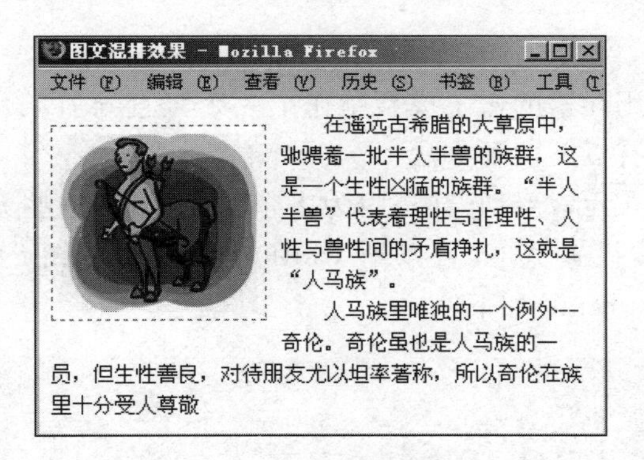


图5-15 图文混排效果

在图文混排的基础上让第一个汉字也浮动，同时变大，则出现了首字下沉的效果，添加的CSS代码(5-9.html)如下，效果如图5-16所示。

```
p:first-letter{font-size:3em; float:left;}
```

如果将第一个段落浮动，则出现了文章导读框效果，代码(5-10.html)如下，效果如图5-17所示。

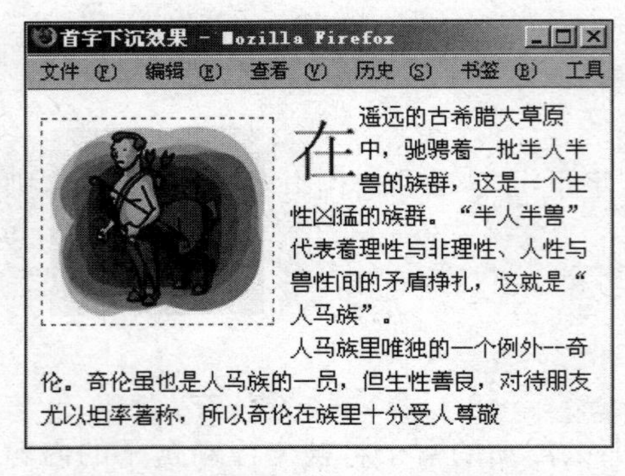


图 5-16 首字下沉和图文混排效果

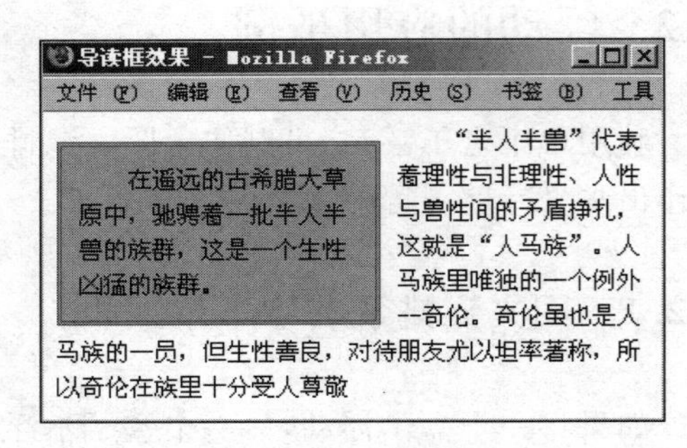


图 5-17 导读框效果

```
p{  margin:0; font-size:14px; line-height:1.5;
    text-indent: 2em;  }
p:first-child{  width:160px; float:left;      /*第一个段落浮动*/
    margin:10px 10px 0 0; padding:10px;
    border:3px gray double; background:#9BD;     }
<p class="p1">在遥远的古希腊大草原中……</p>
  <p>"半人半兽"代表着理性与非理性……</p>
```

从以上 3 个例子可以看出，网页中无论是图像还是文本，对于任何元素，在排版时都应视为一个盒子，而不必在乎元素的内容是什么。

## 5.2.2 水平导航条

在 4.6.3 节中，利用元素的盒子模型制作了一个竖直导航条。如果要把这个竖直导航条变为水平导航条，有以下两种方法：

方法一，设置所有 a 元素浮动，这是因为多个元素浮动，这些元素就会水平排列。当然水平导航条一般不需设置宽度，可以把 width 属性去掉。图 5-18 是水平导航条的效果，它的结构代码(5-11.html)如下：

```
<div id="nav">
    <a href="#">首 页</a><a href="#">中心简介</a>
    …<a href="#">技术支持和服务</a>
</div>
```

| 首 页 | 中心简介 | 政策法规 | 常用下载 | 为您服务 | 技术支持和服务 |
|---|---|---|---|---|---|

图 5-18 水平导航条

CSS 样式主要是给元素设置盒子和背景属性，代码如下：

```
#nav{font-size: 14px;}
```

```
#nav a {
    color: red; background-color: #9CF;
text-align: center; text-decoration: none;
    padding:6px 10px 4px; border: 1px solid #39F;
    float:left;                          /* 使 a 元素浮动,实现水平排列 */  }
#nav a+a{margin-left:5px;}               /* 设置第 2 到最后一个 a 元素有 5px 的左间距 */
#nav a:hover {color: white; background-color: #930; }
                                         /* 设置前景色和背景色 */
```

**提示：**

(1) 本例使用了相邻选择器(#nav a+a)选中了除第 1 个 a 元素之外的其他 a 元素，再给它们设置左边距，这样就实现了第一个 a 元素没有左边距。

(2) 设置了浮动后元素将自动以块级元素显示，因此就不需要再对#nav a 选择器添加 display:block 属性了，因为这是多余的。

方法二，将所有 a 元素的 display 属性设置为 inline-block，inline-block 元素兼有块级元素和行内元素的特点，表现在它可以像块级元素一样设置宽度和高度，同时它又像行内元素一样是从左到右排列，宽度不会自动伸展。其 CSS 关键代码如下：

```
#nav a {              …
    display: inline-block; }            /* 将 5-11.html 的 float:left;改成这条 */
```

### 5.2.3 新闻栏目框

在网站的首页中，文字内容一般被组织成栏目框的形式。网站是按栏目组织内容的，因此栏目框是最常见的网页界面元素，掌握栏目框的制作是网页制作中一项重要的基本功。如图 5-19 所示的是一种简洁风格的栏目框。

| 基层动态 | 更多>> |
|---|---|
| 计算机科学与技术系成功举办毕业生欢送会 | 2017-06-15 |
| 后勤管理处成功举办创建党员示范宿舍动员大会 | 2017-06-15 |
| 会计系成功举办2017届学生毕业典礼 | 2017-06-14 |
| 土木工程学院学生喜获佳绩 | 2017-06-14 |
| 会计系举办2017年专接本、考研、国考经验交流会 | 2017-06-14 |

图 5-19 栏目框示例

栏目框可分为栏目标题栏和内容列表区。对于栏目标题栏，常见的结构代码如下：

```
<div class="title">
    <h2>基层动态</h2>
      <span class="more"><a href="more.htm">更多 &gt;&gt;</a></span>
</div>
```

可见，栏目标题栏由两部分组成，即左边的栏目标题和右边的“更多”链接，因此需要两个 HTML 元素来存放。为了将栏目标题栏组合成一个整体，使用了一个 div 元素将这两个元素包裹起来。

对于“更多”链接，之所以将其放入一个 span 元素中，是为了将 CSS 布局样式和 CSS 文本样式分离。即对 span 元素设置布局样式，而对 a 元素设置文本样式。span 元素在这里起到了布局元素的作用。

对于内容列表区域，从语义上看，它是一个典型的无序列表，因此使用 ul 元素来描述列表区域，其结构代码如下：

```
<ul class="list_one">
  <li><a href="1.htm">计算机科学与技术系……</a><b>07-25</b></li>
       …
   <li><a href="5.htm">会计系举办 2017 年……</a><b>07-06</b></li>
</ul>
```

然后将标题栏代码和内容列表区域代码用一个 div 元素包含起来，即得到栏目框的完整结构代码(5-12.html)如下：

```
<div class="news">
<div class="title">
    <h2>基层动态</h2>
      <span class="more"><a href="more.htm">更多 &gt;&gt;</a></span>
 </div>
<ul class="list_one">
   <li><a href="1.htm">计算机科学与技术系举办毕业生</a><b>07-25</b></li>
         …
   <li><a href="5.htm">会计系举办 2017 年专接本交流会</a><b>07-06</b></li>
</ul>
</div>
```

**提示**：由于在网页中一般有多个栏目框，因此对栏目框中的元素一般设置 class 属性，而不设置 id 属性，从而使栏目框的样式代码可以被很多个风格相似的栏目框共用。

接下来设置栏目框的样式，从外表来看，栏目框的文本样式主要是设置文字大小和行距。栏目框的布局样式主要是要使栏目标题和“更多”链接分布在容器两端。新闻标题和日期也分布在容器的两端。这称为两端对齐，要实现两端对齐，主要有以下 3 种方法。

(1) 左右都浮动法：设置左边的元素左浮动，右边的元素右浮动。这时由于两个盒子都浮动，不占据外围容器的空间，所以还必须设置外围盒子的高度，或设置外围盒子清除浮动，使它能包含住两个浮动的盒子。标题栏的 CSS 样式代码(5-12.html)如下：

```
.news{ width:420px;  margin-left: 20px;}
.title {
```

```
    height: 40px; line-height: 40px;        /* 设置标题栏高度并使内容垂直居中 */
    border-bottom: 2px solid #025483;}
.title h2{height: 40px;
    float: left;                            /* 标题左浮动 */
    font-size: 18px; color: #000;
  margin:0;                                 /* 去掉 h2 标记的默认上下边界 */
  }
.title .more{
    float: right;                           /* "更多"右浮动 */
    height: 22px;
        padding-right:10px;}                /* "更多"右边保留一点间距 */
.more a{font-size:14px; text-decoration:none; color:#666;}
```

内容列表区域的CSS样式代码(5-12.html)如下:

```
.list_one {
    min-height: 245px;                          /* 设置内容区域的最小高度 */
    margin-top:10px;                            /* 设置第一条新闻上面的间隙 */}
.list_one li {
    line-height: 30px;height:30px;              /* 垂直居中 */
    color: #999;font-size: 14px;
    padding-left: 2px;    }
.list_one li a {float: left;                    /* 标题左浮动 */}
.list_one li b {float: right; font-weight:normal;       /* 日期右浮动 */ }
```

(2) 右边元素右对齐法：这种方法仍然设置左边元素左浮动，但设置右边的元素不浮动，并将它设置为块级元素，使得该元素的盒子能伸展到整行，再设置它的内容右对齐，而浮动元素位于其左边，则效果一样。以内容区域为例，关键CSS代码(5-13.html)如下：

```
.list_one li b { float: right; … }            /* 删除 5-12.html 中的 float: right; */
.list_one li {     …
    text-align:right; }                       /* 在 5-12.html 基础上添加这行 */
```

说明：这种方法实际上可将包裹日期的b元素去掉。

(3) 左右元素颠倒法：首先在HTML代码中将右边的日期写在左边的标题前面，然后设置日期元素右浮动即可，这样标题元素就不需要左浮动了。需要注意的是，这种方法最好将右边的日期写在前面，否则在IE7中浮动的日期元素会换行。关键CSS代码(5-14.html)如下：

```
<li><b>07-25</b><a href="1.htm">计算机科学与技术系……</a></li>
```

再将5-12.html中下面这条语句删除即可。

```
.list_one li a {float: left;}                    /* 删除该行这句 */
```

**内容区域文本溢出的解决办法**

在动态网站中，栏目框内容列表中的标题一般读取自数据库，这时经常会出现标题过长而栏目框容纳不下的情况。为此，CSS3 提供了 text-overflow 属性用来裁切过长的文本。语法如下：

```
text-overflow : clip | ellipsis
```

取值为 ellipsis 时表示当元素内文本溢出时就裁切并添加省略号，而 clip 表示只进行裁切不添加省略号。

在实际应用中，该属性必须配合另外两条属性一起使用才有效果，示例代码如下：

```
.list_one li {
    text-overflow: ellipsis;                    /* 文本溢出则裁切 */
    white-space: nowrap;                        /* 强制不换行 */
    overflow: hidden;                           /* 溢出内容隐藏 */  }
```

但是，text-overflow 属性只适用于 block 或 inline-block 的元素，因为元素需要有一个固定的宽度才能裁切文本。而浮动元素脱离了标准流，是没有宽度限制的。

因此，只有第 3 种"左右元素颠倒法(5-14. html)"才能应用上面的示例代码实现自动裁切过长文本的效果，其他两种方法由于标题元素都设置了左浮动，必须对浮动元素设置一个固定宽度，再将上述代码应用于 a 元素而不是 li 元素才有效果。

### 5.2.4 微博对话框

图 5-20 所示是一个微博对话框，这是一种典型的左右结构。按一般的制作思路来说，可能是让左边和右边的元素都浮动，从而实现左右排列。但实际上还有一种更简单的方法，就是只让左边的元素浮动，再对右边的元素设置足够宽的左外边距(margin-left)，以空出左边元素的位置。结构代码(5-15. html)如下：

```
<div class="weibo">
    <img class="userPic" src="images/head01.jpg" width="60" height="60" />
    <strong class="userName">张丽英</strong>
  <p class="intro">关心章莹颖案的华人律师……</p>
</div>
```

CSS 代码如下：

```
.weibo{font-size:14px; width:40%;}
.userPic{float:left;padding: 5px; border: 1px solid #ccc;}
```

张丽英
关心章莹颖案的华人律师邓洪6日与美国刑事鉴定专家李昌钰就此案讨论，并于今晨向法制晚报记者透露了李昌钰博士对章莹颖案的看法。李昌钰认为章莹颖仍有生还的可能性，FBI 应该全力出动来寻找所有线索，尽快找到章的下落。……


图 5-20　微博对话框

```
.userName{float:left;clear:left; width:60px; text-align:center; margin:6px;}
.intro{margin-left:82px; padding:10px;background-color: #EEF7FF;
        border:1px solid #ccc; line-height:1.8em; }
```

这种方式的优点在于：

(1) 结构代码更简洁，且更符合语义。

(2) 只要不设置右边元素的宽度，就能制作出左边元素宽度固定，右边元素可变宽度的效果。

## 5.3　相对定位

利用浮动属性定位只能使元素浮动形成图文混排或块级元素水平排列的效果，其定位功能仍不够灵活强大。本节介绍的在定位属性下的定位能使元素通过设置偏移量定位到页面或其包含框的任何一个地方，定位功能非常灵活。

### 5.3.1　定位属性和偏移属性

为了让元素在定位属性下定位，需要对元素设置定位属性 position，position 的取值有 4 种，即 relative、absolute、fixed 和 static。其中 static 是默认值，表示不使用定位属性定位，也就是盒子按照标准流或浮动方式排列。因此定位属性的取值中用得最多的是相对定位(relative)和绝对定位(absolute)，本节主要介绍它们的作用。

偏移属性是指 top、left、bottom、right 这 4 个属性，为了使元素在定位属性下从基准位置发生偏移，偏移属性必须和定位属性配合使用，left 指相对于定位基准的左边向右偏移的值，top 指相对于定位基准的上边向下偏移的值。取值可以是像素或百分比。例如：

```
#mydiv {position: absolute; left: 50%; top: 30px;}
```

偏移属性仅对设置了定位属性的元素有效，因此一定要设置了定位属性才能设置偏移属性。

### 5.3.2　相对定位的特点

使用相对定位的盒子的位置依据常以标准流的排版方式为基础，然后使盒子相对于它原来的标准位置偏移指定的距离。相对定位的盒子仍在标准流中，它后面的元素仍以标准流方式对待它，因此相对定位元素占据的空间会被保留。

具体来说，如果将一个元素定义为相对定位(position: relative;)，那么它将保持在原来的位置上不动。如果再对它设置 top、left 等属性进行垂直或水平方向偏移，那么它将"相对于"它原来的位置发生移动。例如图 5-21 中的 em 元素就是通过设置相对定位再设置位移让它"相对于"原来的位置向左下角偏移，同时它原来的位置仍然不会被其他元素占据。代码(5-16. html)如下：

```
em {
    background-color: #0099FF;
    position: relative; left: 60px; top: 30px;}
p {
    padding: 25px; border: 2px solid #933; background-color: #dbfdba;}
<p>在远古时代,<em>人类与神都同样居住在地上</em>,一起……</p>
```

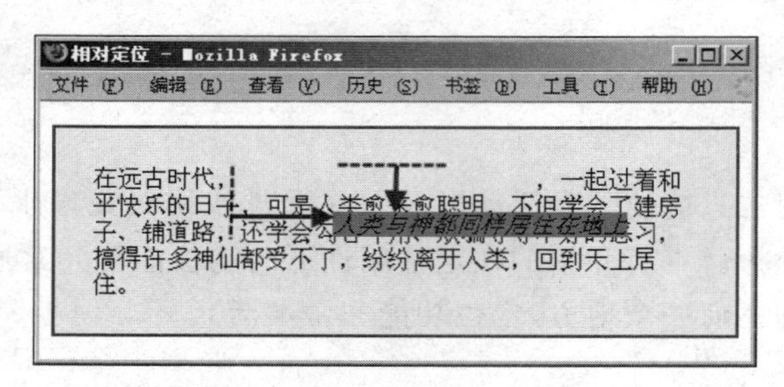


图 5-21　设置 em 元素为相对定位

可以看到，元素设置为相对定位后有两点会发生：

(1) 元素原来占据的位置仍然会保留，也就是说，相对定位的元素未脱离标准流；

(2) 因为是使用了定位属性的元素，所以会和其他元素发生重叠。

设置元素为相对定位的作用可归纳为两种：一是让元素相对于它原来的位置发生位移，同时不释放原来占据的空间；二是让元素的子元素以它为定位基准进行定位，同时它的位置保持不变，这时相对定位的元素成为包含框，一般是为了帮助其子元素进行绝对定位。

### 5.3.3　相对定位的应用举例

#### 1. 鼠标指针滑过时向右下偏移的链接

在有些网页中，当鼠标指针滑动到超链接上方时，超链接的位置会发生轻微的移动，如向左下方偏移，让人觉得链接被鼠标指针拉上来了，如图 5-22 所示。

这种效果的主要原理就是运用了相对定位。在 CSS 中设置 a 元素为相对定位，当鼠标指针滑过时，就让它相对于原来的位置发生偏移。CSS 代码(5-17. html)如下：

首 页 中心简介 政策法规 常用下载 为您服务

图 5-22　偏移的超链接(当鼠标指针悬停时向左下方偏移)

```
a:hover {
    color: red; position: relative; right: 2px; top: 3px; }
```

还可以给这些链接添加盒子,那么盒子也会按上述效果发生偏移,如图 5-23 所示。

首 页 中心简介 政策法规 常用下载 为您服务

图 5-23　给链接添加盒子,同样会偏移

### 2. 制作简单的阴影效果

在 4.7.3 节中,即便要制作如图 4-66 所示的简单阴影效果都需要用到一张"左上边"的图片。实际上,可以利用相对定位技术,不用一张图片也能制作出和图 4-66 相同的简单阴影效果。它的原理是在 img 元素外套一个外围容器,将外围容器的背景设置为灰色,作为 img 元素的阴影,同时不设置填充边界等值使外围容器和图片一样大,这时图像就正好把外围容器的背景完全覆盖。再设置图像相对于原来的位置往左上方偏移几个像素,这样图像的右下方就露出了阴影盒子右边和下边部分的背景,看起来就是 img 元素的阴影了。代码(5-18.html)如下,效果如图 4-66 所示。

```
.shadow img {
    padding: 6px; border: 1px solid #465B68; background-color: #fff;
    position: relative; left: -5px; top: -5px;}        /* 向左上方偏移 */
div.shadow {
    background-color: #ccc;
    float:left;                                 /* 使 div 盒子收缩,和 img 一样大 */
    }
<div class="shadow"><img src="works.jpg" /></div>
```

### 3. 固定宽度网页居中的相对定位法

使用相对定位法可以实现固定宽度的网页居中,该方法首先将包含整个网页的包含框 container 进行相对定位使它向右偏移浏览器宽度的 50%,这时左边框位于浏览器中线的位置上,然后使用负边界将它向左拉回整个页面宽度的一半,如图 5-24 所示,从而达到水平居中的目的。代码(5-19.html)如下:

```
#container {position:relative;
    width:760px; left:50%; margin-left:-380px;}
    <div id="container">将网页内容放置在该处</div>
```

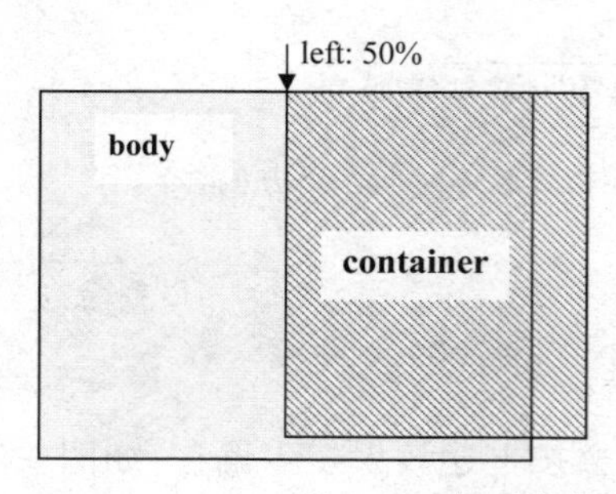

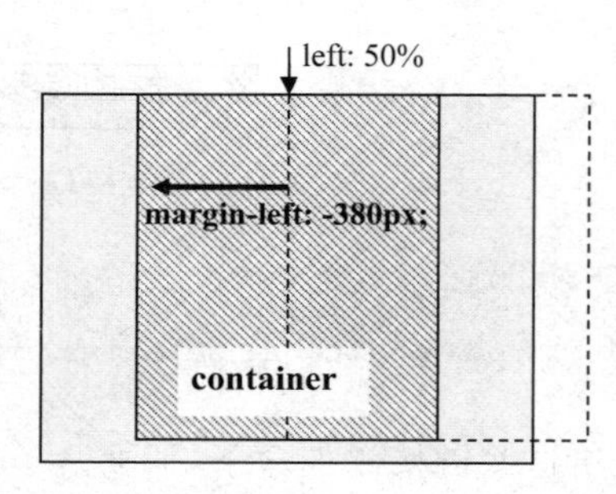


图 5-24　相对定位法实现网页居中示意图

这段代码的意思是，设置 container 的定位是相对于它原来的位置，而它原来默认的位置是在浏览器窗口的最左边，然后将其左边框移动到浏览器的正中央，这是通过"left：50％"实现的，这样就找到了浏览器的中线。再使用负边界法将盒子的一半宽度从中线位置拉回到左边，从而实现了水平居中。

**想一想**：如果把 # container 选择器中（left：50％；margin-left：－380px；）改为（right：50％；margin-right：－380px；），还能实现居中吗？

另外，大家知道 div 中的内容默认情况下是顶端对齐的，有时希望 div 中内容垂直居中，如果 div 中只有一行内容，可以设置 div 的高度 height 和行高 line-height 相等。而如果 div 中有多行内容，更一般的方法就是上面这种相对定位的思想，把 div 中的内容放入到一个子 div 中，让子 div 相对于父 div 向下偏移 50％，这样子 div 的顶部就位于父 div 的垂直中线上，然后再设置子 div 的 margin-top 为其高度一半的负值。

## 5.4　绝对定位和固定定位

### 5.4.1　绝对定位

绝对定位是指元素的位置以它的包含框为基准进行定位。绝对定位的元素完全脱离了标准流，漂浮在网页上，不占据网页空间，不影响其他元素的排列。绝对定位元素宽度会自动收缩，以行内块（inline-block）元素显示。

绝对定位的偏移值是指从它的包含框边框内侧到元素的外边界之间的距离，如果修改元素的 margin 值会影响元素内容的显示位置。

#### 1. 一般情况下的绝对定位

如果将相对定位示例（5-16. html）中 em 的定位属性值由 relative 改为 absolute，那么 em 将按照绝对定位方式定位（见图 5-25），可见，它将以浏览器窗口左上角为基准定位，配合 left、top 属性值进行偏移，同时 em 元素原来占据的位置将消失，也就是说，它脱离了标准流，其他元素当它不存在了一样。em 选择器的代码（5-20. html）如下：

```
em {background-color: #09f;
    position:absolute; left: 60px; top: 30px;}
```

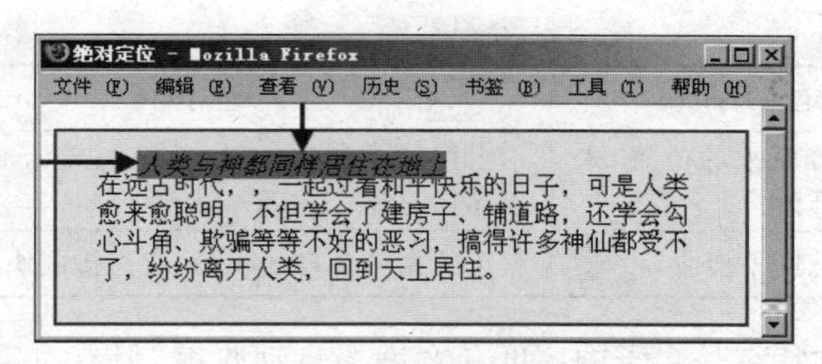


图 5-25　设置 em 元素为绝对定位

但要注意的是，设置为绝对定位（position:absolute;）的元素，并非总是以浏览器窗口为定位基准的。实际上，绝对定位元素是以它的包含框为基准进行定位的。所谓包含框，是指距离它最近的设置了定位属性的父级元素的盒子。如果它所有的父级元素都没有设置定位属性，那么包含框就是浏览器窗口。

下面对 em 元素的父级元素 p 设置定位属性，使 p 元素成为 em 元素的包含框。这时，em 元素就不再以浏览器窗口为基准进行定位了，而是以它的包含框 p 元素的盒子为基准进行定位，效果如图 5-26 所示。对应的 CSS 代码（5-21.html）如下：

```
p { background-color: #dbfdba;
    padding: 25px; border: 2px solid #6c4788;
    position:relative;}                          /* 让 p 元素成为包含框 */
em {background-color: #09f;
    position:absolute; left: 60px; top: 40px;     }
```

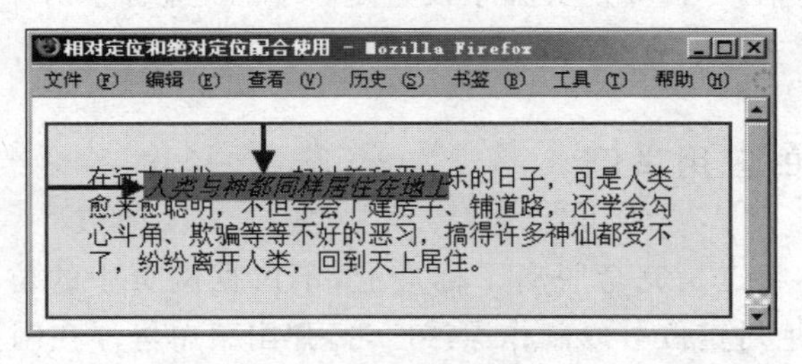


图 5-26　设置 em 为绝对定位同时设置 p 为相对定位

上述代码就是相对定位和绝对定位配合使用的例子，这种方式非常有用，可以让子元素以父元素为定位基准进行定位。

**提示**：绝对定位是以它的包含框的边框内侧为基准进行定位，因此改变包含框的填充值不会对绝对定位元素的位置造成任何影响。

表 5-1 对相对定位和绝对定位的特点进行了比较。

**表 5-1　相对定位和绝对定位的比较**

| 比较项目 | 相对定位(relative) | 绝对定位(absolute) |
| --- | --- | --- |
| 定位基准 | 以该元素原来的位置为基准 | 元素以距离它最近的设置了定位属性的父级元素为定位基准，若它所有的父级元素都没设置定位属性，则以浏览器窗口为定位基准 |

续表

| 比较项目 | 相对定位(relative) | 绝对定位(absolute) |
| --- | --- | --- |
| 原来的位置 | 还占用着原来的位置，未脱离标准流 | 不占用其原来的位置，已经脱离标准流，其他元素就当它不存在一样 |
| 宽度 | 盒子的宽度不会收缩 | 盒子的宽度会自动收缩，成为行内块元素 |

绝对定位元素的特点是盒子的高度和宽度会自动收缩，但有时需要得到固定大小的绝对定位元素，为此，有以下两种方法可实现自定义绝对定位元素的大小：

(1) 设置绝对定位元素的两个偏移属性 left、top(或 right、bottom)，再设置该元素的 width 和 height 属性，则该元素的位置和大小都确定了。

(2) 设置绝对定位元素的 4 个偏移属性 left、top、right、bottom，则该元素的大小会根据父元素的大小和 4 个偏移属性计算得到。

**2. 无包含框无偏移的绝对定位**

如果一个绝对定位元素无包含框，又没有设置偏移属性，那么它将保持在它原来的位置上不动，但不占据原来的位置，也就是说，漂浮在它原来的位置上不动，如果再对它设置 margin 属性，就可以让它以原来的位置为基准任意偏移。例如：

```
em {background-color:rgba(0,163,255,.5);
   position: absolute;}                          /* 无包含框无偏移属性的绝对定位 */
```

这种方式代码简洁，不需要对父元素设置定位属性，适合于对小图标等进行定位，具体实例请看 5.4.2 节中“缺角的导航条”。

## 5.4.2 绝对定位的应用举例

绝对定位元素的特点是完全脱离了标准流，不占据网页中的位置，而是悬浮在网页上。利用这个特点，绝对定位可以制作漂浮广告，弹出菜单等浮在网页上的元素。如果希望绝对定位元素以它的父元素为定位基准，则需要对它的父元素设置定位属性(一般设置为相对定位)，使它的父元素成为包含框，这就是绝对定位和相对定位的配合使用(简称“父相子绝”)。“父相子绝”的应用非常常见，下面列举几例。

**1. 缺角的导航条**

图 5-27 是一个缺角的导航条，这是一个定位基准和绝对定位技术结合的典型例子(或者利用无包含框无偏移的绝对定位技术)，下面来分析它是如何制作的。

图 5-27 缺角的导航条

首先，如果这个导航条没有缺角，那么这个水平导航条完全可以通过盒子在标准流及浮动方式下的排列来实现，不需要使用定位属性。其次，缺的这个角是通过一个元素的盒子叠放在导航选项盒子上实现的，它们之间的位置关系如图 5-28 所示。

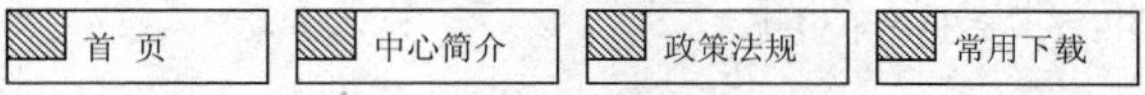

首 页　中心简介　政策法规　常用下载

图 5-28　缺角的导航条元素盒子之间的关系

形成缺角的盒子实际上是一个空元素，该元素的左边框是 8px 宽的白色边框，下边框是 8px 宽的蓝色边框，它们交汇就形成了斜边效果，如图 5-29 所示。

图 5-29　缺角处是一个左白、下蓝边框的空元素

可以看出，导航项左上角的盒子必须以导航项为基准进行定位，因此必须设置导航项的盒子为相对定位，让它成为一个包含框，然后将左上角的盒子设置为绝对定位，使左上角的盒子以导航项为基准进行定位，并且还使左上角盒子不占据网页空间。

下面将这个实例分解成几步来做。

(1) 本例采用 div 元素做导航条，a 元素表示导航项，因为 a 元素里面还要包含一个元素做三角形，所以应在 a 元素中添加任意一个行内元素，这里选择 b 元素，它的内容应为空。结构代码(5-22.html)如下：

```
<div id="nav4">
    <a href="#"><b></b>首 页</a><a href="#"><b></b>中心简介</a>
     …
     <a href="#"><b></b>技术支持</a>
</div>
```

(2) 因为要设置 a 元素的边框填充等值，所以设置 a 元素为块级元素显示，而要让块级元素水平排列，必须设置这些元素为浮动。当然，设置为浮动后元素将自动以块级元素显示，因此也可以将 a 元素的“display: block;”去掉。同时，要让 a 元素成为其子元素的包含框，必须设置 a 元素的定位属性为 relative。因此，a 元素的 CSS 代码如下：

```
#nav4 a {
    display: block; background-color: #79bcff;
    font-size: 14px; color: #333; text-decoration: none;
    border-bottom:8px solid #99CC00;           /* 以上 5 条为普通 CSS 样式设置 */
    float: left;
    padding: 6px 10px 4px 10px;        margin:0 2px;
    position:relative;}                          /* 让 a 元素作为 b 元素的定位基准 */
```

(3) 接下来设置 b 元素为绝对定位,让它以 a 元素为包含框进行定位。由于 b 位于 a 的左上角,必须设置偏移属性 left:0 和 top:0。由于 b 元素中没有内容,所以此时看不见 b 元素。然后设置 b 元素的左边框为白色,下边框为 a 元素的背景色。这样就出现了三角形的效果。b 元素的 CSS 代码如下:

```
#nav4 a b {
    border-bottom: 8px solid #79bcff;
    border-left: 8px solid #ffffff;          /* 左边框和下边框交汇形成三角形效果 */
    overflow: hidden; height: 0;             /* 这两条为兼容 IE6,使空元素高度为 0 */
    position: absolute;
    left:0; top:0;     }                     /* 相对于 a 元素边框内侧的左上角定位 */
```

(4) 最后为导航条添加交互效果,只需设置鼠标指针经过时 a 元素的字体、背景色改变,b 元素下边框颜色改变就可以了。代码如下:

```
#nav4 a:hover {
    color: #c00;    background-color: #ccc;    border-bottom-color: #cf3;  }
#nav4 a:hover b {
    border-bottom-color: #ccc;  }
```

如果要采用无包含框无偏移的绝对定位技术来实现该例,则只要将 5-22.html 中 a 元素的定位属性去掉,使 b 元素无包含框,再将 b 元素的偏移属性删除,由于 a 元素设置了填充值,b 元素必须设置 margin 在原来位置上向左上方移动,具体修改代码如下:

```
#nav4 a {… position:relative;}                /* 删除 position 属性 */
#nav4 a b {… left:0;  top:0;                  /* 删除偏移属性 */
        margin:-6px  0 0 -10px; }             /* 添加 margin 属性 */
```

网上还有很多这种带有三角形的导航条,例如在图 5-30 中,在默认状态时将三角形隐藏,而鼠标指针滑过时会显示三角形。

校情概览 | 人才培养 | 科学研究 | 师资信息 | 学术交流 | 招生就业

图 5-30 带有三角形的导航条

**2. 小提示窗口**

通常所有的 HTML 标记都有一个 title 属性。添加该属性后,当鼠标指针停留在元素上时,会显示 title 属性里设置的文字。但用 title 属性设置的提示框不太美观。实际上,可以用绝对定位元素来模拟小提示框,由于这个小提示框必须在其解释的文字盘边出现,所以要把待解释的文字设置为相对定位,作为小提示框的定位基准。

下面是 CSS 小提示框的代码(5-23.html),它的显示效果如图 5-31 所示。

```
    <style>
    a.tip{
        color:red; text-decoration:none;
        position:relative;}                          /* 设置待解释的文字为定位基准 */
    a.tip span {display:none; position:absolute;  /* 默认状态下隐藏小提示窗口 */
    top:15px; left:-30px; width:100px; }         /* 设置小提示窗口的位置和大小 */}
    a.tip:hover {cursor:hand;               /* 当鼠标指针滑过时将鼠标指针设置为手形 */
            z-index:999;}
    a.tip:hover .popbox {
        display:block;                           /* 当鼠标指针滑过时显示小提示窗口 */
        background-color:#444; color:#fff; padding:10px;
    z-index:999; }                          /* 设置很大的层叠值防止被其他 a 元素覆盖 */
</style>
<body><p>Web 前台技术:<a href="#" class="tip">Ajax<span class="popbox">Ajax
是一种浏览器无刷新就能和 web 服务器交换数据的技术</span></a>技术和
<a href="#" class="tip">CSS<span class="popbox">Cascading Style Sheets 层叠样
式表</span></a>的关系</p></body>
```

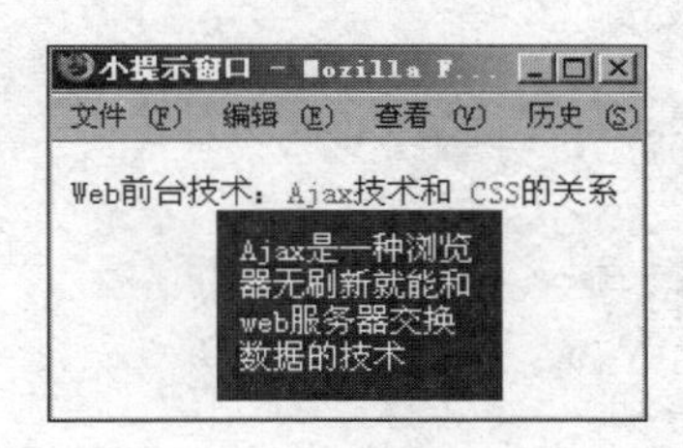


图 5-31 小提示窗口的效果

### 3. CSS 下拉菜单

下拉菜单是网页中一种常见的界面元素，如图 5-32 所示，其水平导航条代表一级导航，而弹出的下拉菜单表示二级导航。因此，下拉菜单的作用是建立二级导航，这对于具有二级栏目分类的网站来说是必要的。过去下拉菜单一般采用 JavaScript 制作，而现在由于浏览器对 CSS 支持的完善，一般使用 CSS 来制作下拉菜单，CSS 下拉菜单具有代码简洁、占用资源少的特点。

图 5-32 下拉菜单示例

下拉菜单的特点是弹出时悬浮在网页上，不占据网页空间，所以放置下拉菜单的元素必须设置为绝对定位，而弹出的下拉菜单的位置是依据它的导航项来定位的，所以导航项应该设置为相对定位，作为下拉菜单元素的定位基准。在默认状态下，设置下拉菜单元素的 display 属性为 none，使下拉菜单被隐藏起来。当鼠标指针滑到导航项时，显示下拉菜单。

制作下拉菜单的步骤比较复杂，下面一步步来做。

(1) 下拉菜单通常采用二级列表结构：第一级放导航项，第二级放下拉菜单项。首先写出它的结构代码(5-24.html)，此时显示效果如图 5-33 所示。

```
<ul id="nav">
  <li><a href="">文 章</a>
    <ul>
      <li><a href="">Ajax 教程</a></li>
                 …
      <li><a href="">Flex 教程</a></li>
    </ul>
  </li>
…
  <li><a href="">Blog</a>
    <ul>
      <li><a href="">生活随想</a></li>
                  …
      <li><a href="">随意写</a></li>
    </ul>
  </li>
</ul>
```

图 5-33　下拉菜单基本结构

可以看到弹出下拉菜单被写在内层的 ul 里，只需控制这个 ul 元素的显示和隐藏就能实现下拉菜单效果。

(2) 设置第一层 li 元素左浮动，使其表示的导航项水平排列，同时去除列表的小黑点、填充和边界。此时显示效果如图 5-34 所示。再设置导航项 li 为相对定位，让下拉菜单以它为基准定位。代码(5-25.html)如下：

```
#nav, #nav ul {
    padding: 0; margin: 0; list-style: none;}
li {
    float: left; width: 160px; position:relative;}
```

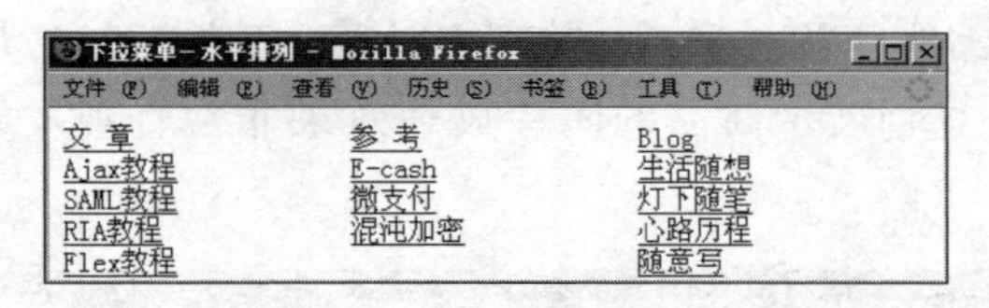

图 5-34　下拉菜单水平排列并设置第一级 li 左浮动

(3) 设置下拉菜单为绝对定位，位于导航项下 21px 的位置。默认状态下隐藏下拉菜单 ul，所以 ul 默认是不显示的。代码如下：

```
li ul {display: none;                              /* 默认不显示 ul 元素 */
    position: absolute; top: 21px;}
```

(4) 再添加交互，当鼠标指针滑入时显示下拉菜单 ul。此时鼠标指针滑入时就会弹出下拉菜单了，如图 5-35 所示，只是不太美观。

```
li:hover ul {display: block;}             /* 当鼠标指针滑过 li 时显示其子 ul 元素 */
```

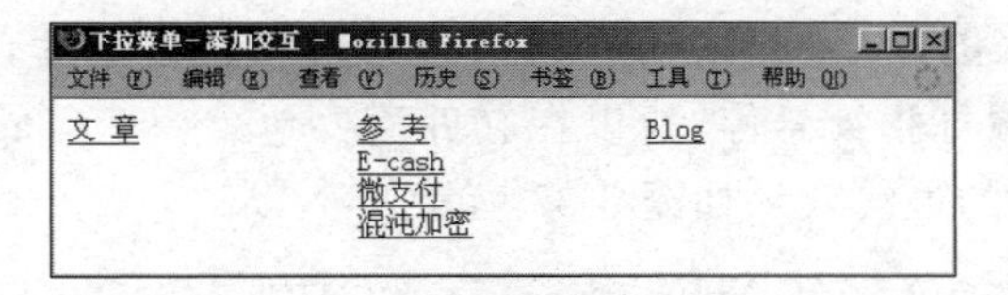

图 5-35　当鼠标指针滑入时显示下拉菜单项

(5) 最后为下拉菜单设置必要的 CSS 样式，使它变得美观，并添加改变背景色和前景色的交互效果，代码(5-26.html)如下，最终显示效果如图 5-32 所示。

```
ul li a{
    display:block; font-size:14px; color: #333;      /* 设置文字效果 */
    text-align:center; text-decoration: none;
    border: 1px solid #ccc; padding:3px;
    height:1em; }                                    /* 解决 IE6 的 bug */
ul li a:hover{                        /* 鼠标指针滑入时改变菜单项背景色和前景色 */
    background-color:#f4f4f4; color:red;     }
```

**想一想：**

(1) 如果把上述选择器中的(position:relative;)和(position:absolute;)都去掉，还会有上面的下拉菜单效果吗？会出现什么问题呢？

(2) 把控制下拉菜单显示和隐藏的 li:hover ul 改成 a:hover～ul 将会是什么效果呢？

### 4. 图片放大效果

在电子商务网站中，常常会以缩略图的方式展示商品。当浏览者将鼠标指针滑动到商品缩略图上时，会把缩略图放大显示成商品的大图，通常还会在大图下显示商品的描述信息，如图 5-36 所示。这种展示商品的图片放大效果非常直观友好，下面分析它是如何制作的。

图 5-36　带有文本的图片放大效果

首先，商品的缩略图的排列可以使用标准流方式排列，但商品的大图要以缩略图为中心进行放大，所以要以缩略图为定位基准，因此将商品的缩略图设置为相对定位。而商品的大图是浮在网页上，所以是绝对定位元素。在默认情况下，商品的大图是不显示的，当鼠标指针滑到缩略图上时，就显示商品的大图。制作图片放大效果的步骤如下。

(1) 由于有许多张图片，因此采用列表结构来组织这些图片，每个列表项放一张图片。因为图片要响应鼠标指针悬停，所以在它外面要包裹一个<a>标记。结构代码(5-27.html)如下，该实例的最终效果如图 5-37 所示。

```
<ul id="lib">
    <li><a href="#"><img src="pic1.jpg"/></a></li>
    …
    <li><a href="#"><img src="pic4.jpg"/></a></li>
</ul>
```

图 5-37　图片放大效果

(2) CSS样式设计：主要是为图片设置边框填充，设置过渡效果，并设置鼠标指针滑过图片时放大img元素（使用transform属性或改变元素的宽和高）。CSS代码如下：

```
ul {margin: 0px; padding: 0px; list-style-type: none;}
#lib li {
    float: left; width:104px; height:104px; margin: 4px;}
#lib li a {position:relative;}                    /* 作为其 img 子元素的定位基准 */
#lib a img {
    border: 1px solid #ccc; padding: 6px; position: absolute; width: 90px;
    height:90px
    left:0; top:0; background-color:#fff; transition:all .3s ease-in;
    transform-origin: center;}                    /* 以中心点为基准放大 */
#lib a:hover img {
    z-index:999; transform:scale(1.5);
    box-shadow: 0 5px 10px rgba(0,0,0,0.3);}
```

如果不是对图片本身放大，而是在图片旁边弹出一张大图，则需要在img标记旁边插入一个span标记，用span标记的背景来放置大图，用"a:hover span"来控制大图的显示和隐藏，整体思路和实现小提示窗口相似，只是把文字换成图像了。

**5. 课程展示框**

很多慕课、微课、精品课网站都需要使用图文并茂的课程展示框对课程进行展示，并具有良好的用户交互效果，图5-38是一种课程展示框的效果，初始时，文本区域叠放在图片上方的底部，当鼠标指针悬停时，文本区域向上伸展，显示全部内容。

图5-38　课程展示框的效果

制作思路：用一个div元素表示课程展示框，在该div中插入一个img元素和一个类名为show的元素，用于放置文本。由于show元素要叠放在img元素上方，因此设置show元素绝对定位，把外层的div元素设置为相对定位，作为它的定位基准。当鼠标悬停时，改变show元素的top属性，使它向上伸展。结构代码(5-28.html)如下：

```
<div class="main_img">                          <!--课程展示框-->
    <img src="img/h2.jpg">                      <!--图片-->
    <div class="show"><h2>C语言程序设计</h2><!--文本区域-->
```

```
        <span class="txtArea"><a href="#">观看视频</a></span>
    </div>
</div>
```

CSS代码主要是设置图片框大小,过渡属性、阴影等,代码如下:

```
.main_img{
    height: 230px; width: 360px; overflow:hidden; position: relative;
    display:inline-block; margin-left:10px;        /*让多个课程展示框水平排列*/
    box-shadow: 0 5px 10px 0 rgba(0,0,0,0.1);
    transition: all .5s;}
.main_img:hover{
    box-shadow: 0 5px 20px rgba(0,0,0,0.3);}        /*增大课程展示框阴影*/
.show {
    background: rgba(125, 0, 0, 0.3); position: absolute;
    left: 0;top: 80%; height:230px; width:360px; z-index: 200;
    transition: top .3s ease-in;}
.show h2{font-size:16px; text-align:center; color:white;}
.main_img img {
    transition:all .3s ease-in;
    width:100%; height:auto;}
.main_img:hover img {opacity: .7; transform:scale(1.1);}        /*放大变透明*/
.main_img:hover .show {top: 50%;}                 /*向上伸展a元素*/
.show .txtArea {
    left: 50%; bottom:20%; margin:-15px 0px 0px -40px; position: absolute;
    transition:all .3s ease-in;}
.show .txtArea a{
    color:rgba(255,255,255, 0.8); display:block;
    padding:5px 12px; border:rgba(255,255,255, 0.6)1px solid;
    border-radius:8px; font-size: 16px; text-decoration:none;}
.show .txtArea a:hover{
    background: rgba(255,255,255, 0.7); color:rgba(0,0,0, 0.6);}
.main_img:hover .show .txtArea{opacity:1;filter:alpha(opacity=100);bottom:
60%;}
```

**6. hover伪类的应用总结**

hover伪类是通过CSS实现与页面交互的最主要形式,本节的所有实例中都用到了hover伪类,下面总结一下hover伪类的作用。hover伪类的作用分为两种:

一是定义元素在鼠标指针滑过时样式的改变,以实现动态效果,这是hover伪类的基本用法,如鼠标指针滑过导航项时让导航项的字体和背景变色等。

二是通过hover伪类控制子元素或兄弟元素的动态效果。有时如果子元素通过display:none隐藏起来了,就没有办法利用子元素自身的hover伪类来控制它了,只能使用父元素的 hover 伪类对它进行控制，例如下拉菜单中的 li:hover ul。

hover 伪类不能做什么：hover 伪类只能控制自身或其子元素、兄弟元素在鼠标指针滑过时的动态效果，而无法控制其他不相关元素实现动态效果，例如 tab 面板由于要用 tab 项(a 元素)控制不属于其包含的 div 元素，就无法使用 hover 伪类实现，而只能通过编写 JavaScript 代码来操纵 a 元素的行为实现。

### 5.4.3 固定定位

position 属性值 fixed 表示固定定位，fixed 总是以浏览器窗口作为定位基准的，因此固定定位元素不会随着网页的滚动而滚动，而绝对定位元素默认是以 body 元素为定位基准的，因此会随着网页的滚动而滚动。

固定定位适合于网页中不随滚动条滚动的元素，比如图 5-39 所示的百度的顶部搜索栏，无论怎样滚动网页，搜索栏总是位于顶部。

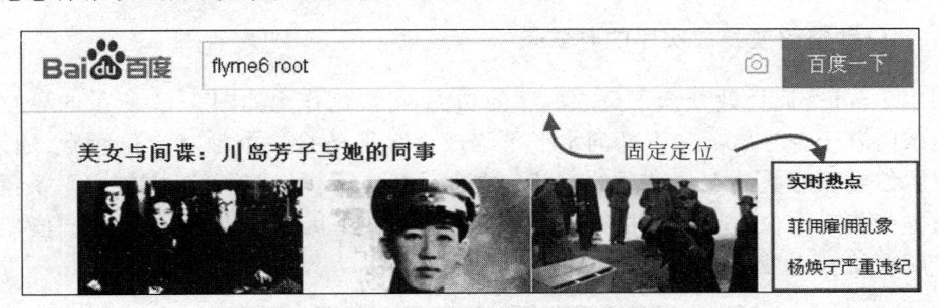


图 5-39 百度的顶部搜索栏(固定定位实例)

还有某些网页中的“返回顶部”按钮，其实现原理也是利用固定定位使其不随网页滚动，其实现代码(5-29.html)如下：

```
.totop{ width:40px; height:40px; background:#FCC; text-align:center;
 position:fixed;right:30px; bottom:100px; }      /* 元素固定定位,定位基准为右下角 */
.totop a{text-decoration:none;color:white; }
<div class="totop"><a href="#">返回顶部</a></div>
```

### 5.4.4 与定位属性有关的 CSS 属性

CSS 中，有几个属性只有在元素设置了定位属性(position)之后才有效，例如，z-index 属性、偏移属性(top、left 等)和裁切属性(clip)等。

在 DW 中，对这些与 position 相关的属性设置在“定位”选项面板中，其中，“宽”和“高”对应 width 和 height 属性，实际上这两项的设置在“方框”面板中也有。“裁切”可用来对图像或其他盒子进行剪切，但仅对绝对定位元素有效。“显示”对应 visibility 属性，若设置为隐藏，则元素不可见，但元素所占的位置仍然会保留。

### 1. z-index 属性

z-index 属性用于调整定位时重叠块之间的叠放次序。与它的名称一样，想象页面为 x-y 轴，那么垂直于页面的方向就为 z 轴，z-index 值大的元素盒子会叠放在值小的盒子的上方，如图 5-40 所示。可以通过设置 z-index 值改变盒子之间的重叠次序。z-index 默认值为 0，当两个盒子的 z-index 值一样时，则保持原来的高低覆盖关系。

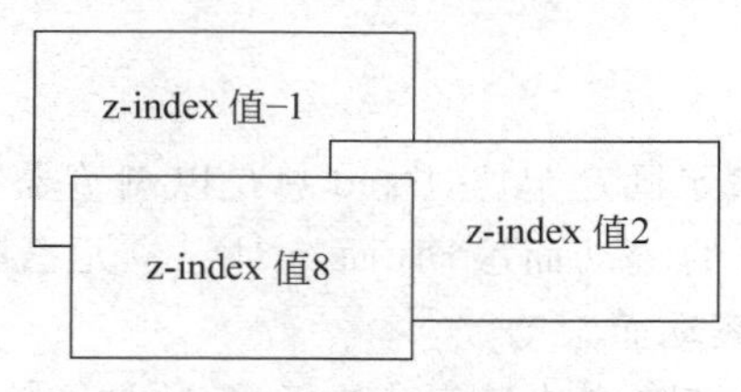


图 5-40　z-index 值的作用

### 2. 制作动态改变叠放次序的导航条

利用 z-index 属性改变盒子叠放次序的功能，可以制作出如图 5-41 所示的导航条来。该导航条由若干个导航项和下部的水平条组成。水平条是一个绝对定位元素，通过设置它的位置使它正好叠放在导航项的底部。在默认状态下，导航项的下方被水平条覆盖(导航项设置为相对定位)，当鼠标指针滑过某个导航项时，设置导航项的 z-index 值变大，这样该导航项就会遮盖住水平条，形成如图 5-41 所示的动态效果。

图 5-41　动态改变 z-index 属性的导航条

下面分步来讲解如何制作动态改变层叠次序的导航条。

(1) 首先，因为 z-index 只对设置了定位属性的元素有效，所以导航项和水平条都要设置定位属性。每个导航项的位置应该保持它在标准流中的位置不变，因此设置它们为相对定位，不设置偏移属性。而水平条要叠放在导航项的上方，不占据网页空间，因此设置它为绝对定位。而且水平条要以整个导航条为基准进行定位，所以设置整个导航条(#nav 元素)为相对定位，作为水平条的定位基准。结构代码(5-30.html)如下：

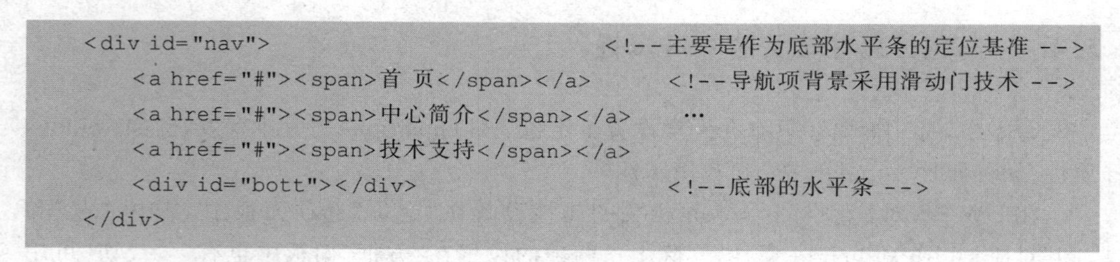

```
<div id="nav">                                  <!--主要是作为底部水平条的定位基准 -->
    <a href="#"><span>首 页</span></a>          <!--导航项背景采用滑动门技术 -->
    <a href="#"><span>中心简介</span></a>       …
    <a href="#"><span>技术支持</span></a>
    <div id="bott"></div>                       <!--底部的水平条 -->
</div>
```

(2) 接下来编写导航条#nav 和它包含的水平条的 CSS 代码，#nav 只要设置为相对定位就可以了，作为水平条#bott 的定位基准，而#bott 设置为绝对定位后必须向下偏移 28px，这样正好叠放于导航项的下部。

```
#nav {position:relative;                        /* 作为定位基准 */  }
#bott{
    background-color: #996; height:6px;         /* 水平条高度为 6px */
    clear:both;                                 /* 由于 a 元素都浮动，所以要清除浮动 */
    position:absolute; top:28px;
    width:95%;}              /* 绝对定位元素宽度不会自动伸展，设置宽度使其占满一行 */
```

(3) 用滑动门技术设置 a 元素和 span 元素的背景，背景图片如图 5-42 所示。其中 span 元素的背景从右往左铺，a 元素的背景从左往右铺，叠加后形成自适应宽度的圆角导航项背景。再设置 a 元素为相对定位，以便鼠标指针滑过时能设置 z-index 值。代码如下：

```
#nav a {
    position:relative;                    /* 设置为相对定位，为了应用 z-index 属性 */
    float: left;                          /* 使 a 元素水平排列 */
    padding-left: 14px;
    background: url(images/zindex.gif) 0 -42px;
                                          /* 取下半部分的图案作背景 */
    height:34px;
    line-height:28px;                     /* 行高比高度小，使文字位于中部偏上 */
    color:white; text-decoration:none;    }
#nav span {
    padding-right:14px; font-size:14px;
    background: url(images/zindex.gif) 100%  -42px;
    float:left;                           /* 此处是为兼容 IE6，防止 span 占满整行 */
  }
```

图 5-42　导航条的背景图片(zindex. gif)

(4) 最后设置鼠标滑过时的效果，包括设置 z-index 值改变重叠次序，改变背景显示位置实现背景图像的翻转等。代码如下：

```
#nav a:hover {
    cursor:hand;                      /* 使 IE6 中光标变为手形 */
    background-position:0 0;          /* 取上半部分图像作为背景 */
    z-index:1000;                     /* 使鼠标指针悬停的导航项遮盖住水平条 */}
#nav a:hover span {
    height:34px; color:#f00;
    background-position:100%  0;      /* 取下半部分图像作为背景，实现背景的翻转 */}
```

这样动态改变层叠次序的导航条就做好了，如果将导航条的背景图片制作成具有半透明效果的 png 格式文件，效果可能会更好。

### 5.4.5 overflow 属性

对于一个元素来说，如果设置了它的宽和高，则元素的大小就确定了，那么元素有可能容纳不下它的内容。在这种情况下，CSS 提供了溢出属性 overflow 用来设置元素的内容超过其大小时如何管理内容。

overflow 的基本功能是设置元素盒子中的内容如果溢出是否显示，默认值为 visible，表示元素的溢出内容将显示出来。其他取值有 hidden（隐藏）、scroll（滚动条）、auto（自动）。将下面代码(5-31.html)中 overflow 值依次修改为 visible、hidden、scroll、auto，显示效果如图 5-43 所示。

```
#qq {
    border:1px solid #333; height: 100px; width: 100px;
    overflow: visible;  }                    /* 依次修改为 hidden、scroll、auto */
<div id="qq">在一个遥远而古老的国度里，国王和王后……</div>
```

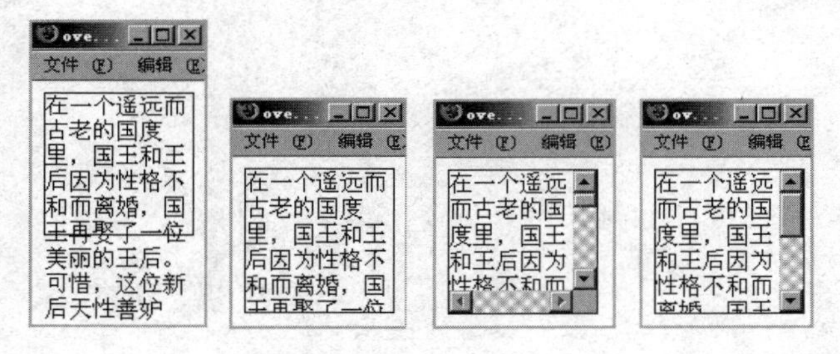

图 5-43　overflow 属性值依次为 visible、hidden、scroll、auto 的效果

在 CSS3 中，新增了 overflow-x 和 overflow-y 属性，用来分别控制水平方向和垂直方向的溢出处理，例如 overflow-y: scroll 表示出现竖直滚动条。但是当 overflow-x 和 overflow-y 属性值中一个是 hidden、另一个是 visible 时，则 IE 和其他浏览器渲染效果会不同。

overflow 属性的另一种功能是用来代替清除浮动的元素。

如果父元素中的子元素都浮动，那么会导致父元素高度不会自动伸展包含住子元素，在 5.1.3 节中说过，可以在这些浮动的子元素后面添加一个清除浮动的元素来把外围盒子撑开。实际上，通过对父元素设置 overflow 属性也可以扩展外围盒子高度，从而代替了清除浮动元素的作用。示例(5-32.html)如下：

```
div{
    padding:10px; margin:10px; border:1px dashed #111;
    background-color:#90baff;  }
```

```
.father{
    background-color:#ffff99; border:1px solid #111;
    overflow:auto;                          /* 图 5-44(左)是未添加这句时的效果 */}
.son1{
    float:left;    }
<div class="father">
    <div class="son1">Box-1</div>
</div>
```

可见，对父元素设置 overflow 属性为 auto 或 hidden 时，就能达到扩展外围盒子高度的效果，如图 5-44(右)所示，这比专门在浮动元素后添加一个清除浮动的空元素要简单得多。尽管如此，在实际网页中，使用 overflow 清除浮动容易带来其他一些问题，因此建议还是使用常规的 clear 属性清除浮动。

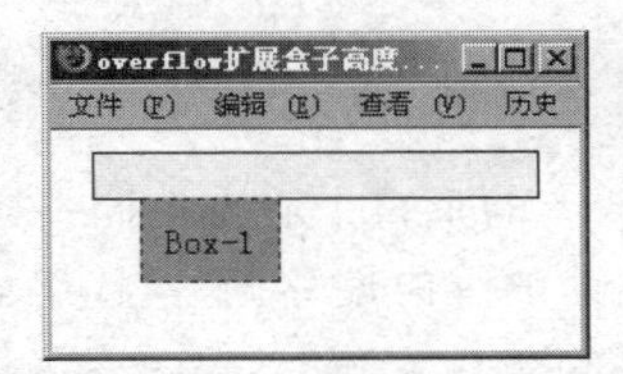

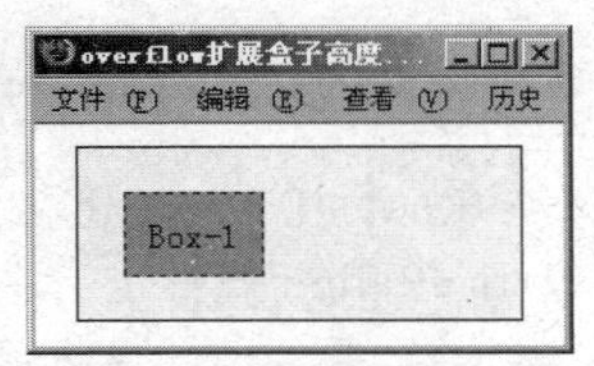


图 5-44 利用 overflow 属性扩展外围盒子高度之前(左)和之后(右)的效果

另外，在浮动元素后面添加一个元素，并对其设置 overflow:hidden，也将具有清除浮动的效果，读者可以对图 5-44 中对应的代码进行修改来验证这一点。

由于 IE6 对于空元素的默认高度是 12px，所以经常使用(overflow:hidden)使空元素在 IE6 中所占高度为 0。

## 5.4.6 vertical-align 属性

有时可能希望容器内的文本垂直居中显示，对于单行文本来说，只要设置它的 line-height 属性就可以了，例如，line-height:80px 就能使单行文本在高为 80px 的容器中垂直居中。顺便说一句，如果 height 与 line-height 属性值相等，完全可以把 height 属性省略。也就是说，如果不存在 height 属性，那么元素的高度值将由 line-height 决定。

对于多行文本来说，就无法通过 line-height 属性来垂直居中了。当然，如果是固定宽度的容器，则可以通过调整容器的上下 padding 值使文本近似于垂直居中。

但是，随着可变宽度网页布局的流行，很多容器的宽度是可变的(高度固定)，导致容器中的文本行数是变化的，如开始的时候是一行文本，当容器变窄后逐渐变成两行、三行文本。这种情况下就无法通过上下 padding 值来伪装垂直居中了。

### 1. 实现多行文本垂直居中

多行文本垂直居中还是有一些解决办法的。比如使用 vertical-align(垂直对齐)属性，但该属性有一个很大的"缺点"，就是对于块级元素是无效的。

vertical-align 属性只能应用于行内元素、行内块元素或表格单元格元素。vertical-align：middle 表示垂直居中。vertical-align 实现多行文本垂直居中的代码（5-33.html）如下：

```
div{ height: 200px; width: 50%;                    /* 可变宽度容器 */
    background-color: pink; text-align: center; padding:8px;}
span{ display:inline-block; vertical-align: middle; line-height: 1.8em;}
i{ display: inline-block; height: 100%; vertical-align: middle;}
<div><i></i><span>我是特别长的特别长……的文本</span></div>
```

还有一种简单的文本垂直居中的方法是对容器元素设置如下属性即可：

```
div{…   display:table-cell;  vertical-align:middle;  }
```

**2. 小图标与文本横向对齐**

如果小图标与文本在一行中，通常希望两者的垂直中心点在同一条水平线上，此时可以对 img 元素使用 vertical-align 属性进行精确的纵向偏移调整，代码如下：

```
img{ vertical-align:-8px;}                         /* 负值会使图片往下移动 */
<p><img src="images/rl2.png"/>这是和图片在同一行中的文本</p>
```

**3. 实现上标或下标文字**

在 HTML 元素中，<sub>和<sup>分别表示下标和上标，实际上，这两个元素是因为具有以下浏览器默认样式，因此完全可以对其他元素也设置这些样式变成下标或上标。

```
sub { vertical-align: sub; font-size: smaller;}
```

## 5.5 CSS 分栏布局

使用 CSS 布局时，先不要考虑网页的外观，而应该先思考网页内容的语义和结构。因为一个结构良好的 HTML 页面可以通过任何外观表现出来。

虽然普通用户看到的网页上有文字、图像等各种内容。但对于浏览器来说，它"看到"的页面内容就是大大小小的盒子。对于 CSS 布局而言，本质就是大大小小的盒子在页面上的摆放。我们看到的页面中的内容不是文字，也不是图像，而是一堆盒子。要考虑的就是盒子与盒子之间的关系，是上下排列、左右排列还是嵌套排列，是通过标准流定位还是通过浮动、绝对定位、相对定位实现，定位基准是什么等。将盒子之间通过各种定位方式排列使之达到想要的效果就是 CSS 布局的基本思想。

CSS 网页布局的基本步骤如下：

(1) 将页面用 div 分块；

(2) 通过 CSS 设计各块的位置和大小，以及相互关系；

(3) 在网页的各大 div 块中插入作为各个栏目框的小块。

表 5-2 对表格布局和 CSS+DIV 布局的特点进行了比较。

**表 5-2　表格布局和 CSS 布局的比较**

| 比较项目 | 表格布局 | CSS+DIV 布局 |
| --- | --- | --- |
| 布局方式 | 将页面用表格和单元格分区 | 将页面用 div 等元素分块 |
| 控制元素占据的页面大小 | 通过＜td＞标记的 width 和 height 属性确定 | 通过 CSS 属性 width 和 height 确定 |
| 控制元素在页面中的位置 | 在单元格前插入指定宽度的单元格使元素位置向右移动，或插入行或占位表格使元素向下移动 | 设置元素的 margin 属性或设置其父元素的 padding 属性使元素移到指定位置，对于单行文本，还可用 text-indent 移动其位置 |
| 图片的位置 | 只能通过图片所在单元格的位置控制图片的位置 | 既可以通过图片所在元素的位置确定，又可以使用背景的定位属性移动图片的位置 |

## 5.5.1　分栏布局的种类

网页的布局从总体上说可分为固定宽度布局和可变宽度布局两类。所谓固定宽度，是指网页的宽度是固定的，如 1200px，不会随浏览器大小的改变而改变；而可变宽度是指如果浏览器窗口大小发生变化，网页的宽度也会变化，例如将网页宽度设置为 85%，表示它的宽度永远是浏览器宽度的 85%。

固定宽度的好处是网页不会随浏览器大小的改变而发生变形，窗口变小只是网页的一部分被遮盖住，固定宽度布局的实现原理简单，适合于初学者使用。而可变宽度布局的好处是能适应各种显示器屏幕，不会因为用户的显示器过宽而使两边出现很宽的空白区域。随着用户显示设备的多样化，可变宽度布局已经变得更为流行和实用。

以 1-3-1 式 3 列布局为例，它具有的布局形式如图 5-45 所示。

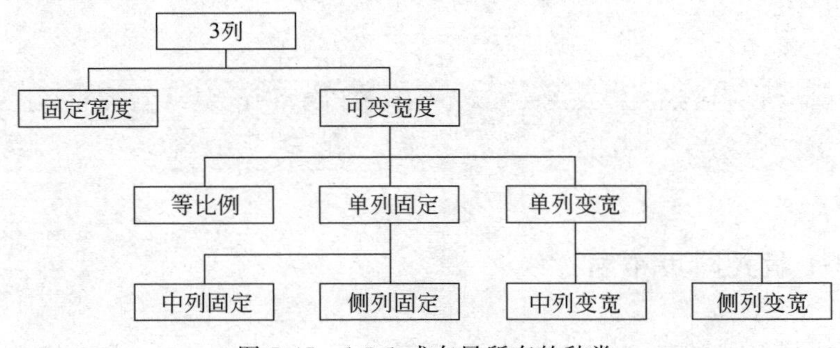


图 5-45　1-3-1 式布局所有的种类

### 5.5.2 网页居中的方法

通常情况下，网页在浏览器中最好能够居中显示，通过 CSS 实现网页居中主要有以下 3 种方法。

**1. text-align 法**

这种方法设置 body 元素的 text-align 值为 center，这样 body 中的内容（整个网页）就会居中显示。由于 text-align 属性具有继承性，网页中各个元素的内容也会居中显示，这是我们不希望看到的，因此设置包含整个网页的容器 #container 的 text-align 值为 left。代码如下：

```
body{text-align:center;min-width:990px;}
#container {margin:0 auto;text-align:left;width:990px;}
```

**2. 左右 margin auto 法**

通过设置包含整个网页的容器 #container 的 margin 值为“0 auto”，即上下边界为 0，左右边界自动，再配合设置 width 属性为一个固定值或相对值，也可以使网页居中，从代码量上看，这是使网页居中的一种最简洁的办法。例如：

```
#container { margin: 0 auto; width: 980px; }        /* 固定宽度网页 */
#container { margin: 0 auto; width: 85%; }          /* 可变宽度网页 */
```

**注意**：如果仅设置 #container { margin: 0 auto; }，而不设置 width 值，网页是不会居中的，而且使用该方法网页顶部一定要有文档类型声明 DOCTYPE，否则在 IE6 中不会居中。

**3. 相对定位法**

相对定位法居中在 5.3.3 节中已经介绍过，它只能使固定宽度的网页居中。代码如下：

```
#container { position: relative; width:980px; left: 50%; margin-left:
-490px; }
```

### 5.5.3 1-3-1 版式网页布局

1-3-1 版式网页布局有 4 种方法：3 列浮动法、margin 负值法、绝对定位法和左右列浮动法。

**1. 3列浮动法**

在默认情况下，div作为块级元素会占满整行从上到下依次排列，但在网页的分栏布局中(例如1-3-1版式布局)，中间3栏必须从左到右并列排列，这时就需要将中间3栏(3个div盒子)都设置为浮动。

但3个div盒子都浮动后，只能浮动到窗口的左边或右边，无法在浏览器中居中。为此，需要在3个盒子外面再套一个盒子(称为container)，让container居中，这样就实现了3个div盒子在浏览器中居中，如图5-46所示。

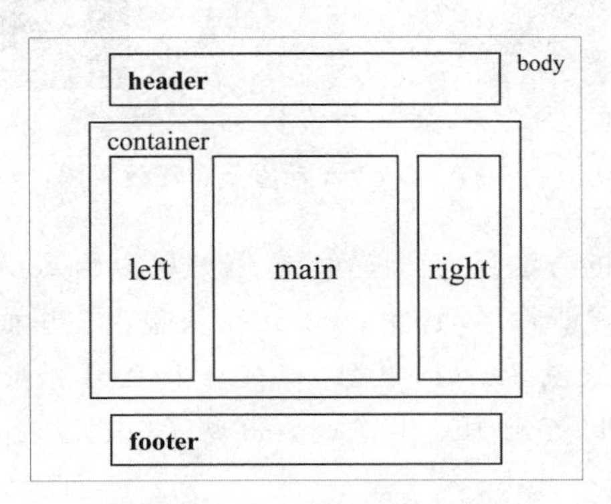


图5-46　1-3-1布局示意图

**注意**：由于container里面的3个盒子都浮动，脱离了标准流，所以都没有占据container容器的空间。从结构上看，应该是container位于3个盒子的上方，但这并不妨碍用container控制里面浮动的盒子居中。为了方便对页面主体(container)设置背景色，实现如图5-46中container包含住3个盒子的效果，通常在container内3个盒子下方再添加一个清除浮动的元素(或伪元素)。

下面是1-3-1固定宽度布局的参考实现代码(5-34.html)，效果如图5-47所示。

```
#header,#footer,#container{
    margin:0 auto; width:980px;                    /*实现水平居中*/
    height:100px;background:#ffe6b8;               /*背景和高度为演示需要*/}
#container{ height:300px; background:#fff;}
#left,#main,#right{
    background:#a0b3d6; height:100%;width:210px;
    float:left;                                    /*关键点:设置3列浮动*/}
#main{
    width:540px;background:#eee; margin:0 10px;  }
#container::after{
    clear:both; content:"";                        /*使container能包含住3列*/}
<div id="header">header页头</div>
<div id="container">
    <div id="left">left栏</div>
```

```
    <div id="main">main 栏</div>
    <div id="right">right 栏</div>
</div>
<div id="footer">footer 页尾</div>
```

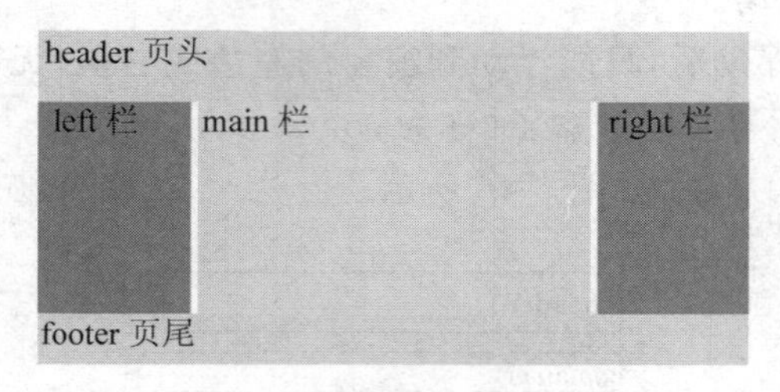


图 5-47　1-3-1 浮动方式布局效果图

制作 1-3-1 浮动布局的方法还有很多变形，例如可以将 footer 块放到 container 块里面，这样可设置 footer 元素清除浮动，使 container 块包含住里面的 3 列和 footer 块。

**提示**：如果要为 3 列设置 margin 属性，以使 3 列之间有间隙，则最好给 3 列都增加一条 display:inline 的属性，否则 IE6 浏览器会出现浮动盒子的双倍 margin 问题，导致最后一列容纳不下而移到下一行去。

**2. margin 负值法**

这种方法将中间的主体栏使用双层标记嵌套，外层元素宽度为 100%，并且左浮动。内层 div 为真正的主体区域，设置其左右 margin 为 210px。左右两栏也都左浮动，这样左右两栏初始时将位于主体外的右侧，并且由于主体占据浏览器 100%的空间，因此左右两栏将位于浏览器窗口外的右侧，而被隐藏起来。然后再利用负 margin 法将左右两栏拖动到左右两栏的对应位置。其结构代码(5-35. html)如下：

```
<div id="main">
    <div id="content"></div>                    <!--中间栏-->
</div>
<div id="left"></div>                           <!--左侧栏-->
<div id="right"></div>                          <!--右侧栏-->
```

CSS 代码如下：

```
#main{width:100%; height:100%; float:left;}
#main #content{margin:0 210px; background:#ffe4c1; height:100%;}
#left,#right{width:200px; height:100%; float:left; background:#a0b1d3;}
#left{margin-left:-100%;}                       /*拖动到浏览器窗口的左上角*/
#right{margin-left:-200px;}
```

本例中 3 列占满浏览器的 100%空间，如果希望不占满整个浏览器，左右留白，只需在 3 列外再套一个 container 元素，设置其宽度（如 width：85%）和 margin 负值法居中即可。

### 3. 绝对定位法

两侧列固定、中间列变宽的 1-3-1 式布局也是一种常用的布局形式，这种形式的布局通常是把两侧列设置成绝对定位元素，并对它们设置固定宽度。例如左右两列都设置成 200px 宽，而中间列不设置宽度，并设置它的左右 margin 都为 210px，使它不被两侧列所遮盖。这样它就会随着网页宽度的改变而改变，因而被形象地称为液态布局。其结构代码和 1-3-1 固定宽度布局一样，代码(5-36.html)如下：

```
<div id="header"><h2>Page Header</h2></div>
<div id="container">
    <div id="left"></div>
    <div id="main"></div>
    <div id="right"></div>
</div>
<div id="footer"><h2>Page Footer</h2></div>
```

然后将 container 设置为相对定位，将左右两列设置为绝对定位，则左右两列以 container 为定位基准。实现代码如下。

```
#left,#right{position:absolute; top:0; width:200px; height:100%;}
#left{left:0; background:#a0b3d6;}                /* 左侧列定位为左上角 */
#right{right:0; background:#a0b3d6;}              /* 右侧列定位为右上角 */
#main{margin:0 210px; background:#ffe6b8; height:100%; }
#container {
    width:85%; margin:0 auto;                     /* 网页居中 */
    background-color:orchid; height:100%;
    position: relative;                           /* 设置为左右两列的定位基准 */
  }
```

### 4. 左右列浮动法

这种方法将左右列放在中间列的前面，然后让左右列分别浮动到页面的左侧和右侧，这样左右列不占据网页空间，中间列就会顶到页面上方去，再设置中间列的左右 margin，使得中间列和左右列不重叠。代码(5-37.html)如下：

```
#main{height:100%; margin:0 210px; background:#ffe6b8;}
#left,#right{width:200px; height:100%; background:#a0b3d6;}
#left{float:left;}
#right{float:right;}
<div id="left"></div>
```

```
<div id="right"></div>                          <!--将左右列放在前面-->
<div id="main"></div>
```

以上 4 种方法，第 1 种只能实现 3 列固定宽度布局或等比例可变宽布局，而其余 3 种方法都能实现两侧列固定、中间列变宽的布局。

### 5.5.4 1-2-1 可变宽度布局

随着显示屏的变大，可变宽度布局目前正在变得流行起来，它比固定宽度布局有更高的技术含量。本节介绍两种最常用的可变宽度布局模式，即：两列（或多列）等比例布局、一列固定、一列变宽的 1-2-1 式布局。

**1. 两列（或多列）等比例布局**

两列（或多列）等比例布局的实现方法很简单，将固定宽度布局中每列的宽由固定的值改为百分比就行了。代码(5-38.html)如下。

```
#header,#pagefooter,#container{          /* min-width: 490px; 防止网页过窄 */
    margin:0 auto; width:85%;            /*将固定宽度改为比例宽度 */      }
#content{
    float:right; width:66%;              /*改为比例宽度 */      }
#side{
    float:left; width:33%;               /*改为比例宽度 */      }
```

这样不论浏览器窗口的宽度怎样变化，两列的宽度总是等比例的。如图 5-48(a)、图 5-48(b)所示。但是当浏览器变得很窄之后，如图 5-48(c)所示，网页会变得很难看。如果不希望这样，可以对 #container 添加一条"min-width: 490px;"属性，即网页的最小宽度是 490px，这样当浏览器的宽度小于 490px 后，网页就不会再变小了，而是在浏览器的下方出现水平滚动条。

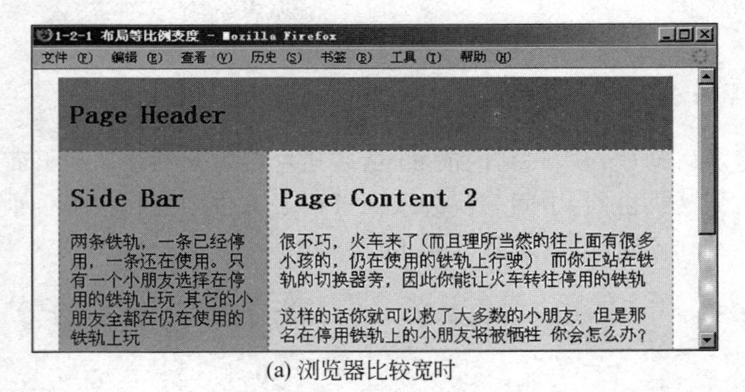


(a) 浏览器比较宽时

图 5-48 等比例变宽布局时在浏览器窗口变化时的不同效果

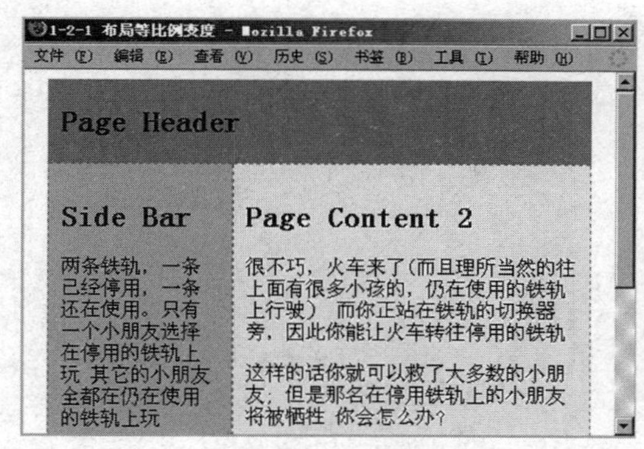


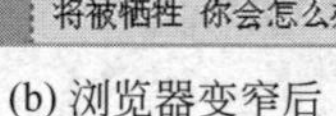
(b) 浏览器变窄后

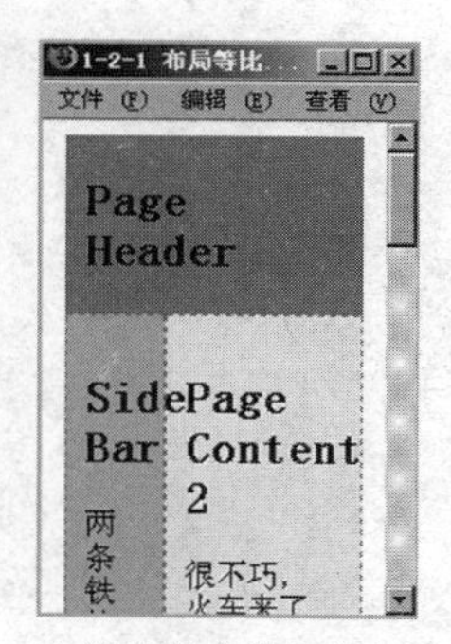


(c) 浏览器变得很窄之后

图 5-48 （续）

**提示**：在 CSS 中，min-height、min-width、max-height、max-width 这 4 个属性分别用于设置最小、最大高度和宽度。在可变宽度布局时，有时要控制页面的最小宽度，因此 min-width 属性经常使用。又如在新闻内容页面中，有些新闻很短，此时可设置 min-height 属性，保证内容很短时网页的高度也不会过小。

### 2. 单列变宽布局

一列固定、一列变宽的 1-2-1 式布局是一种在博客类网站中很受欢迎的布局形式，如图 5-49 所示。这类网站常把侧边的导航栏宽度固定，而主体的内容栏宽度是可变的。

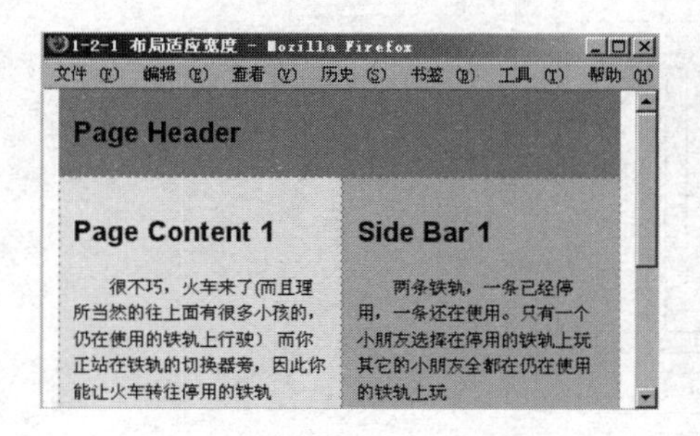


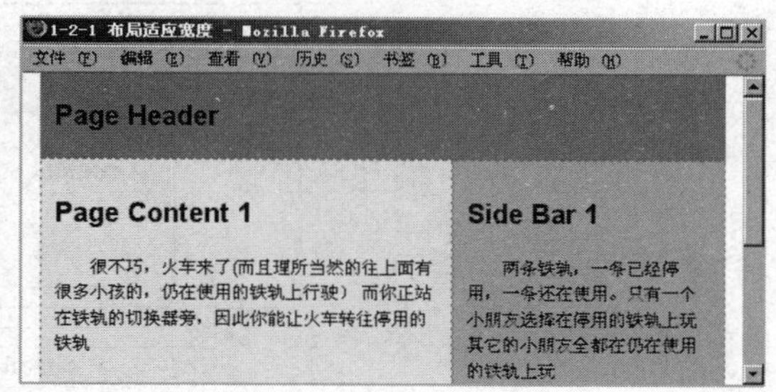


图 5-49　一列固定、一列变宽布局(右边这一列宽度是固定的)

例如网页的宽度是浏览器宽度的 85%，其中一列的宽度是固定值 200px。如果用表格实现这种布局，只需把布局表格的宽度设为 85%，把其中一列的宽度设为固定值就可以了。但用 CSS 实现一列固定、一列变宽的布局，就要麻烦一些。首先，把一列 div 的宽度设置为 200px，那么另一列的宽就是(包含整个网页 container 宽的“100%－200px”)，而这个宽度不能直接写，因此必须设置另一列的宽是 100%，这样另一列就和 container 等宽，这时会占满整个网页，再把这一列通过负边界 margin-left：－200px 向左偏移 200px，使它的右边留出 200px，正好放置 side 列。最后设置这一列的左填充为 200px，这样它的内容就不会显示到网页的外边去。代码(5-39.html)如下，图 5-50 是该布局方法的示意图。

```
#header,#pagefooter,#container{
    margin:0 auto; width:85%;     }
#contentWrap{
    margin-left:-200px; float:left;
    width:100%;     }
#content{
    padding-left:200px;     }
#side{
    float:right; width:200px;   }
#pagefooter{
    clear:both;     }
<div id="header">…</div>
<div id="container">
    <div id="contentWrap">
        <div id="content">…</div>
    </div>
    <div id="side">…</div>
</div>
<div id="pagefooter">…</div>
```

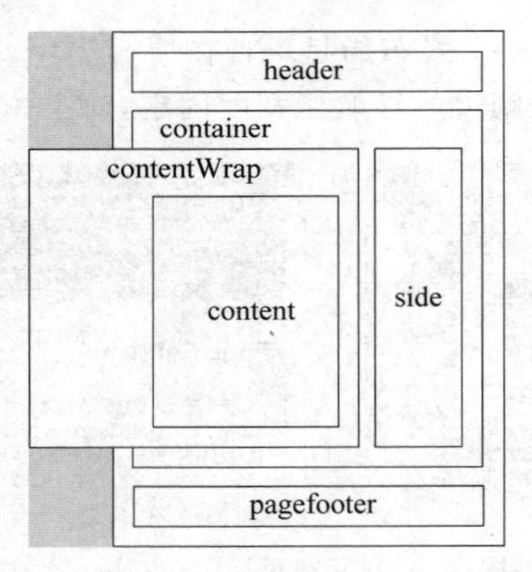


图 5-50 单列变宽布局

## 5.5.5 CSS 两列布局案例

CSS 布局本质上就是设计盒子在页面上如何排列，本节将制作如图 5-51 所示的网页，图 5-52 是该网页的 CSS 布局示意图，该网页的制作步骤如下。

### 1. 制作网页的头部

(1) 将网页划分为两部分，即上方的 header 部分和主体的 container 部分，如图 5-52 所示，观察 header 部分有两个背景色(绿色和白色)和一个背景图像，而一个元素的盒子

图 5-51 网页效果图

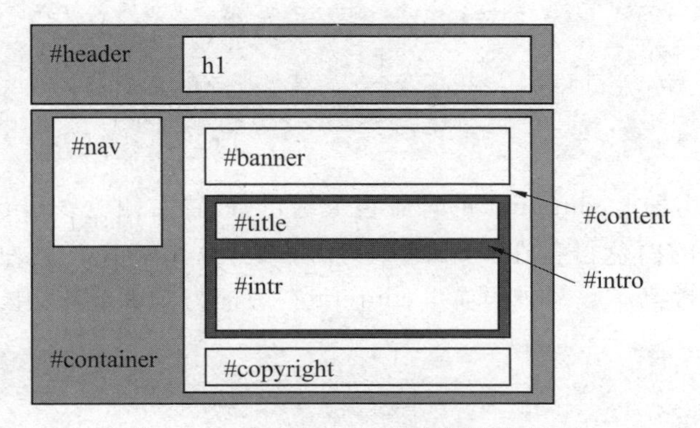


图 5-52 太阳能网站 CSS 布局示意图

最多只能设置一种背景色和一个背景图像(为了兼容 IE8,本实例不使用 CSS3 的有关属性),因此需要插入两个盒子来实现。代码(5-40.html)如下：

```
<div id="header"><h1>光普太阳能网站</h1></div>
```

(2) 设置#header的背景色为绿色,宽为852px(该网页的宽度)。

```
#header{
    background-color:#99cc00;
    width:852px;    }
```

(3) 设置h1的背景色为白色,并设置背景图像为logo.jpg,通过设置margin使盒子向右偏移161px,然后用text-indent属性隐藏标记中的文字。这样网页的头部就做好了。

```
#header h1 {
    text-indent: -9999px;                          /* 隐藏h1中的文本 */
    width: 691px; height: 104px;
    background: #fff url(images/logo.jpg) no-repeat 64px 0;
                                                   /* logo左侧有 64px空白 */
    margin: 0 0 0 161px;                           /* 向右移动 161px */   }
```

**提示**:将标题中的文字进行图像替换的主要目的就是在HTML代码中仍然保留h1元素中的文字信息,这样对于网页的维护和结构完整都有很大好处,同时对搜索引擎的优化也有很大的意义,因为搜索引擎对h1标题中的文字信息相当重视。

**2. 网页主体部分的分栏**

(1) 页面主体部分可分为#nav和#content两栏,只要对这两栏均设置浮动,它们就会并排排列,但问题是两栏可能不等高,这需要用其他办法让它们看起来等高。本例的解决办法是在两栏外添加一个容器#container,结构代码如下:

```
<div id="container">                              <!--主体部分容器-->
    <div id="nav">… </div>                        <!--左侧栏-->
    <div id="content">… </div>                    <!--右侧栏-->
</div>
```

(2) 设置整个容器#container的背景色为绿色,设置右侧栏#content的背景色为白色,这样#content的白色覆盖在#container的右边,#container的左侧栏就是绿色了,看起来左右两列就等高了。另外设置#content右边框为1px实线,作为网页的右边框。

```
#container {
    background-color:#9c0; width:852px;   }
#container #content {
    width:690px; background-color: white; float:left;
    border-right: 1px solid #daeda3; }           /* 网页主体部分的右边框 */
```

**3. 制作左侧列导航块**

(1) 设置左侧列中的导航块样式。由于在网页效果图中导航块宽度是161px,而里面导航项的宽度是 143px，所以我们可以设置导航块＃nav 的 width 为 152px，左填充为 9px，这样＃nav 的宽度就有 161px，而它里面的导航项左右也正好有 9px 的宽度，实现水平居中。

```
#container #nav {
    float:left;
    width:152px; height:166px;
    background-color:#00801b;
    padding:15px 0 0 9px;}
```

(2) 在＃nav 块中添加 6 个 a 元素作为导航项，HTML 代码如下：

```
<div id="nav">
    <a href="#">首 页</a><a href="#">关于我们</a>
    …<a href="#">联系我们</a>   </div>
```

(3) 然后设置这些导航项的样式，其中导航项的背景图如图 5-53 所示，设置导航项在默认状态下显示该背景图的上部，鼠标指针滑过时显示下部即实现了背景翻转效果。

```
#nav a {
    display:block;
    width:113px; height:18px;
    background:url(images/dh.jpg) no-repeat;
    padding:5px 0 0 30px;
    color:white; text-decoration:none;
    font:12px/1.1 "黑体";  }
#nav a:hover {
    color:#00801b; background-position:0 -23px; }
```

图 5-53　a 元素导航项的背景图

**提示：**如果要将图像作为 HTML 元素的背景显示在网页中，只需设置元素的宽和高等于图像的宽和高即可，但如果对元素还设置了填充值，就必须将元素的宽和高减去填充值。例如，a 元素的背景图尺寸是 143px×23px，但由于设置了填充值，因此对 a 元素的宽和高设置为 113px 和 18px。

(4) 但是当＃container 里的两列都浮动后，它们都脱离了标准流，此时＃container 不会容纳它们，必须在它里面放置一个清除浮动的元素用来扩展＃container 的高度，代码如下。当然，也可以设置＃container 元素(overflow:auto)来清除浮动的影响。

```
#container:after { content: ''; display: table; clear: both; }
```

**4. 制作右侧主要内容栏**

(1) 接下来设置页面主体的内容部分＃content，可发现＃content 盒子里包含3个子盒子，分别用来放置上方的 banner 图片、中间的公司简介栏目和底部的版权信息，因此在元素＃content 中插入3个子 div 元素。代码如下：

```
<div id="content">
    <div id="banner"></div>
    <div id="intro">… </div>
    <div id="copyright">… </div>
</div>
```

(2) 设置＃banner 盒子的宽和高正好等于 banner 图片(ba1.jpg)的宽和高，再设置＃banner 的背景图是 banner 图片就完成了 banner 区域的样式设置。代码如下：

```
#content #banner {
 background: url(images/ba1.jpg) no-repeat;
 width:688px; height:181px;                         /*宽和高正好等于ba1.jpg的大小*/}
```

(3) 设置公司简介栏目＃intro，可发现公司简介栏目由标题和内容两部分组成，因此在其中插入两个 div。由于标题＃title 部分有两个背景图像，需要两个盒子，所以在＃title 里面再添加一个 h2 元素。代码如下：

```
<div id="intro">
    <div id="title"><h2>公司简介</h2></div>
      <div id="intr">光普太阳能成立于…<img src="images/in.jpg"/>…</div>
</div>
```

(4) 接下来设置＃title 的样式，由于＃title 上方和左边需要留一些空隙，因此设置其 margin 属性和 width 属性使其水平居中，设置其背景图像为一张小背景图像横向平铺。

```
#intro #title {                                      /*公司简介栏目标题*/
    width:90%;
    margin:16px 0 0 5%;                           /*设置上边界和左边界，实现水平居中*/
    background:url(images/bj.jpg) repeat-x;  /*背景图横向平铺*/}
```

(5) 再对 h2 设置背景图像，因为需要对 h2 元素进行图像替代文本，设置 h2 的高度把＃title 盒子撑开，再设置 margin 为 0 消除 h2 的默认外边距。隐藏元素中文本的常用方法是设置 text-indent：－9999px，这样就把文本移到了窗口之外而不可见。

```
#intro #title h2 {
    text-indent:-9999px;                                /*隐藏h2的文本*/
    background:url(images/ggd.jpg) no-repeat;      /*用图像替代文本*/
    height:41px; margin:0;     }
```

(6) 设置公司简介栏目文本的样式,主要是设置边界、字体大小、行高、字体颜色等。

```
#content #intro #intr {
    width:90%;
    margin:21px 0 0 5%;                          /* 设置上边界和左边界,实现水平居中 */
    font-size: 9pt; line-height: 18pt; color: #999; }
```

再设置文本区域中的客服人员图片右浮动,实现图文混排。

```
#intro #intr img {                               /* 文本里的客服人员图像 */
    float:right;                                 /* 右浮动,实现图文混排 */
    width:300px; height:200px; }                 /* 宽和高正好等于 in.jpg 的大小 */
```

(7) 设置网页底部版权部分样式,包括用上边框制作一条水平线和设置文本样式。

```
#content #copyright {
    font-size: 9pt; color: #999; text-align:center;
    width:90%; margin:8px 0 0 5%; padding:8px;
    border-top:1px solid #ccc;   }               /* 版权信息上方的水平线 */
```

总结:在 CSS 布局中,

(1) 为了定义每个盒子在网页中的精确大小,几乎每个元素的盒子都设置了 width 和 height 属性,只是有些父元素将被子元素撑开,所以父元素的这些属性有时可以省略。

(2) 为了让元素的盒子在网页中精确定位,一般可通过元素自身的 margin 或父元素的 padding 属性使盒子精确移动到某个位置,像#header 中的 h1 元素就是通过 margin 属性移动到了右侧。

### 5.5.6 HTML5 新增的文档结构标记

在 CSS 布局中,通常给网页的每个区域的 div 都设置一个 id 属性,属性值一般是 header、footer、nav、sidebar 等。例如,下面是一个 1-2-1 布局网页的结构代码:

```
<body>
<div id="header">页头</div>
<div id="nav">导航</div>
<div id="container">
    <div id="sidebar">左侧栏</div>
    <div id="main">主栏</div>
</div>
<div id="footer">底部说明</div>
</body>
```

尽管上述代码不存在任何错误,还可以在 HTML5 环境中很好地运行,但该页面结构对于浏览器来说都是未知的，因为元素的 id 值允许开发者自己定义，只要开发者不同，那么元素的 id 值就可能各异。

为了让浏览器更好地理解页面结构，HTML5 中新增了一些页面结构标记。这些新标记可明确地标明页面元素的含义，如头部<header>、导航<nav>、脚部<footer>、分区<section>、文章<article>等。将上述代码修改成 HTML5 支持的页面代码（5-41.html），如下所示。

```
<body>
    <header>页头</header>
    <nav>导航</nav>
    <section>
        <aside>左侧栏</aside>
        <article>主栏</article>
    </section>
    <footer>底部说明</footer>
</body>
```

这样就可直接对上述结构标记设置 CSS 样式，代码如下，在支持 HTML5 的浏览器中显示效果如图 5-54 所示。

```
header, nav, section,article,aside,footer{
    border:solid 1px #666; padding:10px; margin:4px auto;}
section{padding:4px 0;}
header,nav ,footer{ width:400px }
section{width:420px;margin:6px auto;}
aside {float:left; width:60px; height:100px;
    margin:4px 4px 4px 0;}
article{float:left; width:312px; height:100px;}
section:after { content: ''; display: table; clear: both;}
                                          /* 清除两列浮动的影响 */
```

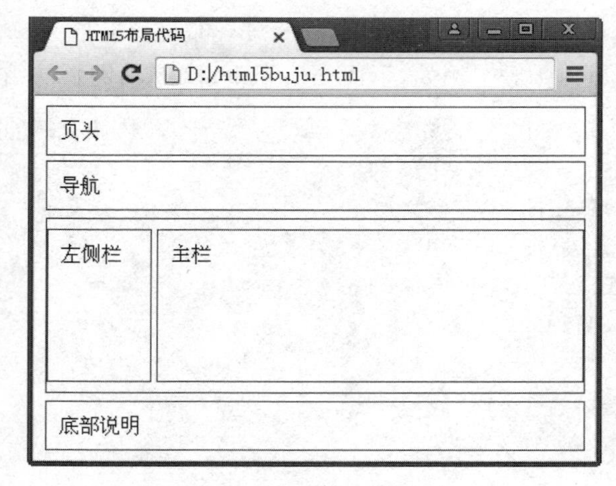


图 5-54　HTML5 标记布局的网页

可见，在HTML5中，使用CSS布局已经不再需要div了；也不再需要自己设置布局元素的ID属性，从标准的元素名就可以推断出各个部分的意义。这对于盲人浏览器、手机浏览器和其他非标准浏览器尤其重要。

其中，article元素还可用来创建栏目框，在article元素中可以有自己的独立元素，如<header>或<footer等>，示例如下。这样不仅使内容区域各自分段、便于维护，而且代码简单，局部修改也更方便。

```
<article>
<header>
    <h3>HTML5</h3>
</header>
<p>HTML5是下一代HTML的标准，目前仍然处于发展阶段。经过了Web2.0时代，基于互联网的
应用已经越来越丰富，同时也对互联网应用提出了更高的要求。</p>
<footer><p>发表于2014.10.18</p></footer>
</article>
```

**提示：**由于IE8以下浏览器不支持HTML5标记，因此上述用HTML5标记布局的网页在IE8中无法正常显示，解决该问题的办法是在网页头部插入如下代码，该代码表示，如果浏览器版本低于IE9，则引入html5shiv.js文件（使IE8支持HTML5的文件）。

```
<!--[if lt IE9]>
    <script src="js/html5shiv.js"></script>
<![endif]-->
```

### 5.5.7 HTML5网页布局案例

如图5-55所示的是本节网页布局案例的效果图，该网页的头部、导航、banner和底部区域均为通栏设计（即宽度为100%，占满浏览器的全部宽度），而中间的主体部分为固定宽度（宽度为1170px）。网页主体部分采用分两列的结构，同一列中的栏目框样式相同（如左侧栏中的栏目框的头部及边框都是相同的），不同列中的栏目框样式不同。这符合平面设计理论中变化与统一的规律。统一彰显和谐与秩序，而变化则能带来活力，避免单调和乏味。

该网页的布局结构如图5-56所示，HTML结构代码（5-42.html）如下：

```
<header>                                              <!--头部-->
    <div class="headbox">…</div>
</header>
<nav><div class="navbox">…</div></nav>                <!--导航-->
<section class="banner"></section>                    <!--banner-->
<section class="content">                             <!--页面主体-->
```

图 5-55 网页效果图

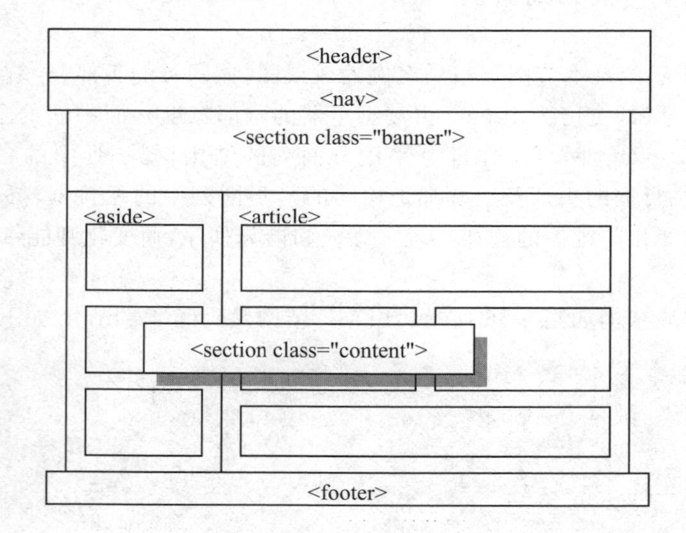


图 5-56 网页布局结构图

```
    <aside>左侧栏</aside>
    <article>主栏</article>
</section>
<footer><div class="footerbox">底部</div></footer>
```

注意到网页头部、导航、底部都采用了两个盒子嵌套来实现，其中外层盒子宽度为100%，用来撑满浏览器，内层盒子宽度为固定像素，并且居中。这样可以使固定宽度的网页看起来有点像自适应宽度网页一样。

**1. 网页布局元素的样式设计**

其中头部区域的布局代码如下，头部的内容位于居中的 headbox 元素区域中：

```
header{width: 100%; background-color: #fff;}
.headbox {width: 1170px; height: 102px; margin: 0 auto; position: relative;}
```

导航区域采用一张背景图片，然后对 navbox 设置固定宽度和高度，并居中。

```
nav{background: #0884d5 url(navbg.png)no-repeat center center; width: 100%;}
.navbox { width: 1170px; height: 50px; margin: 0 auto;}
```

banner 区域主要是设置图片居中平铺，这样，当屏幕较窄时，大图两边自动隐藏。

```
.banner {width: 100%; height: 207px;
background: url(images/banner_cg.jpg) no-repeat center top;}
```

页面主体部分采用两列浮动法将主体分为两列。对两列的容器 content 采取 overflow 方法清除浮动。代码如下：

```
.content {width: 1170px; box-sizing:border-box; background-color: #FFF;
    overflow: hidden; padding: 22px 15px 18px; margin: 0 auto;}
.content aside {width: 274px; margin-right: 18px; float: left;    }  /*左侧栏*/
.content article {width: 848px; float: left; }                       /*右侧栏*/
```

页面底部主要是设置宽和高以及背景图片，并设置填充等。

```
footer {width: 100%; height: 79px;
    background: url(images/footerbg.png) repeat-x 0 0;}
.footerbox {
    width: 1052px; height: 49px; margin: 0 auto; padding-top: 18px;}
```

**2. 侧栏栏目框的制作**

每个栏目框从结构上看都包括标题栏和内容区两部分，标题栏采用 h3 元素描述，内容区域是类名为 currlum 的 div 元素。然后在标题栏和内容区域外包裹一个 div 元素，使其整合成一个栏目框，因此，左侧栏每个空栏目框的结构代码如下：

```
<div class="bk currbox">
    <h3 class="currtitl">实验平台</h3>          <!--标题栏-->
    <div class="currlum">  …</div>             <!--内容区-->
</div>
```

然后再对栏目框设置边框，对栏目标题设置背景图片、行高等，CSS 代码如下：

```
.currbox { width: 274px; border: 1px solid #dddcdc;  }          /*栏目边框*/
.ovetitl, .pertitl, .currtitl {
    line-height: 34px; overflow: hidden; padding-left: 24px;
        color: #077bc5; font-size: 16px;
    background: url(images/titlbg.png) no-repeat 0 0;}
```

在左侧栏第 2 个栏目中，有 3 个按钮图标，当鼠标指针滑入时，其背景图像会发生改变，这是通过背景图像的翻转实现的。其代码如下：

```
.zhinan li a{width:231px;height:52px;line-height:52px;vertical-align:
middle;
background:url(images/zn_bg.png) no-repeat 0 0;display:block;position:
relative;
margin:12px 0px 0px 23px;color:#0876c1;font-size:16px;padding-left:70px;  }
.zhinan li a:hover{background-position:0 bottom;}          /*背景图翻转*/
.zhinan li a img{position:absolute;left:17px;top:9px;}   /*相对于 a 元素定位*/
.zhinan li a span{padding-top:7px;display:block;}
<div class="currlum">
<ul class="zhinan">
    <li><a href="#"><img src="images/zn01.png">平台应用指南</a></li>
    <li><a href="#"><img src="images/zn02.png">联系我们</a></li>
    <li><a href="#" style="line-height:18px;"><img src="images/zn03.png">
        <span>手机端二维码<br>及应用指南</span></a></li></ul></div>
```

**3. 主栏图片滚动框的制作**

对于图 5-55 中主栏下方的图片滚动框，可以将它看成是一个无序列表，在每个 li 元素中放一张图片，再设置 li 元素浮动，使所有图片水平排列。另外，必须对无序列表的父元素设置溢出隐藏，具体实现步骤请看 8.5.7 节中“图片滚动栏”部分的内容。

## 5.6 CSS3 新增的布局方式

### 5.6.1 弹性盒布局

使用经典的 CSS 布局方法对网页布局通常需要使用 float、margin、position 等属性去创建复杂的页面结构代码。为了使 CSS 布局变得更加简单和方便,CSS3 新增了弹性盒布局方式。

**1. 开启弹性盒布局**

下面的代码通过开启弹性盒布局,能使弹性盒中的 div 元素水平排列,代码(5-43.html)如下,效果如图 5-57 所示。

```
.flex{
    display: flex;                          /* 开启弹性盒布局,该元素成为弹性容器 */
    flex-flow: row;                         /* 盒子内的元素按横轴方向排列 */
    background-color:#ffff99; border:1px solid #111;    }
div{
    padding:10px; margin:10px;
    border:1px dashed #111; background-color:#90baff;    }
<div class="flex">
    <div class="son1">Box-1</div>
    <div class="son2">Box-2</div>
    <div class="son3">Box-3</div>
</div>
```

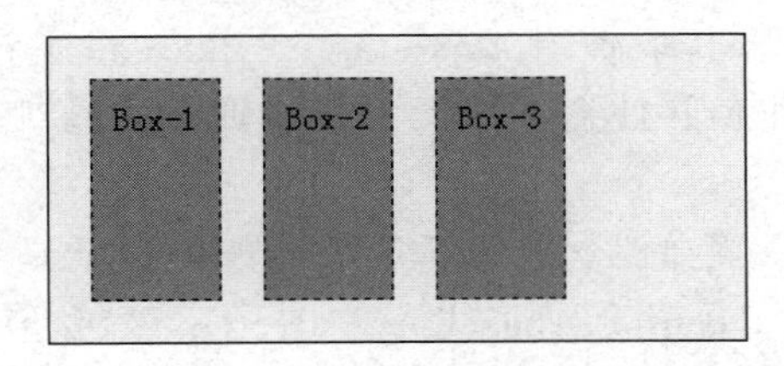


图 5-57 弹性盒布局示例

该实例主要利用了以下几个 CSS 属性。

(1) display: flex 表示开启弹性盒布局模式。这样元素就成为一个弹性容器,该元素的所有直接子元素都会遵循弹性盒布局的规则来排列。其中,flex 是 display 属性在 CSS3 中新增的一个属性值,如果要对属性值添加浏览器前缀,应写成: display:-webkit-flex。

(2) flex-flow: row 表示弹性盒中的直接子元素按水平方向排列。由于 row 是该属性的默认值,因此该语句也可省略,也就是说,弹性盒布局中子元素默认都是水平排列的。

flex-flow 可接两个属性,语法为: flex-flow: row | column nowrap | wrap | wrap-reverse,第 2 个属性表示子元素溢出父元素时,子元素是换行显示(wrap)还是缩小宽度而不换行(nowrap,默认值),例如 flex-flow: row nowrap。

总结: 弹性盒布局的特点有:

(1) 弹性盒中的所有直接子元素默认都是水平排列;

(2) 所有直接子元素的高度默认会自动伸展;

(3) 如果所有直接子元素宽度的和超过父元素,则默认情况下子元素的宽度会自动收缩以适应父元素的宽。

**2. 设置子元素的对齐方式**

下面再在.flex 选择器中添加如下两条属性,则显示效果如图 5-58 所示。

```
.flex{
    justify-content: center;                     /* 设置盒子内元素向轴中间对齐 */
    align-items: center; }        /* 盒子内元素向垂直于轴的方向上的中间位置对齐 */
```

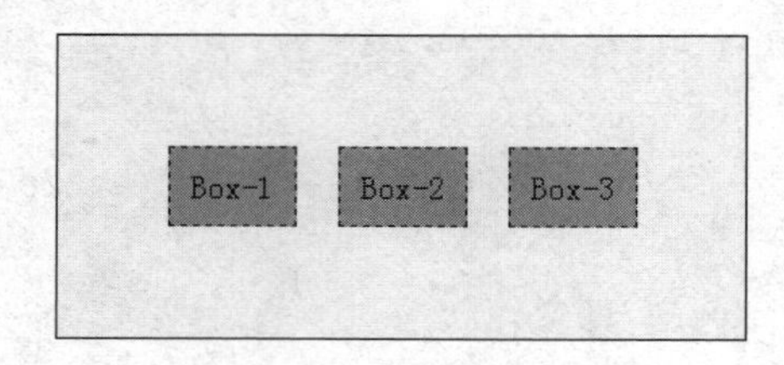


图 5-58　水平和垂直居中对齐

这两条属性的含义如下:

(1) justify-content——设置弹性盒内的子元素在主轴(默认是横轴,可由 flex-flow 属性设置)上的对齐方式,其取值有 flex-start | flex-end | center | space-between | space-around。其中后两个值将使盒子内元素在横轴上两端对齐排列,但盒子之间的间距会有不同。

(2) align-items——设置弹性盒内的子元素在侧轴(默认是纵轴)上的对齐方式,其取值有 flex-start | flex-end | center | baseline | stretch。默认值为 stretch,表示盒子内元素高度(或宽度)将自动伸展。

**3. 设置子元素的排列顺序和占据的比例**

在上述代码的基础上分别对 3 个子元素设置如下 CSS 属性,则效果如图 5-59 所示。

```
.son1{flex:1; order:3}                    /* 占据弹性盒 1/5 的宽度,排序位置为 3 */
.son2{flex:3; order:2}
.son3{flex:1; order:1}
```

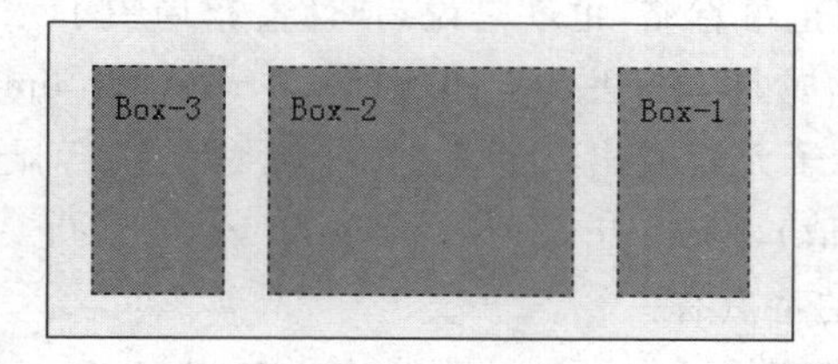


图 5-59　设置子元素的排列顺序和占据的比例

可见，flex用于设置子元素占据弹性盒的宽度，其取值既可以是数字，表示占据的份额；也可以是像素，表示占据的实际宽度。order用于设置子元素的排列顺序。

#### 4. 使用弹性盒模型进行1-3-1版式布局实例

下面是一个使用弹性盒模型进行网页版式布局的示例代码(5-44.html)，其在客户端的运行效果如图5-60所示，当浏览器宽度小于640px时，弹性盒中的子元素会纵向排列。

```
<header>header</header>
    <div class="main">
        <article>article</article>
        <nav>nav</nav>
        <aside>aside</aside>
</div>
<footer>footer</footer>
```

CSS代码如下：

```
.main {
    display: flex; flex-flow: row;              /* 设置 main 元素为弹性容器 */
    min-height: 200px; margin: 0px; padding: 0px;}
.main>article {
    margin: 4px; padding: 5px;background: #719DCA;
    flex: 3 ;order: 2;}
.main>nav {
 margin: 4px;padding: 5px; background: #FFBA41;
 flex: 1 ; order: 1;}
.main>aside {
    margin: 4px; padding: 5px; background: #FFBA41;
    flex: 1 ;    order: 3;}
header, footer {
    margin: 4px; padding: 5px; min-height: 50px;
    border: 2px solid #FFBA41;}
@media all and(max-width: 640px){               /* 当屏幕小于 640px 时 */
.main {
    flex-flow: column;                          /* 子元素按纵轴方向排列 */     }
.main>article, .main>nav, .main>aside {
    order: 0;                                   /* 按自然顺序排列 */     }
.main>nav, .main>aside, header, footer {
    min-height: 50px; max-height: 50px;     }
}
```

在弹性盒布局中，要注意以下几点：

(1) 弹性容器中的每一个直接子元素都会变成弹性子元素，弹性容器中直接包含的

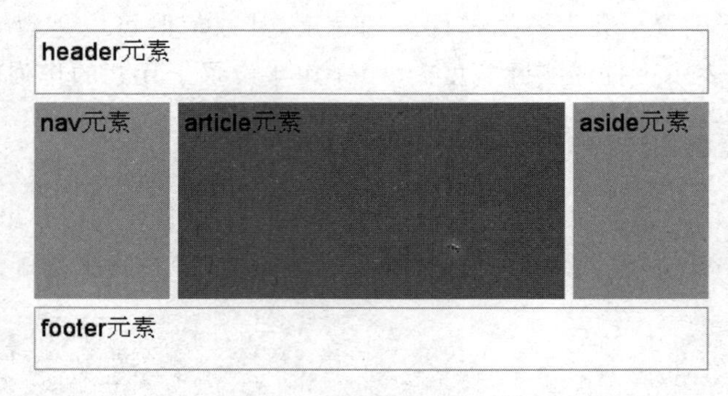


图 5-60 弹性盒布局示例图

无标记环绕的文本也会变为匿名弹性子元素。

(2) float 和 clear 属性对弹性子元素无效，vertical-align 属性对弹性子元素对齐无效。

(3) 分栏布局中的 column-* 属性对弹性子元素无效。

## 5.6.2 分栏布局

在报纸或杂志上，已经普遍使用分栏布局让内容流动起来，这种布局解决了长文本行的阅读问题。在过去，网页要实现分栏布局，只能使用多个元素并让这些元素浮动起来，但这无法实现一篇长文章在栏与栏之间自动续排。为此，CSS3 提供了分栏布局功能，网页也可以方便地使用分栏布局并使内容自动续排了。

### 1. 分栏布局的方法

把元素中的内容均等划分为几列的第 1 种方法是使用 column-count 属性，例如，下面的声明将把 div 元素的内容划分为 3 栏。

```
div.col {-webkit-column-count: 3;}
```

把元素中内容划分成多列的第 2 种方法是使用 column-width 属性，例如：

```
div.col { -webkit-column-width: 300px; }
```

这种方式适合于可变宽度的网页布局，即使网页宽度发生变化，每列的宽度依然能保持不变。也许有人会问，如果容器的宽度不是 300px 的倍数，最后一列的宽度会不会比前面几列要窄呢？实际上，CSS3 的分列算法会自动调整列的宽度，使它们更好地适应父元素，因此使用这种属性得到的每列宽度也是相等的。

### 2. 分栏布局的属性

分栏布局的其他属性如下：

(1) column-gap——设置栏间距,例如要设置栏间距为 2 个字符宽,就是 column-gap:2em。该属性的值最好设置为相对值。

(2) column-span——跨多栏属性,对于标题等不需分栏的元素,可使用跨多栏属性,例如,column-span:all。该属性的取值只能是 all 或 1。默认情况是 1,表示不跨栏,而 all 表示跨所有栏。因此,跨栏属性要么不跨栏,要么跨所有栏,如果希望跨任意几栏(如跨 2 栏),是无法实现的。

(3) column-rule——栏间线属性,该属性可以为栏与栏之间添加一条分隔线,其取值书写规则和 border 属性相同,例如,column-rule:1px dashed red。需要注意的是,栏间线的宽度不能超过栏间距,否则栏间线将不会显示。

下面是一个实例(5-45. html),其显示效果如图 5-61 所示。

```
<div class="col">
    <h3>十二星座传说——处女座</h3>
    <p>人间管理谷物的农业之神……</p><p>有一天她和同伴正在山谷……</p>
  <p>泊瑟芬的呼救声回荡在山谷、海洋……</p>
</div>
```

其 CSS 代码如下:

```
div.col {
    -webkit-column-count: 3;
    -webkit-column-gap: 1.5em;
    /*-webkit-column-rule:2px dashed #ccc; */
    font-size:14px; border:1px solid #e2e2e6; padding:0.5em; }
div.col h3 {
    -webkit-column-span: all; -moz-column-span: all;
    text-align:center; border-bottom:1px dashed #c66;}
div.col p{text-indent:2em;margin:0 auto;line-height:1.6em;}
```

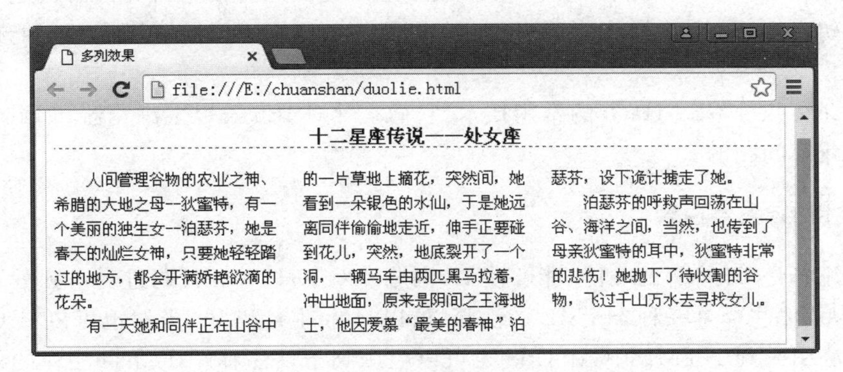


图 5-61 多列效果示意图

**提示：**

（1）分栏属性目前还没有成为一个通用的CSS属性。因此，使用分栏属性时要注意加浏览器前缀：-webkit-用于chrome或Safari，-moz-用于Firefox。

（2）如果在分栏中插入图片，并且图片的宽度超过了栏的宽度，则在Chrome浏览器中，超出的图像部分会被裁切而不显示，但Firefox仍然会显示超出栏宽的图片。

**3. 栏的中断**

一栏结束而下一栏开始的位置称为中断(break)，对于有些元素，比如子标题或者列表，它们不应该在各列之中被拆分。这时，可以使用column-break-before、column-break-after或column-break-inside确保它们不会处在中断位置上。

（1）column-break-before：设置是否在该元素之前生成新的栏，例如，column-break-before:always表示总是在元素之前断行并产生新的栏。

（2）column-break-after：设置是否在该元素之后生成新的栏。例如，column-break-after:avoid表示总是避免在该元素之后断行并产生新的栏，这样可保证子标题不会位于一栏的最下方。

（3）column-break-inside：避免在某个元素内部产生新栏。例如，column-break-inside:avoid表示避免在某个元素内部产生新栏，这样可保证子标题等元素不会被拆分到两栏中。

## 5.7 CSS浏览器的兼容问题*

由于CSS样式以及页面各种元素在不同浏览器中的表现不同，所以必须考虑网页代码的浏览器兼容问题。解决兼容性问题一般可以遵循以下两个原则：

（1）尽量使用兼容属性，因为并不是所有的CSS属性都存在兼容的问题，所以如果使用所有浏览器都能理解一致的属性，那么兼容的问题也就不存在了。

（2）使用CSS Hack技术，CSS Hack技术是通过被某些浏览器支持而其他浏览器不支持的语句，使一个CSS样式能够按开发者的目的被特定浏览器解释或者不能被特定浏览器解释。

下面介绍几种CSS Hack的常用技术，它们是针对IE6及以上浏览器和Firefox等标准浏览器兼容问题的。

**1. 使用IE条件注释**

条件注释是IE特有的功能，能够使IE浏览器对XHTML代码进行单独处理。值得注意的是，条件注释是一种HTML的注释，所以只针对HTML，当然也可以将CSS通过行内式方法引入到HTML中，让CSS也可以应用到条件注释。IE条件注释的使用方法如下：

```
<!--[if IE]>此内容只有IE可见，其他浏览器会忽略掉<![endif]-->
```

```
<!--[if IE 8.0]>此内容只有 IE8.0 可见<![endif]-->
<!--[if IE 9.0]>此内容只有 IE9.0 可见<![endif]-->
```

条件注释还可使用关键词，常见的关键词及示例代码如下：

- gt(greater than)，选择大于指定版本的 IE 版本。
- gte(greater than or equal)，选择大于或等于指定版本的 IE 版本。
- lt(less than)，选择小于指定版本的 IE 版本。
- lte(less than or equal)，选择小于或等于指定版本的 IE 版本。
- !(not)，选择指定版本外的 IE 版本。

```
<!--[if !IE 6.0]>此内容除了 IE6.0 之外都可见<![endif]-->
<!--[if lte IE 8]>此内容 IE8 及其以下版本可见<![endif]-->
<!--[if gte IE 9]>此内容 IE9 及其以上版本可见<![endif]-->
```

在 IE10 及以上版本中，已经取消了对条件注释的支持。

**2. 属性级 Hack**

在属性值前后添加特殊符号可选择指定的浏览器。例如，在属性值前加"*"表示选择 IE7 以下，在属性值后加"\0"表示选择 IE8 以上和 Opera15 以下。示例如下：

```
.test {
    color: #090\9;                          /* For IE8+ */
     *color: #f00;                          /* For IE7 and earlier */
    _color: #ff0;  }                        /* For IE6 and earlier */
```

**3. 选择器 Hack**

由于有些较老的浏览器不支持一些比较新的选择器，因此可以利用浏览器的支持能力来进行选择。例如：

```
* html .test { color: #090; }               /* For IE6 and earlier */
*+html .test { color: #ff0; }               /* For IE7 */
.test:lang(zh-cmn-Hans){ color: #f00; }     /* For IE8+ and not IE */
.test:nth-child(1){ color: #0ff; }
                         /* For IE9+ and not IE,IE8 以下不支持这种选择器 */
```

上述代码中的第 3、4 两行就是典型的利用能力来进行选择的 CSS Hack。

## 习　题

1. 关于浮动，下列哪条样式规则是不正确的？（　　）

   A. img { float: left; margin: 20px; }

B. img { float: right; right: 30px; }

C. img { float: right; width: 120px; height: 80px; }

D. img { float: left; margin-bottom: 2em; }

2. 对于样式 #p1{ float:left; display:inline; },元素 #p1 将以哪种元素显示?( )

A. 块级　　B. 行内　　C. 行内块　　D. 出错

3. 在图像替代文本技术中,为了隐藏<h1>标记中的文本,同时显示 h1 元素的背景图像,需要使用的 CSS 声明是( )。

A. text-indent: -9999px;　　B. font-size: 0;

C. text-decoration: none;　　D. display: none;

4. 插入的内容大于盒子的尺寸时,如果要使盒子通过延伸来容纳额外的内容。应设置 overflow 属性值为( )。

A. visible　　B. scroll　　C. hidden　　D. auto

5. 对元素设置以下哪些属性后,元素将以行内块(inline-block)元素显示(多选)?( )

A. float: left　　B. position: absolute

C. position: relative　　D. position: fixed

6. vertical-align 属性对以下哪种类型的元素是无效的?( )

A. 块级　　B. 行内　　C. 行内块　　D. 表格单元格

7. 下列各项描述的定位方式是什么?(填写 static、relative、absolute 中的一项或多项。)

(1) 元素以它的包含框为定位基准。________。

(2) 元素完全脱离了标准流。________。

(3) 元素相对于它原来的位置为定位基准。________。

(4) 元素在标准流中的位置会被保留。________。

(5) 元素在标准流中的位置会被其他元素占据。________。

(6) 能够通过 z-index 属性改变元素的层叠次序。________。

8. 开启弹性盒布局模型需要对元素添加________属性。

9. 分栏布局中设置分栏的数目应使用________属性。

10. 如果要使过长的文本自动省略并添加省略号,可使用________。

11. 如果希望元素内的单行文本垂直居中,可对该元素设置________属性。

12. 对一个元素可同时设置相对定位和浮动吗?

13. 简述制作纯 CSS 下拉菜单的原理和主要步骤。

14. 将 5.4.2 节中"小提示窗口"部分的 5-23.html 改写成具有渐隐渐现过渡效果的代码。

# 第 6 章　表格与表单

在 HTML 中，表格（table）和表单（form）都是由成组的标记定义的，因此其结构代码相对复杂。同样，表格和表单也需要 CSS 对其美化样式，以便提供更友好的操作界面。

## 6.1　创建表格

在网页中使用表格的两个常见原因是：在表格中排列数据，从而用来呈现数据间的关系；或者在表格中嵌入图像和文本，以达到精确控制文本和图像在网页中位置的目的，也就是网页布局。但随着 CSS 布局被广泛接受，表格布局的功能已被逐渐淡化。

### 6.1.1　表格标记

网页中的表格由＜table＞标记定义，一个表格由若干行＜tr＞组成，每行又被分成若干个单元格＜td＞，因此＜table＞、＜tr＞、＜td＞是表格中 3 个最基本的标记，必须同时出现才有意义。表格中的单元格能容纳网页中的任何元素，如图像、文本、列表、表单、表格等。

**1. ＜table＞标记**

下面是一个最简单的表格代码（6-1. html），它的显示效果如图 6-1 所示。

```
<table border="1">
    <tr><td>CELL 1</td><td>CELL 2</td>
    </tr>
    <tr><td>CELL 3</td><td>CELL 4</td>
    </tr>
</table>
```

| CELL 1 | CELL 2 |
|---|---|
| CELL 3 | CELL 4 |

图 6-1　最简单的表格

从图 6-1 可知，一个＜tr＞标记表示一行，＜tr＞标记中有两个＜td＞标记，表示一行中有两个单元格，因此显示为 2 行 2 列的表格。要注意在表格中行比列大，总是一行＜tr＞中包含若干个单元格＜td＞。

＜table＞标记中还可设置边框宽度（border＝"1"），它表示表格的边框是 1px 宽。下面将边框宽度调整为 10px，即＜table border＝"10"＞，这时显示效果如图 6-2 所示。

此时虽然表格的边框宽度变成了 10px，但表格中每个单元格的边框宽度仍然是

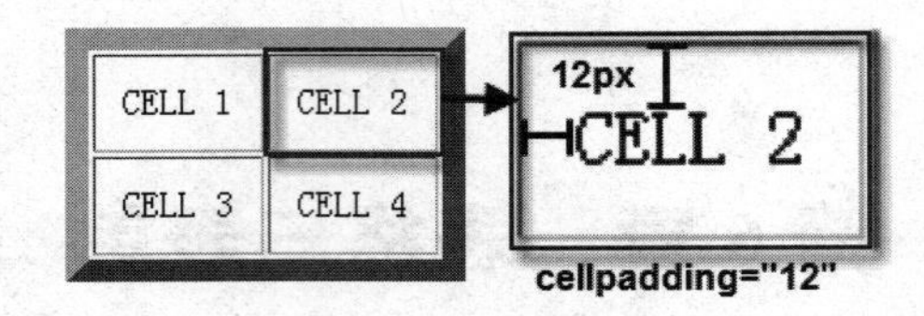


图 6-2 border 和 cellpadding 属性

1px,从这里可看出设置表格边框宽度不会影响单元格的边框宽度。

但有一个例外,如果将表格的边框宽度设置为 0,即<table border="0">(由于 border 属性的默认值就是 0,因此也可不设置),则单元格的边框宽度也跟着变为了 0。此时表格边框和单元格边框都消失,在用表格进行网页布局时通常需要这样设置。

由此可得出结论:设置表格边框为 0 时,会使单元格边框也变为 0;而设置表格边框为其他数值时,单元格边框宽度保持不变,始终为 1。

**2. 填充和间距**

填充(cellpadding)和间距(cellspacing)是<table>标记两个重要的属性,cellpadding 表示单元格中的内容到单元格边框之间的距离,默认值为 0;而 cellspacing 表示相邻单元格之间的距离,默认值为 1。

合理设置填充和间距属性可美化表格。例如,将表格填充设置为 12,即<table border="10" cellpadding="12">,则显示效果如图 6-2 所示。

把表格填充设置为 12,间距设置为 15,即<table border="10" cellpadding="12" cellspacing="15">,则显示效果如图 6-3 所示。

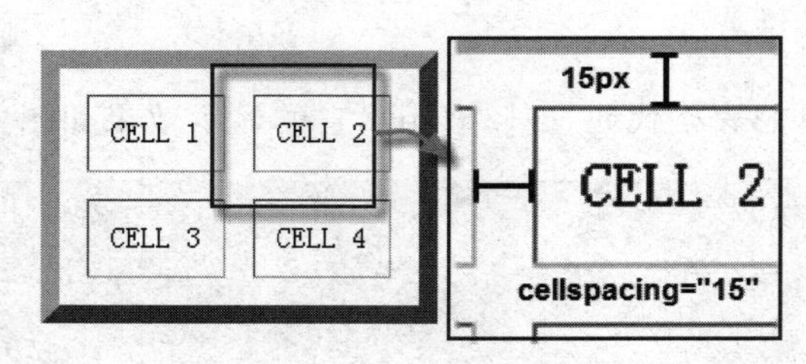


图 6-3 cellspacing 属性

此外,表格<table>标记还具有宽(width)和高(height)、水平对齐(align)、背景颜色(bgcolor)等属性,表 6-1 列出了<table>标记的常见属性。

**表 6-1 <table>标记的常见属性**

| <table>的属性 | 含义 |
| --- | --- |
| border | 表格边框的宽度,默认值为 0 |
| bgcolor | 表格的背景色(HTML5 不建议使用) |
| cellspacing | 表格的间距,默认值为 1 |
| cellpadding | 表格的填充,默认值为 0 |
| width,height | 表格的宽和高,可以使用像素或百分比作单位 |
| rules | 只显示表格的行边框(rows)或列边框(cols) |
| align | 表格的对齐属性,可以让表格左右或居中对齐 |

### 6.1.2 表格行和单元格标记

<tr>表示表格中的一行，该标记的常用属性有：

(1) align——统一设置该行中所有单元格中内容的水平对齐方式；

(2) valign——统一设置该行中所有单元格内容的垂直对齐方式；

(3) bgcolor——设置该行的背景颜色。

表头标记<th>相当于一个特殊的单元格<td>标记，唯一区别是<th>中的字符会以粗体居中方式显示。可以将表格第一行(第一个<tr>)中的<td>换成<th>，表示表格的表头。

对于单元格标记<td>、<th>来说，它们具有一些共同的属性，包括 width、height、align、valign、nowrap(不换行)、bordercolor、bgcolor 和 background。这些属性对于行标记<tr>来说，大部分都具有，只是没有 width 和 background 属性。

#### 1. 单元格标记的对齐属性

单元格<td>或<th>标记具有 align 和 valign 属性，其含义如下：

(1) align——单元格中内容的水平对齐属性，取值有 left(默认值)、center、right。

(2) valign——单元格中内容的垂直对齐属性，取值有 middle(默认值)、top、bottom。

即单元格中的内容默认是水平左对齐、垂直居中对齐的。由于默认情况下单元格是以能容纳内容的最小宽度和高度定义大小的，所以必须设置单元格的宽和高使其大于最小宽高值时才能看到对齐的效果。例如下面的代码(6-2.html)显示效果如图 6-4 所示。

```
<table width="256" border="4" cellpadding="2">
  <tr valign="bottom" height="58">
    <td width="82">底端对齐</td>
    <td width="96" valign="top">顶端对齐</td>
  </tr>
  <tr align="center" height="54">
    <td valign="top">水平居中顶端</td>
    <td>水平居中</td>
  </tr>
</table>
```

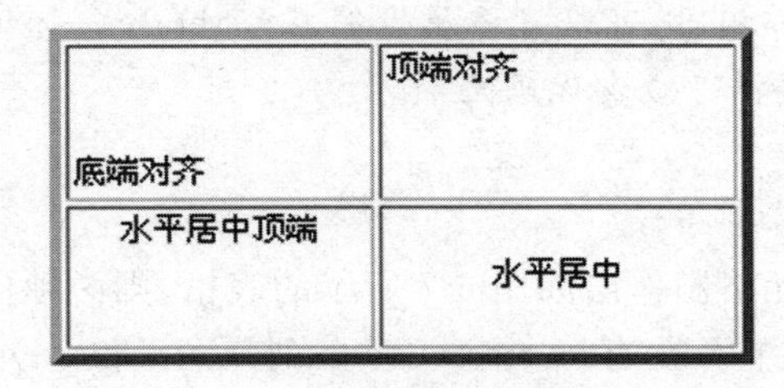


图 6-4 align 属性和 valign 属性

**2. bgcolor 属性**

bgcolor 属性是<table>、<tr>、<td>都具有的属性，用来对表格或单元格设置背景色。在实际应用中，常将所有单元格的背景色设置为一种颜色，将表格的背景色设置为另一种颜色。此时如果间距(cellspacing)不为 0，则表格的背景色会环绕单元格，使间距看起来像边框一样。例如下面的代码(6-3. html)显示效果如图 6-5 所示。

```
<table border="1" cellpadding="12" cellspacing="5" bordercolor="#333333"
bgcolor="#cccccc">
<tr bgcolor="#ffffff"><td>CELL 1</td><td>CELL 2</td></tr>
<tr bgcolor="#ffffff"><td>CELL 3</td><td>CELL 4</td></tr>
</table>
```

如果在此基础上将表格的 border 属性设置为 0，则显示效果如图 6-6 所示，可看出此时间距像边框一样了，而这个由间距形成的"边框"实际上是表格的背景色。

| CELL 1 | CELL 2 |
| --- | --- |
| CELL 3 | CELL 4 |

图 6-5　设置表格背景色为灰色、单元格背景色为白色的效果

| CELL 1 | CELL 2 |
| --- | --- |
| CELL 3 | CELL 4 |

图 6-6　在图 6-5 基础上将表格边框设置为 0

如果要减少 bgcolor 属性的书写次数，可以使用<tbody>标记，在所有<tr>标记的外面嵌套一个<tbody>标记，再设置<tbody>的背景色为白色即可，例如(6-4. html)：

```
<table cellpadding="12" cellspacing="5" bordercolor="#333333" bgcolor=
"#cccccc">
    <tbody bgcolor="#ffffff">
      <tr><td>CELL 1</td><td>CELL 2</td></tr>
      <tr><td>CELL 3</td><td>CELL 4</td></tr>
    </tbody>
</table>
```

**提示：**<tbody>是表格体标记，它包含表格中所有的行或单元格。因此，如果所有单元格或行的某个属性都相同，可以将该属性写在<tbody>标记中，例如上述代码中的(bgcolor="#ffffff")，这样可减少代码冗余。

**3. 单元格的合并属性**

如果要合并某些单元格制作出如图 6-7 所示的表格，则必须使用单元格的合并属性，单元格<td>标记的合并属性有 colspan(跨多列属性)和 rowspan(跨多行属性)，是<td>标记特有的属性，分别用于合并列或合并行。例如(6-5. html)：

```
<td rowspan="3">课程表</td>                    <!--合并上下3行单元格-->
<td colspan="2">星期一</td>                    <!--合并左右2列行单元格-->
```

<table>
<tr><td rowspan="3">课程表</td><td colspan="2">星期一</td></tr>
<tr><td>上午</td><td>下午</td></tr>
<tr><td>语文</td><td>数学</td></tr>
</table>

图 6-7 单元格合并后的效果

可见，合并3行单元格将使该行下的两行的两个<tr>标记中分别减少一个<td>标记；而合并2列单元格，将使该行<tr>标记中减少一个<td>标记。如果一个单元格由3行3列9个单元格合并而成，则需要同时使用colspan和rowspan属性。

**提示：**设置了单元格合并属性后，再对单元格的宽或高进行精确设置会发现不容易了，因此在用表格布局时不推荐使用单元格合并属性，使用表格嵌套更合适些。

**4. <caption>标记**

<caption>标记用来为表格添加标题，这个标题固然可以用普通的文本实现，但是使用<caption>标记可以更好地描述这个表格的含义。例如：

```
<table cellpadding="12" cellspacing="5">
    <caption>2017年课程表</caption>    <!--<caption>必须位于<table>标记内-->
    <tr><td>…</td></tr>…
</table>
```

## 6.1.3 在DW中操作表格的方法

**1. 在DW中选中表格的方法**

对表格进行操作之前必须先选中表格，有时几层表格嵌套在一起，在DW设计视图中使用以下方法仍然可以方便地选中表格或单元格。

(1) 选择整个表格：将鼠标指针移到的表格左上角或右下角时，光标右下角会出现表格形状，此时单击就可以选中整个表格，或者在表格区域内单击一下，再选择状态栏上的<table>标签按钮。

(2) 选择一行或一列单元格：将鼠标指针置于一行的左边框上，或置于一列的顶端边框上，当选定箭头(⬇)出现时单击，选择一行也可单击状态栏中的<tr>标签按钮。

(3) 选择连续的几个单元格：在一个单元格中单击并拖动鼠标横向或纵向移至另一单元格。

(4) 选择不连续的几个单元格：按住Ctrl键，单击欲选定的单元格、行或列。

(5) 选择单元格中的网页元素：直接单击单元格中的网页元素。

**提示：**按住Ctrl键，鼠标在表格上滑动DW会高亮显示表格结构。

### 2. 向表格中插入行或列的方法

当光标位于表格内时，右击，在弹出菜单中选择“表格”→“插入行(或插入列)”命令可在表格的当前行的上方插入一行，或当前行的左边插入一列，若要在表格的最右边插入一列或最下方插入一行，可选择“表格”→“插入行或列”命令，在所选列之后或所选行之下插入列或行。插入行也可以在代码视图中复制一行的代码“<tr>…</tr>”再粘贴几次就插入了几行，而插入列在代码视图中不方便进行。

### 3. 设置单元格中内容居中对齐的方法

在默认情况下，表格会单独占据网页中的一行，左对齐排列。表格具有水平对齐属性align，可以设置align="center"让表格水平居中对齐，位于一行的中央。而单元格<td>则具有水平对齐align和垂直对齐valign属性，它们的作用是使单元格中的内容相对于单元格水平居中或垂直居中，在默认情况下，单元格中的内容是垂直居中，但水平左对齐的。

如果在单元格中有一段无格式的文字，例如：

```
<td>版权所有 &copy;数学系</td>
```

(1) 要使这段文字在单元格中居中对齐，那么有两种方法可以做到。一是在设计视图中选中这些文字，然后使用文本自身的对齐属性来居中对齐。即单击图6-8中①处的按钮。

此时，可发现文本已经居中，切换到代码视图，代码已修改为：

```
<td><div align="center">版权所有 &copy;数学系</div></td>
```

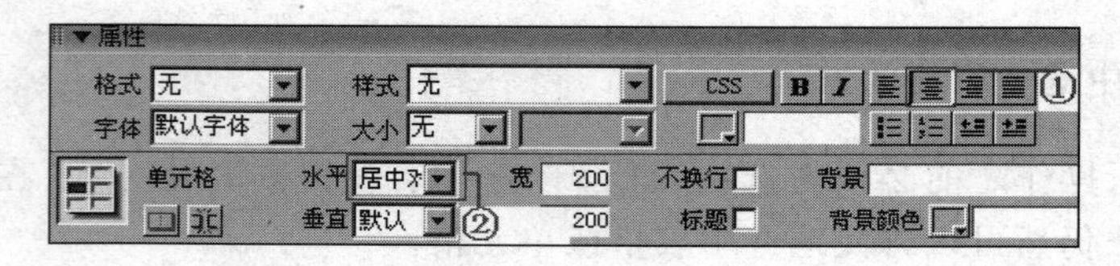


图6-8 单元格中文本对齐的两种方法

这种方法DW会自动为文本添加一个div标记，再使用div标记的align属性使文本对齐，这是因为这段文本没有格式标记环绕，要使它们居中只能添加一个标记，如果文本被格式标记(如p标记)环绕，那么就会直接在p标记中添加align="center"属性。

(2) 由于文本位于单元格中，第2种使文本居中的方法是利用单元格的对齐属性，即单击图6-8中②处的按钮，可发现文本也能居中对齐，对应的代码如下：

```
<td align="center">版权所有 &copy;数学系</td>
```

可见，第2种方法不会增加一个标记，推荐使用该方法对齐单元格中的文本。

### 6.1.4 制作固定宽度的表格

如果不定义表格中每个单元格的宽度，那么当向单元格中插入网页元素时，表格往往会变形。这样无法利用表格精确定位网页中的元素，网页中会有很多不必要的空隙，使网页显得不紧凑也不美观，因此要利用固定宽度的表格和单元格精确地包含住其中的内容。制作固定宽度的表格通常有以下两种方法。

(1) 定义所有列的宽度，但不定义整个表格的宽度。示例(6-6.html)如下：

```
<table border="0" cellspacing="0" cellpadding="0">
  <tr><td width="200"> </td>
    <td width="360">  </td>
    <td width="200">  </td>
  </tr></table>
```

整个表格的实际宽度为：所有列的宽度和＋边框宽度和＋间距和＋填充和。这时候，只要单元格内的内容不超过的单元格的宽度，表格就不会变形。

(2) 定义整个表格的宽，如500px、98%等，再留一列的宽度不定义，未定义的这一列的宽度为整个表格的宽度－已定义列的宽度和－边框宽度和－间距和－填充和，同样在插入内容时也不会变形。

由于网页的总宽度、每列的宽度都要固定，所以制作固定宽度的表格是用表格进行网页布局的基础。而网页布局时一般是不需要指定布局表格高度的，因为随着单元格中内容的增加，布局表格的高度也会自适应地增加。

因此制作固定高度的表格相对来说用得较少，只有在单元格中插入图像时，为了保证单元格和图像之间没有间隙，需要把单元格的宽和高设置为图像的宽和高，填充、间距和边框值都设为0，并保证单元格标记内除了图像元素，没有其他空格或换行符。

**提示：**在用表格布局时不推荐使用鼠标拖动表格边框的方式来调整其大小，这样会在表格标记内自动插入width和height属性。如果所有单元格的宽已固定，又定义了表格的宽度，那么所有单元格的宽度都会按比例发生改变，导致用表格布局的网页里的内容排列混乱。

### 6.1.5 特殊效果表格的制作

#### 1. 制作1px(细线)边框的表格

一般来说，1px边框的表格在网页中显得更美观。特别是用表格作栏目框时，1px边框的栏目框是大部分网站的选择，因此，制作1px边框的表格已成为网页设计的一项基本要求。

但是把表格的边框(border)定义为1px时(border＝"1")，其实际宽度是2px。这样的表格边框显得很粗而不美观。要制作1px的细线边框可用如下任意一种方法实现。

(1) 用间距作边框。原理是通过把表格的背景色和单元格的背景色调整成不同的颜色,使间距看起来像一个边框一样,再将表格的边框设为0,间距设为1,即实现1px"边框"表格。代码(6-7.html)如下:

```
<table border="0" cellspacing="1" bgcolor="#000000">
  <tr><td bgcolor="#ffffff">1像素边框表格</td></tr>
</table>
```

(2) 用 CSS 属性 border-collapse 制作 1px 边框的表格。先把表格的边框(border)设为1,间距(cellspacing)设为0,此时表格边框和单元格边框紧挨在一起,所以边框的宽度为1+1=2px。这是因为 border-collapse 的默认值是 separate,即表格边框和单元格边框不重叠。如果把 border-collapse 的值设为 collapse(重叠),则表格边框和单元格边框将发生重叠,因此边框的宽度为1px。代码(6-8.html)如下:

```
<table border="1" cellspacing="0" bordercolor="#ff0000" style="border-collapse: collapse">…</table>
```

### 2. 用单元格制作水平线或占位表格

如果需要水平或竖直的线段,可以使用表格的行或列来制作,例如,在表格中需要一条黑色的水平线段,则可以这样制作:先把某一行的行高设为1;再把该行的背景色设为黑色;最后在"代码"视图中去掉此行单元格中的" "占位符空格。因为" "是 DW 在插入表格时自动往每个单元格中添加的一个字符,如果不去掉,则 IE 默认一个字符占据 12px 的高度。这样就制作了一条 1px 粗的水平黑线。代码(6-9.html)如下:

```
<table width="200" border="0" cellpadding="0" cellspacing="0">
  <tr><td height="1" bgcolor="#000000"></td><!--单元格中的" "已去掉-->
  </tr>
</table>
```

如果要制作 1px 粗的竖直黑线,可在上述代码中将表格的宽修改为 1px,单元格的高修改为竖直黑线的长度即可。

在默认情况下,网页中两个相邻的表格上下会紧挨在一起,这时可以在这两个表格中插入一个占位表格使它们之间有一些间隙,例如,把占位表格的高度设置为 7px,边框、填充、间距设为0,并去掉单元格中的" ",则在两个表格间插入了一个 7px 高的占位表格,这样就避免了表格紧挨着的情况出现,因为我们通常都不希望两个栏目框上下紧挨在一起。当然,为表格设置 CSS 属性 margin 能更容易地实现留空隙(推荐使用)。

### 3. 用表格制作圆角栏目框

如图 6-9 所示的固定宽度的圆角栏目框是用表格制作的。当然,我们推荐使用 CSS3 制作圆角框,本例是为了帮助读者运用表格的各种属性而作为练习的。制作步骤如下:

(1) 准备两张圆角图片，分别是上圆角和下圆角的图像。

(2) 插入一个3行1列的表格，把表格的填充、间距和边框设为0，宽设置成190px(圆角图片的宽)，高不设置。

(3) 分别设置表格内3个单元格的高。第1个单元格高设置为38px(上圆角图片的高)；第2个单元格高为100px；第3个单元格高为17px(下圆角图片的高)。在第1、3个单元格内分别插入上圆角和下圆角的图片。

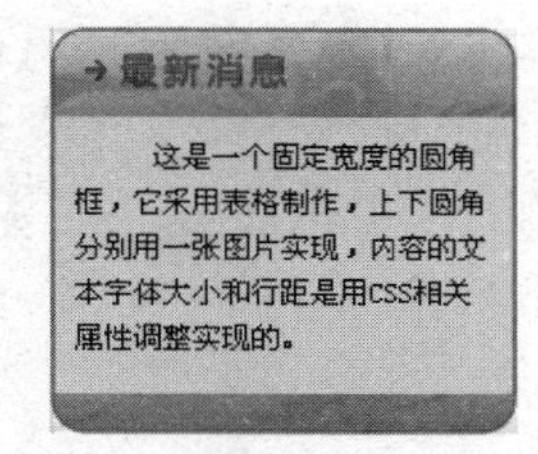


图6-9 用表格制作的圆角栏目框

(4) 把第2个单元格内容的水平对齐方式设置为居中(align="center")，单元格的背景颜色设置为圆角图片边框的颜色(bgcolor="#E78BB2")。

(5) 在第2个单元格中再插入一个1行1列的表格，把该表格的间距和边框设为0，填充设为8px(让栏目框中的内容和边框之间有一些间隔)，宽设为186px，高100px。背景颜色设置为比边框浅的颜色(bgcolor="#FAE4E6")。生成的代码见6-10.html。

**提示：**第(5)步也可以不插入表格，而是把第2个单元格拆分成3列，把3列对应的3个单元格的宽分别设置为2px、186px和2px，并在代码视图把这3个单元格中的" "去掉，然后把第1、3列的背景色设置为圆角边框的颜色，第2列的背景色设为圆角背景的颜色，并用CSS属性设置它的填充为8px(style="padding:8px")。

## 6.2 使用CSS美化表格

### 6.2.1 边框和背景的美化

通过CSS盒子模型的边框属性可以很容易地制作出如图6-10所示的1px虚线边框的表格。方法是首先在把表格的HTML边框属性设置为0，然后给表格table用CSS添加1px的实线边框，再给第一行的单元格td用CSS添加虚线的下边框。为了让单元格的虚线边框与表格的边框不交合，设置表格的间距不为0即可。代码(6-11.html)如下：

```
<style>
table {border: 1px solid #03F; width:168px; border-radius:6px;}
table:hover{ box-shadow: 0 0 10px #0CC; background-image:linear-gradient(#fff
92%,#9ee);}
td.title {
    border-bottom: 1px dashed #06F;
    font-size:14px;font-weight:bold; text-indent:28px;
    background: url(img/123.png)no-repeat 0 -4px;}
td.test {text-indent:2em;line-height:160%;font-size:13px;}
</style>
<table cellpadding="3" cellspacing="8">
```

```
  <tr><td class="title">课程简介</td></tr>
  <tr><td class="test">电子商务专业……</td></tr>
</table>
```

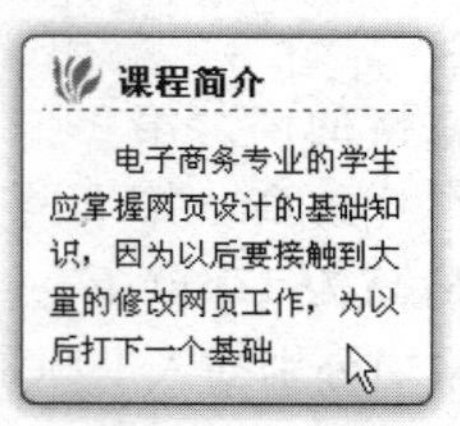


图 6-10　CSS 虚线边框表格

说明：

(1) table 元素除了 cellpadding 和 cellspacing 两个 HTML 属性不好用 CSS 属性替代外，其他属性都可用 CSS 替代。

(2) 对于单行文本，要使其向右移动，有两种方法：一种是使用 text-indent，另一种是使用 padding-left，推荐第一种方法。

## 6.2.2　隔行变色效果

CSS3 提供了:nth-child(n)结构伪类选择器，它可选择任意的子元素，该选择器的参数 n 有 3 种形式：数字、关键词(even 或 odd)或公式(如 2n)。

制作隔行变色的表格，只要用:nth-child(n)伪类选中奇数行或偶数行，再设置不同的颜色样式即可。代码(6-12.html)如下，效果如图 6-11 所示。

```
table{width:500px;border:0;margin:10px auto 0; text-align:center;
border-collapse:collapse;border-spacing:0;}
th{background:#0090D7;line-height:30px;font-size:14px;color:#FFF;}
 tr:nth-child(odd){background:#F4F4F4;}        /*设置奇数行的背景色*/
td:nth-child(even){color:#C00;}                /*设置偶数列的文字颜色*/
tr:hover{background:#73B1E0;color:#FFF;}       /*鼠标指针滑过变色*/
td,table th{border:1px solid #EEE;}
<table border="1" cellspacing="0" cellpadding="6">
     <tr><th>排名</th><th>专业名称</th><th>类别</th><th>平均月薪</th></tr>
    <tr><td>1</td><td>电子信息工程</td><td>工学</td><td>7539 元</td></tr>
    …
</table>
```

在图 6-11 中，表头行的背景色没有变成奇数行的颜色，说明结构伪类选择器的优先级比标记选择器、hover 伪类选择器都低，CSS3 结构伪类的一些常见用法如表 6-2 所示。

| 排名 | 专业名称 | 类别 | 毕业五年平均月薪 |
|---|---|---|---|
| 1 | 电子信息工程 | 工学 | 7539元 |
| 2 | 自动化 | 工学 | 7375元 |
| 3 | 软件工程 | 工学 | 7283元 |
| 4 | 广告学 | 文学 | 6778元 |
| 5 | 计算机科学与技术 | 工学 | 6590元 |
| 6 | 信息与计算科学 | 理学 | 6513元 |

图 6-11　隔行变色和悬停变色效果

**表 6-2　CSS3 结构伪类选择器**

| 伪 类 名 | 功　　能 |
|---|---|
| :nth-child(odd)或:nth-child(2n−1) | 匹配父元素的奇数个子元素 |
| :nth-child(even)或:nth-child(2n) | 匹配父元素的偶数个子元素 |
| :nth-child(n) | 匹配父元素的第 $n$ 个子元素，$n$ 从 1 开始，如:nth-child(1)等价于:first-child |
| :nth-last-child(n) | 匹配父元素的倒数第 $n$ 个子元素 |
| :last-child | 匹配父元素的最后一个子元素 |
| :only-child | 匹配父元素的唯一的一个子元素 |
| :nth-of-type(n) | 匹配同类型的第 $n$ 个同级兄弟元素 E |

## 6.3　创建表单

表单是浏览器与服务器之间交互的重要手段，利用表单可以收集客户端提交的信息。图 6-12 是一个用户注册表单，用户单击“提交”按钮后表单中的信息就会发送到服务器。

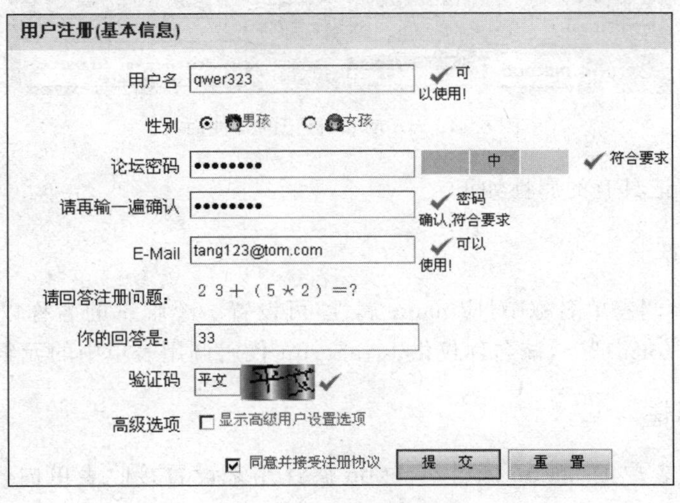


图 6-12　用户注册表单

表单由表单界面和服务器端程序(如PHP)两部分构成。表单界面由HTML代码编写,服务器端程序用来收集用户通过表单提交的数据。本节只讨论表单界面的制作。在HTML代码中,可以用表单标记定义表单,并且指定接收表单数据的服务器端程序文件。

表单处理信息的过程为:当单击表单中的"提交"按钮时,在表单中填写的信息就会发送到服务器,然后由服务器端的有关应用程序进行处理,处理后或者将用户提交的信息存储在服务器端的数据库中,或者将有关的信息返回到客户端浏览器。

### 6.3.1 <form>标记及其属性

<form>标记用来创建一个表单,即定义表单的开始和结束位置,这一标记有几方面的作用。首先,限定表单的范围。一个表单中的所有表单域标记,都要写在<form>与</form>之间(HTML5对表单已无此要求),单击提交按钮时,提交的也是该表单范围内的内容。其次,携带表单的相关信息,例如,处理表单的脚本程序的位置(action)、提交表单的方法(method)等。这些信息对于浏览者是不可见的,但对于处理表单却起着决定性的作用。

<form>标记中包含的表单元素通常有<input>、<select>和<textarea>等,图6-13展示了DW的表单工具栏中各种表单元素与标记的对应关系。

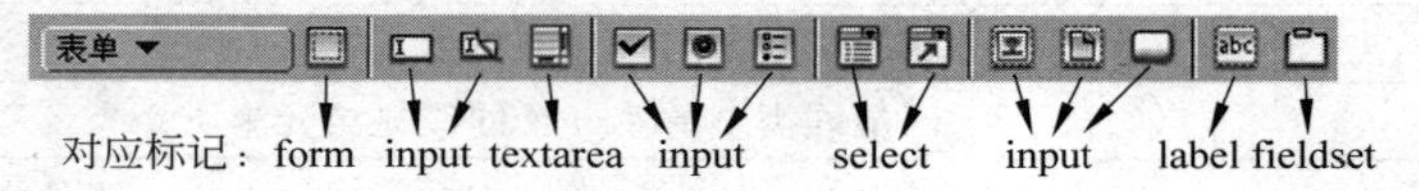


图6-13 表单元素和表单标记的对应关系

在图6-13中单击"表单"按钮(▣)后,就会在网页中插入一个表单<form>标记,此时会在"属性"面板中显示<form>标记的属性设置,如图6-14所示。

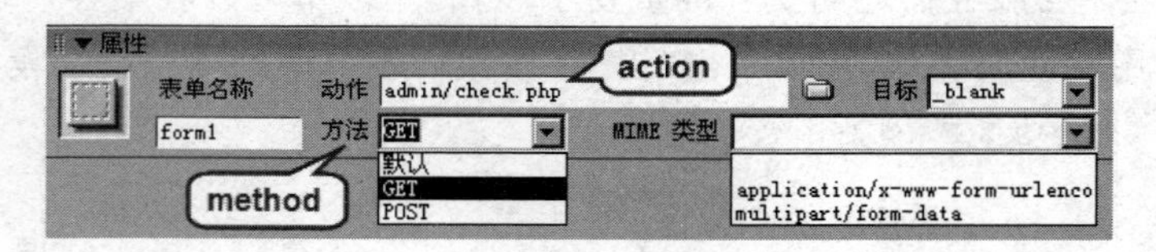


图6-14 <form>标记的属性面板

<form>标记具有的属性如下。

#### 1. name属性

在图6-14中,"表单名称"对应name属性,可设置一个唯一的名称以标识该表单,如<form name="form1">,该名称仅供JavaScript代码调用表单中的元素。

#### 2. action属性

"动作"对应表单的action属性。action属性用来设置接收表单内容的程序文件的URL。例如,<form action="admin/check.php">,表示当用户提交表单后,将转到

admin 目录下的 check. php 页面，并由 check. php 接收发送来的表单数据，该文件执行完毕后(通常是对表单数据进行处理)，将返回执行结果(生成的静态页)给浏览器。

在“动作”文本框中可输入相对 URL 或绝对 URL。如果不设置 action 属性(即 action=“”)，表单中的数据将提交给表单自身所在的文件，这种情况常见于将表单代码和处理表单的程序写在同一个动态网页中，否则将没有接收和处理表单内容的程序。

**3. method 属性**

“方法”对应<form>的 method 属性，定义浏览器将表单数据传递到服务器的方式。取值只能是 GET 或 POST(默认值是 GET)。例如：

```
<form method="post">
```

(1) 使用 GET 方式时，Web 浏览器将各表单字段名称及其值按照 URL 参数格式的形式，附在 action 属性指定的 URL 地址后一起发送给服务器。例如，一个使用 GET 方式的 form 表单提交时，在浏览器地址栏中生成的 URL 具有类似下面的形式：

```
http://ec.hynu.cn/admin/check.php?name=alice&password=123
```

GET 方式生成的 URL 格式为：每个表单域元素名称与取值之间用等号“=”分隔，形成一个参数；各个参数之间用“&”分隔；而 action 属性所指定的 URL 与参数之间用问号“?”分隔。

(2) 使用 POST 方式时，浏览器将把各表单域元素名称及其值作为 HTTP 消息的实体内容发送给 Web 服务器，而不是作为 URL 参数传递。因此，使用 POST 方式传送的数据不会显示在地址栏中。

**提示**：不要使用 GET 方式发送大数据量的表单(例如，表单中有文件上传域时)。因为 URL 长度最多只能有 8192 个字符，如果发送的数据量太大，数据将被截断，从而导致发送的数据不完整。另外，在发送机密信息时(如用户名和口令、信用卡号等)，不要使用 GET 方式；否则，浏览者输入的口令将作为 URL 显示在地址栏上，而且还将保存在浏览器的历史记录文件和服务器的日志文件中。因此，GET 方式不适合于发送有机密性要求的数据和发送大数据量数据的场合。

**4. enctype 属性**

“MIME 类型”对应<form>的 enctype 属性，用来指定表单数据在发送到服务器之前应该如何编码。默认值为“application/x-www-form-urlencode”，表示表单中的数据被编码成“名=值”对的形式，因此在一般情况下无须设置该属性。但如果表单中含有文件上传域，则需设置该属性为“multipart/form-data”，并设置提交方式为 POST。

**5. target 属性**

“目标”对应<form>的“target”属性，它指当提交表单时，action 属性所指定的网页以何种方式打开(在新窗口还是原窗口)。取值有 4 种,含义和<a>标记的 target 属性相同(见表 2-6)。

### 6.3.2 <input>标记

<input>标记是用来收集用户输入信息的标记,它是一个单标记,<input>至少应具有两个属性：一是 type 属性,用来决定这个<input>标记的含义,type 属性共有 10 种取值,各种取值的含义如表 6-3 所示;二是 name 属性,用来定义该表单元素的名称,如果没有该属性,虽然不会影响表单的界面,但服务器将无法获取该表单元素提交的数据。

**表 6-3 <input>标记的 type 属性取值含义**

| type 属性值 | 含 义 | type 属性值 | 含 义 | type 属性值 | 含 义 |
|---|---|---|---|---|---|
| text | 文本框 | submit | 提交按钮 | file | 文件域 |
| password | 密码框 | reset | 重置按钮 | hidden | 隐藏域 |
| radio | 单选框 | button | 普通按钮 | | |
| checkbox | 复选框 | image | 图像按钮 | | |

#### 1. 单行文本框

当<input>的 type 属性为 text 时,即：<input type="text"…>,将在表单中创建一个单行文本框,如图 6-15 所示。文本框用来收集用户输入的少量文本信息。例如：

```
姓名:<input type="text" name="user" size="20">
```

表示该单行文本框的宽度为 20 个字符,名称属性为 user。

如果用户在该文本框中输入了内容(假设输入的是 Tom),那么提交表单时,提交给服务器的数据就是“user=Tom”。即表单提交的数据总是“name=value”对的形式。由于 name 属性值为 user,而文本框的 value 属性值为文本框中的内容,因此有以上结果。如果用户没有在该文本框中输入内容,那么提交表单时,提交给服务器的数据就是“user=”。

如果文本框没有设置 value 属性,则打开网页时文本框是空的,如果设置了 value 属性,则 value 属性值将作为文本框的初始内容显示。如果希望单击文本框时清空文本框中的值(图 6-15),可对 onfocus 事件编写 JavaScript 代码(单击文本框时会触发 onfocus 事件)。示例代码(6-13.html)如下。文本框和密码框的常用属性如表 6-4 所示。

```
查询 <input type="text" name="search" value="请输入关键字" onfocus="this.value
=''">
```

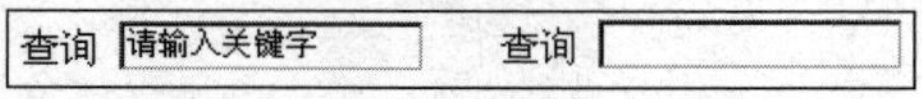

查询 [请输入关键字]　　查询 [ ]

图 6-15 设置了 value 属性值的文本框在网页载入时(左)和单击后(右)

表 6-4 文本框和密码框的常用属性

| 属性名 | 功能 | 示例 |
|---|---|---|
| value | 表示文本框中的内容,如不设置,则文本框显示的内容为空。用户输入的内容将会作为 value 属性的最终值 | value="请在此输入" |
| size | 指定文本框的宽度,以字符个数为度量单位 | size="16" |
| maxlength | 设置用户能够输入的最多字符个数 | maxlength="11" |
| readonly | 文本框为只读,用户不能改变文本框中的值,但用户仍能选中或复制其文本,其内容也会发送给服务器 | readonly="readonly" |
| disabled | 禁用文本框,文本框将不能获得焦点,提交表单时,也不会将文本框的名称和值发送给服务器 | disabled="disabled" |

**提示**:readonly 可防止用户对值进行修改,直到满足某些条件为止(比如选中了一个复选框),此时需要使用 JavaScript 清除 readonly 属性。disabled 可应用于所有表单元素。

**2. 密码框**

当<input>的 type 属性为 password 时,表示该<input>是一个密码框。密码框和文本框基本相同,只是用户输入的字符会以圆点显示,以防被他人看到。但表单发送数据时仍然会把用户输入的真实字符作为其 value 值以不加密的形式发送给服务器。示例代码如下,显示效果如图 6-16 所示。

```
密码 : <input type="password" name="pw" size="15">
```

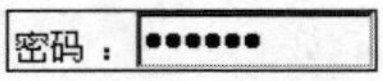

密码 : ••••••

图 6-16 密码框

**3. 单选按钮**

<input type="radio">表示一个单选按钮。单选按钮必须成组出现。将多个单选按钮的 name 属性值设置为相同,它们就会形成一组单选按钮。一组单选按钮中只允许一个被选中。当用户提交表单时,在一组单选按钮中,只有被选中的那个单选按钮的名称和值(即 name/value 对)才会被发送到服务器。

因此同组的每个单选按钮的 value 属性值不能相同,这样选中不同的单选项,就能发送同一 name 值,不同 value 值。下面是一组单选按钮的代码,效果如图 6-17 所示。

```
性别: 男 <input type="radio" name="sex" value="1" checked>
      女 <input type="radio" name="sex" value="2">
```

其中,checked 属性设定初始时单选按钮哪项处于选定状态,不设定表示都不选中。

性别：男 ⊙ 女 ○

图 6-17　单选按钮

**4. 复选框**

<input type="checkbox">表示一个复选框。将多个复选框的 name 属性值设置为相同，它们就会形成一组复选框。一组复选框允许多个被选中。提交表单时，在一组复选框中，只有被选中的那些复选框的值(形式为 name/value1，value2，value3…)才会被发送到服务器。

复选框和单选按钮都具有 checked 属性，用来设置初始状态时是否被选中。下面是一个复选框的例子，其显示效果如图 6-18 所示。

```
爱好:<input name="fav1" type="checkbox" value="1" />跳舞
     <input name="fav2" type="checkbox" value="2" />散步
     <input name="fav3" type="checkbox" value="3" />唱歌
```

爱好： ☐ 跳舞 ☐ 散步 ☐ 唱歌

图 6-18　复选框

**提示**：从以上示例可看出，选择类表单标记(单选按钮、复选框或下拉列表框等)和输入类表单标记(文本域、密码域、多行文本域等)的重要区别是：选择类标记必须事先设定每个元素的 value 属性值，而输入类标记的 value 属性值一般由用户输入，可以不设定。

**5. 文件上传域**

<input type="file">是文件上传域，用于浏览器通过表单向服务器上传文件。使用<input type="file">元素，浏览器会自动生成一个文本框和一个“浏览”按钮，供用户选择上传到服务器的文件，示例代码如下，效果如图 6-19 所示。

```
<input type="file" name="upfile">
```

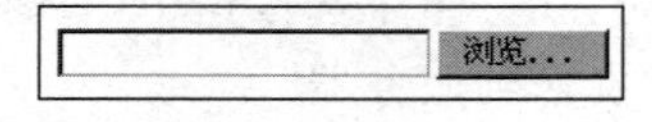


图 6-19　文件上传域

**注意**：如果<form>标记中含有文件上传域，则<form>标记的 enctype 属性必须设置为“multipart/form-data”，并且 method 属性必须是 post。

**6. 隐藏域**

<input type="hidden">是表单的隐藏域，隐藏域不会显示在网页中，但是当提交表单时，浏览器会将这个隐藏域元素的 name/value 属性值对发送给服务器。因此隐藏域

必须具有 name 属性和 value 属性，否则毫无作用。例如：

```
<input type="hidden" name="user" value="Alice">
```

隐藏域是网页之间传递信息的一种方法。例如，假设网站的用户注册过程由两个步骤完成，每个步骤对应一个网页文件。用户在第一步的表单中输入了用户名，接着进入第二步的网页中，在这个网页中填写爱好和特长等信息。在第二个网页提交时，要将第一个网页中收集到的用户名也传送给服务器，就需要在第二个网页的表单中加入一个隐藏域，让它的 value 值等于接收到的用户名。

### 6.3.3 <select>和<option>标记

<select>标记表示下拉框或列表框，是一个标记的含义由其 size 属性决定的元素。如果该标记没有 size 属性，就表示下拉列表框；如果有 size 属性，则变成了列表框，列表的行数由 size 属性值决定。如果再设置了 multiple 属性，则表示列表框允许多选。

下拉列表框中的每一项由<option>标记定义，还可使用<optgroup>标记添加一个不可选中的选项，用于给选项进行分组。例如下面代码的显示效果如图 6-20 所示。

```
所在地：<select name="addr">                    <!--添加属性 size="5"则为列表框-->
        <option value="1">湖南</option>…
        <option value="4">四川</option></select>
```

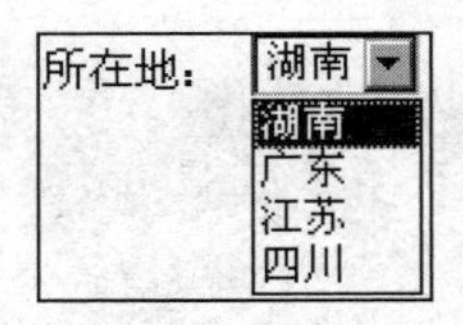


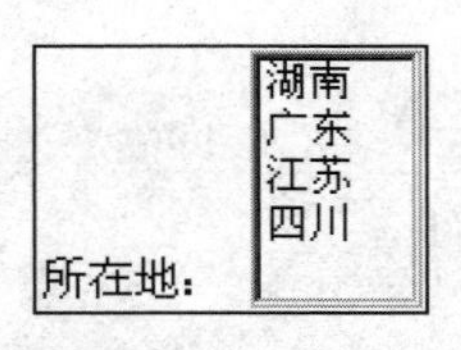


图 6-20 下拉列表框(左)和列表框(右)

提交表单时，<select>标记的 name 值将与选中项的 value 值一起作为 name/value 信息对传送给服务器。如果<option>标记没有设置 value 属性，那么提交表单时，将把选中项中的文本(例如“湖南”)作为 value 部分发送给服务器。

### 6.3.4 多行文本域标记<textarea>

<textarea>是多行文本域标记，用于让浏览者输入多行文本，如发表评论或留言等。<textarea>是一个双标记，它没有 value 属性，而是将标记中的内容显示在多行文本框中，提交表单时也是将多行文本框中的内容作为 value 值提交。例如：

```
<textarea name="comments" cols="40" rows="4" wrap="virtual">表示是一个有 4 行，
每行可容纳 40 个字符，换行方式为虚拟换行的多行文本域。</textarea>
```

<textarea>的属性有：

(1) cols——用来设置文本域的宽度，单位是字符。

(2) rows——用来设置文本域的高度(行数)。

(3) wrap——设置多行文本的换行方式，默认值为virtual，其取值有3种，含义如下：

- 关(off)：不让文本换行。当用户输入的内容超过文本区域的右边界时，文本将向左侧滚动，不会换行。用户必须按回车键才能将插入点移动到文本区域的下一行。
- 虚拟(virtual)：表示在文本区域中设置自动换行。当用户输入的内容超过文本区域的右边界时，文本换行到下一行。当提交数据进行处理时，换行符并不会添加到数据中。
- 实体(physical)：文本在文本域中也会自动换行，但是当提交数据进行处理时，会把这些自动换行符转换为<br/>标记添加到数据中。

### 6.3.5 表单数据的传递过程

#### 1. 表单向服务器提交的信息内容

当单击表单的"提交"按钮后，表单将向服务器发送表单中填写的信息，发送形式是各个表单元素的"name=value & name=value & name=value…"。下面以图6-21中的表单为例来分析表单向服务器提交的内容(输入的密码是123)，该表单的代码(6-14.html)如下。

```
<form action="login.php" method="post">
  <p>用户名:<input name="user" id="xm" type="text" size="15" /></p>
  <p>密码 :<input name="pw" type="password" size="15" /></p>
  <p>性别:男 <input type="radio" name="sex" value="1" />
     女 <input type="radio" name="sex" value="2" /></p>
<p>爱好:<input name="fav1" type="checkbox"  value="1" />跳舞
          <input name="fav2" type="checkbox" value="2" />散步
          <input name="fav3" type="checkbox" value="3" />唱歌 </p>
  <p>所在地:<select name="addr">
     <option value="1">长沙</option>
     <option value="2">湘潭</option>
     <option value="3">衡阳</option>
    </select></p>
  <p>个性签名:<br/><textarea name="sign"></textarea></p>
  <p><input type="submit" name="Submit" value="提交" /></p>
</form>
```

表单向服务器提交的内容总是name/value信息对，对于文本类输入框来说，value值是用户在文本框中输入的字符。对于选择框(单选按钮、复选框和列表菜单)来说，value

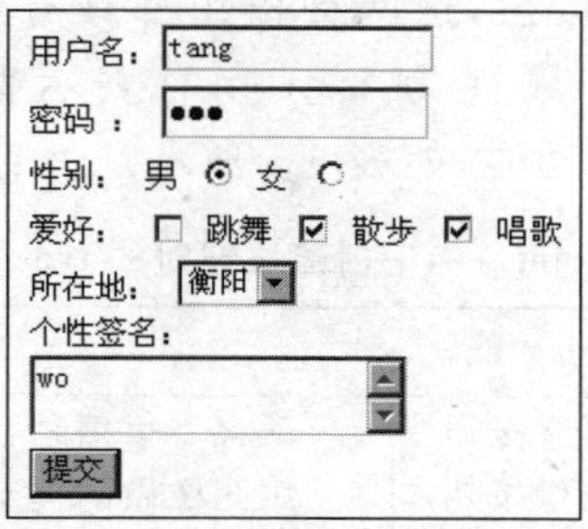

图 6-21 一个输入了数据的表单

的值必须事先设定，只有某个选项被选中后它的 value 值才会提交。因此图 6-21 提交的数据是：

```
user=tang&pw=123&sex=1&fav2=2&fav3=3&addr=3&sign=wo&Submit=提交
```

**提示：**

(1) 如果表单只有一个提交按钮，则可去掉它的 name 属性(如 name="Submit")，防止提交按钮的 name/value 属性对也一起发送给服务器，因为这些是多余的。

(2) <form>标记的 name 属性通常是为 JavaScript 调用该 form 元素提供方便的，没有其他用途。如果没有 JavaScript 调用该 form，则可省略其 name 属性。

**2. 表单的三要素**

一个最简单的表单必须具有以下 3 部分内容：

(1) <form>标记，没有它表单中的数据不知道提交到哪里去，并且不能确定这个表单的范围；

(2) 至少有一个输入域(如 input 文本域或选择框等)，这样才能收集到用户的信息，否则没有信息提交给服务器；

(3) 提交按钮，没有它表单中的信息无法提交。(当然，如果使用 Ajax 等高级技术提交表单，表单也可以不具有第(1)项和第(3)项，但本书不讨论这些)。

可以查看百度首页中表单的源代码，这算是一个最简单的表单了，它的源代码如下，可见它具有上述的表单三要素，因此是一个完整的表单。

```
<form name=f action=s>
    <input type=text name=wd id=kw size=42 maxlength=100>
    <input type=submit value=百度一下 id=sb>…
</form>
```

## 6.3.6 表单中的按钮

<input>标记可创建 4 种类型的按钮，当它的 type 属性为 submit 时表示提交按钮；

type属性为image时表示图像按钮，这两种按钮都具有提交表单的功能；type属性为reset则是一个重置按钮，type属性为button时表示普通按钮，这种按钮需要编写JavaScript脚本使其具有相应的功能，如表6-5所示。

**表6-5 用<input>标记创建按钮时的type属性类型设置**

| type属性类型 | 功　能 | 作　　用 |
| --- | --- | --- |
| <input type="submit" /> | 提交按钮 | 提交表单信息 |
| <input type="image" /> | 图像按钮 | 用图像做的提交按钮，也用于提交表单信息 |
| <input type="reset" /> | 重置按钮 | 将表单中的用户输入全部清空 |
| <input type="button" /> | 普通按钮 | 需要配合JavaScript脚本使其具有相应的功能 |

但是，<input type="submit" />标记创建的按钮默认效果是没有图片的，而图像按钮虽然有图像但是不能添加文字。实际上，在HTML中有个<button>标记，它可以创建既带有图片又有文字的按钮，效果如图6-22所示。

图6-22 普通提交按钮、图像按钮与button标记创建的提交按钮比较

使用<button>标记创建按钮时的代码如下：

```
<button type="submit"><img src="check.png" align="absmiddle"/>登录</button>
```

当然，还有一种思路是用<a>标记来模拟按钮，但那样就需要CSS和JavaScript的配合。通过CSS使a元素具有边框，再添加JavaScript脚本使其具有提交表单的功能。

### 6.3.7 表单的辅助标记

#### 1. <label>标记

<label>标记用来为控件定义一个标签，它通过for属性绑定控件。如果表单控件的id属性值和<label>标记的for属性值相同，那么<label>标记就会和表单控件关联起来。通过在DW中插入表单控件时选择“使用for属性附加标签标记”可快捷地插入<label>标记。示例代码(6-15.html)如下：

```
<input type="radio" name="sex" value="radiobutton" id="male" />
    <label for="male">男</label><br />
<input type="radio" name="sex" value="radiobutton" id="female" />
    <label for="female">女</label>
```

添加了带有for属性的<label>标记后，单击label标签就相当于单击表单控件了。

#### 2. 字段集标记<fieldset>、<legend>

<fieldset>是字段集标记，它必须包含一个<legend>标记，表示是字段集的标题。

如果表单中的控件较多，可以将逻辑上是一组的控件放在一个字段集内，显得有条理些。

### 6.3.8 HTML5 新增的表单标记和属性

HTML5 在表单方面作了很大的改进，包括：使用 type 属性增强表单，表单元素可以出现在<form>标记之外，input 元素新增了很多可用属性等。

**1. <input>标记的新增类型值**

在 HTML5 中，<input>标记在原有类型（type 属性值）的基础上，新增了许多新的类型成员，如表 6-6 所示。

**表 6-6 <input>标记新增的类型**

| 类型名称 | type 属性 | 功能描述 |
|---|---|---|
| 网址输入框 | <input type="url"> | 用来输入网址的文本框 |
| E-mail 输入框 | <input type="email"> | 用来输入 E-mail 地址的文本框 |
| 数字输入框 | <input type="number"> | 输入数字的文本框，并可设置输入值的范围 |
| 范围滑动条 | <input type="range"> | 可拖动滑动条，用于改变一定范围内的数字 |
| 日期选择框 | <input type="date"> | 可选择日期的文本框 |
| 搜索输入框 | <input type="search"> | 输入搜索关键字的文本框 |

其中，网址输入框与 E-mail 输入框虽然从外观上看与普通文本框相同，但是它会检测用户输入的文本是否是一个合法的网址或 E-mail 地址，从而不需要再使用 JavaScript 脚本来验证用户输入内容的有效性。

数字输入框示例代码（6-16. html）如下，在 Chrome 浏览器中的外观如图 6-23（左）所示。

```
<input type="number" min="1960" max="1990" step="1" value="1980" />
```

相对于普通文本框，数字文本框会检验输入的内容是否为数字，并且可以设置数字的最小值（min）、最大值（max）和步进值（step）。当单击数字输入框右侧的上下箭头时，就会递增或递减当前值。

范围滑动条的示例代码如下，在 Chrome 浏览器中的外观如图 6-23（中）所示。

```
0<input type="range" min="0" max="20" value="10" />20
```

搜索输入框专门用于关键字查询，该类型输入框和普通文本框在功能和外观上没有太大区别，唯一区别是：当用户在输入框中填写内容时，输入框右侧将会出现“×”按钮，单击该按钮，就会清空输入框中内容。示例代码如下，运行结果如图 6-23（右）所示。

```
<input name="keyword" type="search" />
```

日期选择框的示例代码如下，在 Chrome 浏览器中的外观如图 6-24 所示。

图 6-23　数字输入框(左)、范围滑动条(中)和搜索输入框(右)的效果

```
<input name="birth" type="date" value="2013-06-10" />
```

图 6-24　日期选择框

可见,日期选择框能够弹出日期界面供用户选择,如果对其设置 value 属性,则会显示该属性中的值作为默认日期。type 属性除了 date 外,将 type 属性设置为 time、month、week、datetime、datetime-local 均表示日期选择框,只不过此时能选择时间、月份、星期等值。

**提示**:如果浏览器不支持这些 HTML5 中的 type 属性值,则会取 type 属性的默认值 text,从而将 input 元素解释为文本框。

**2. <input>标记新增的公共属性**

在 HTML5 中,<input>标记新增了很多公共属性,如表 6-7 所示。除此之外,还新增了一些特有属性,如 range 类型中的 min、max、step 等。

**表 6-7　<input>标记新增的公共属性**

| 属　性 | HTML 代码 | 功 能 说 明 |
| --- | --- | --- |
| autofocus | <input autofocus="true"> | 设置元素自动获得焦点 |
| pattern | <input pattern="正则表达式"> | 使用正则表达式验证 input 元素的内容 |
| placeholder | <input placeholder="请输入"> | 设置文本输入框中的默认内容 |
| required | <input required="true"> | 是否检测文本输入框中的内容为空 |
| novalidate | <input novalidate="true"> | 是否验证文本输入框中的内容 |
| autocomplete | <input autocomplete="on"> | 使 form 或 input 具有自动完成功能 |

<input>标记这些公共属性的含义如下:

(1) autofocus 属性——当 input 元素具有 autofocus 属性时,会使页面加载完成后,该元素自动获得焦点(即光标位于该输入框内)。

(2) pattern 属性——对于比较复杂的规则验证,如验证用户名"是否以字母开头,包含字符或数字和下画线,长度为 6~8"。则需要使用 pattern 属性设置正则表达式验证,例如,pattern="^[a-zA-Z]\w(5,7)$"。

(3) placeholder 属性——该属性可在文本框中放置一些提示文本(以灰色显示),当输入文本时,提示文本消失。示例代码如下,其效果类似于图 6-15。

```
<input name="keyword" type="search" placeholder="请输入关键字" />
```

(4) required 属性——该属性用来验证输入框的内容是否为空,如果为空,在表单提交时,会显示错误提示信息。

(5) novalidate 属性——该属性表示提交表单时不验证表单或输入框的内容,该属性适用于:<form>以及以下类型的<input>标记:text、search、url、telephone、email、password、date pickers、range 以及 color。

(6) autocomplete 属性——该属性用来设置表单或输入框是否具有自动完成功能,其属性值是 on 或 off。开启自动完成功能后,当用户成功提交一次表单后,以后每次再提交表单时,都会在输入框下方出现以前输入过的内容供用户选择。

这些属性的功能过去一般是用 JavaScript 脚本实现,而用 HTML5 属性实现后,可以大大减少对 JavaScript 代码的使用。

**3. 新增的表单元素**

在 HTML5 中,除新增了<input>标记的类型外,还新增了许多新的表单元素,如 datalist、output、keygen 等。这些元素的加入,极大地丰富了表单数据的操作,优化了用户体验。

1) datalist 元素

<datalist>标记的功能是辅助表单中文本框的数据输入。datalist 元素本身是隐藏的,它需要与文本框的 list 属性绑定,只要将 list 属性值设置为 datalist 元素的 ID 属性即可。绑定成功后,用户在文本框输入内容时,datalist 元素将以列表的形式显示在文本框底部,提示输入的内容,与自动完成的功能类似。示例代码(6-17.html)如下,运行效果如图 6-25 所示。

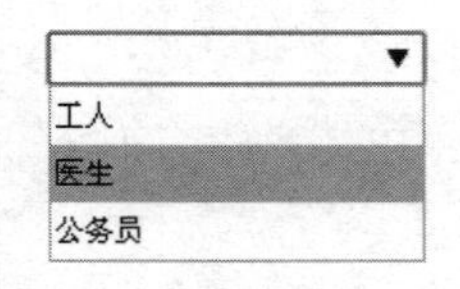


图 6-25 datalist 元素示例

```
<input type="text" id="zhiye" list="career" />
<datalist id="career">
    <option value="工人"></option><option value="医生"></option>
    <option value="公务员"></option>
</datalist>
```

2) output 元素

output 元素的功能是在页面中显示各种不同类型表单元素的内容或运算后的结果,如输入框的值。output 元素需要配合 onFormInput 事件使用,在表单输入框中输入内容时,将触发该事件,从而可方便地获取到表单中各个元素的输入内容。下面是一个例子(6-18.html),当改变表单中两个文本框的值时,output 元素的值也随之改变,效果如

图 6-26 所示。

```
  <form oninput="x.value=parseInt(a.value)+parseInt(b.value)">
0<input type="range" id="a" value="50">100
  +<input type="number" id="b" value="50">
  =<output name="x" for="a b"></output>
</form>
```

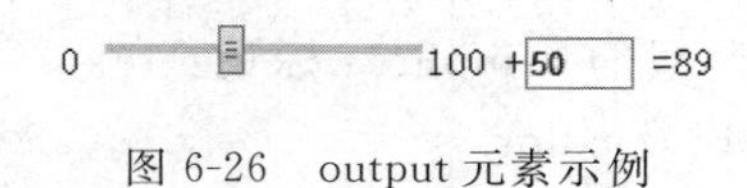


图 6-26 output 元素示例

3) keygen 元素

keygen 元素用于生成页面的密钥。如果在表单中添加该元素，那么当表单提交时，该元素将生成一对密钥：一个称为私钥，将保存在客户端；另一个称为公钥，将发送给服务器，由服务器进行保存，公钥可用于客户端证书的验证。

在表单中，插入一个 name 值为 userinfor 的 keygen 元素，代码如下：

```
<keygen name="userinfor" keytype="rsa" />
```

则会在页面中显示一个如图 6-27 所示的选择密钥位数的下拉列表框，当选择列表框中的密钥长度值后，提交表单，将根据所选择的密钥位数生成一对公私钥，并将公钥发送给服务器。

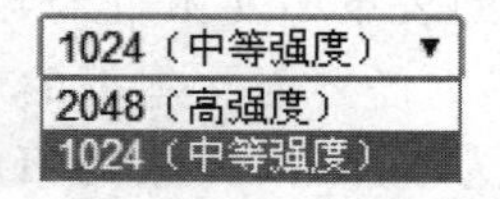


图 6-27 keygen 元素示例

目前，只有 Chrome、Firefox 和 Opera 浏览器支持该元素，因此，如果将 keygen 作为客户端安全保护的一种有效措施，还需要时间。

## 6.4 美化表单

网页中最常见的表单有 3 种，即搜索框、用户登录表单和用户注册表单，这些表单的制作并不难，关键是对其进行 CSS 样式美化。

### 6.4.1 搜索框

搜索框是一种很常见的网页组件，它主要由一个文本框和一个提交按钮组成(有时还会带一个搜索方式的下拉列表框)。虽然用 HTML 代码制作一个搜索框很容易，但要对搜索框进行美化却有一定的难度。本节将介绍制作如图 6-28 所示的搜索框。

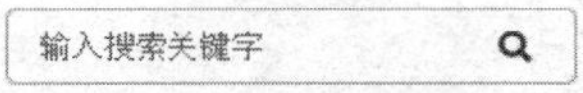

图 6-28 搜索框

该搜索框的界面由 3 个元素组成，左边是一个文本框(input 元素)，右边是一个提交按钮(input 元素)，然后在这两个元素外包裹一个 div 元素。结构代码(6-19.html)如下：

```
<div class="search">
<form action="" method="post" name="sou">
    <input class="keyword" name="showkeycode"  maxlength="50" value="输入搜索关键字" onfocus="this.style.color='#999999';if(value =='输入搜索关键字')
    {value =''}" onblur="this.style.color='#999999';if(value =='){value='输入搜索关键字'}" style="color: rgb(153, 153, 153);">
    <input type="submit" class="btn ">
</form>
</div>
```

为了实现文本框和提交按钮水平排列，本例设置左边文本框左浮动，右边的提交按钮不浮动，然后设置外层的 div 元素内容右对齐，使提交按钮移动到右边。最后去掉文本框和提交按钮的边框，再对外层 div 设置 1px 的边框和圆角。CSS 代码如下：

```
.search{width:230px; height:30px; padding:0; border:1px #ccc solid;
        border-radius:4px; text-align:right;     /* 使搜索按钮移到右边 */ }
.keyword{
    width: 190px; height: 28px; line-height:28px; text-indent: 1em;
    border:0px; background-color:transparent; color: #9b9b9b;     float:left;
    }
.search .btn{
    width: 34px; height: 30px; margin-right:6px;  /* 为了不遮住 div 右边的圆角 */
    background: url("images/searchbtn.gif")no-repeat 0 -2px;
    border: none; cursor:pointer}
```

在图 6-28 中，单击文本框时，文本框中的提示语会消失，而当文本框失去焦点，并且文本框中没有文字时，又会重新出现提示语。这是使用 JavaScript 对 onfocus(获得焦点)和 onblur(失去焦点)两个事件编程实现的。

### 6.4.2 用户登录表单

用户登录表单主要由两个文本框和一个按钮组成。目前，一种比较流行的趋势是把文本框和登录按钮做得一样宽，把文本框的提示文字写在文本框内，而不是文本框的左边。图 6-29 是一个用户登录表单。其结构分为上中下 3 个 div。结构代码(6-20.html)如下：

```
<div class="loginbox">
<div class="head">                                    <!--登录界面头部 -->
<a id="goBack" href="javascript:history.go(-1);" class="left-btn head-btn">
返回</a>
<a id="menu" href="javascript:void(0)" class="right-btn head-btn"></a>
<h1 class="">会员登录</h1>
</div>
<div class="lgbody">                                  <!--登录界面主体 -->
  <form action="#" class="listForm" method="post">
    <div class="userzone" id="selectBank">  <!--第一个文本框 -->
      <span class="username"></span>
      <span class="fRight"><input class="opa" name="LoginName" id="name"
      placeholder="请输入您的手机号" type="text" value="" /></span>
      </div>
    <div class="pwdzone" style="position: relative;">
                                                      <!--密码框 -->
      <span class="password"></span>
      <span class="fRight"><input class="opa" name="Passwd" id="pass"
      placeholder="密码(6-18 位数字和字母组合)" type="password" /></span>
      </div>
    <div class="col_div">                             <!--登录按钮 -->
    <button type="submit" class="btn btn-blue" title="会员登录">登录</button>
    </div>
    <div class="log_ele clear">
    <a href="#">免费注册</a>        <a href="#">忘记密码</a>
    </div></form>
</div>                                                <!--lgbody-->
<div class="lgfoot">                                  <!--登录界面底部 -->
    <!--底部超链接代码省略 -->
</div></div>
```

图 6-29　用户登录界面

该登录框头部由中间的文本和左右两边的图标组成，分别设置两个图标左右浮动，再设置 head 元素内容居中显示即可。主体部分先将两个文本框的边框去掉，再设置外层包裹的 div 有 1px 的边框，并将上面 div 的下边框去掉，使两个 div 交汇处的边框也只有 1px 粗。设置两个文本框左边的 span 元素有背景图片。完整的 CSS 代码如下：

```
a {color: #2DA1E7; text-decoration: none;
   font-family: microsoft yahei; font-size: 15px; }
.loginbox{width:338px;}                /*将其改为百分比宽度将可自适应浏览器*/
.head {height: 44px; line-height: 44px;  text-align: center;
   background-color: #3cafdc}
.head h1 {                             /*头部的文字*/
   width: 190px; margin: 0 auto;font-family: microsoft yahei;
   font-size: 18px; color: #fff; font-weight: 700}
.head-btn {                            /*头部左右两边的按钮*/
   width: 21px; height: 20px; margin: 12px 12px 0;
   overflow: hidden; display: inline-block; text-indent:-9999px;}
.left-btn{ float:left; background:url(img/icon_back.png)no-repeat;
         background-size: 11px 17px;}
.right-btn{ float:right;
   background:url(img/header-nav.png)no-repeat scroll -4px 2px transparent;}
.lgbody{
   padding: 10px; background-color: #f0f0f0; min-height: 180px;}
.userzone,.pwdzone {
   padding-left: 10px; padding-right: 10px; height: auto;
   background-color: #fff; line-height: 49px; border: 1px solid #ccc;}
.userzone{border-bottom:none;          /*margin-bottom:-1px;*/}
.lgbody span.fRight {
   float: none; padding-left: 12px; overflow: hidden;
   display: block; height: 44px; line-height: 44px;}
input[type="text"], input[type="password"] {
   width: 100%; text-align: left; outline: none; box-shadow: none; border:
   none;
   color: #333; background-color: #fff; height: 44px; margin-left: -5px;
   font: 15px/1.5 arial,\5b8b\4f53;  font-family: microsoft yahei;}
.username,.password {margin: 8px -5px 0;
   background: url("img/ico-user.png")no-repeat;
   float:left; width: 30px; height: 28px; background-size: cover;  }
.password {                            /*设置密码框左边的图标*/
   background: url("img/ico-password.png")no-repeat;background-size: cover;
  }
   .btn-blue {
   margin-top: 10px; background: #fe932b; border: none;
   border-radius: 3px; font-family: microsoft yahei; font-size: 18px;}
```

```
.btn {
    width: 100%; height: 40px; display: block; line-height: 40px;
    text-align: center; font-size: 18px; color: #fff; margin- bottom: 10px;}
.log_ele {  padding: 0px 10px; font-size: 15px;}
.log_ele a:last-child {float: right;}
.lgfoot {background-color: #3cafdc; padding: 7px 0;}
.lgfoot  .footer _ link  { text - align: center; line - height: 2em; padding -
bottom: 5px;}
```

### 6.4.3 用户注册表单

网页中的表单元素在默认情况下背景都是灰色的，文本框边框都是粗线条带立体感的，不够美观。下列代码(6-21. html)通过 CSS 改变表单的边框样式、颜色和背景颜色让文本框、按钮等变得漂亮些。效果如图 6-30 所示。该表单的结构代码如下：

```
<form action="#" method="post" enctype="multipart/form-data">
  <ul class="felem">
  <li>用户名:<input type="text" name="comments" size=15
  required placeholder="取个好听的名字咯"></li>
  <li>密 码 :<input name="passwd" type="password" size="15" required></li>
   <li>所在地: <select name="addr">
        <option value="1">湖 南 </option>……
        <option value="4">四 川 </option></select></li>
    <li><span style="vertical-align:top">个性签名:</span>
    <textarea name="sign" cols="20" rows="4" required
        placeholder="表达你的个性"></textarea></li>
  <li><button class="submit" type="submit">立即注册</button></li>
</form>
```

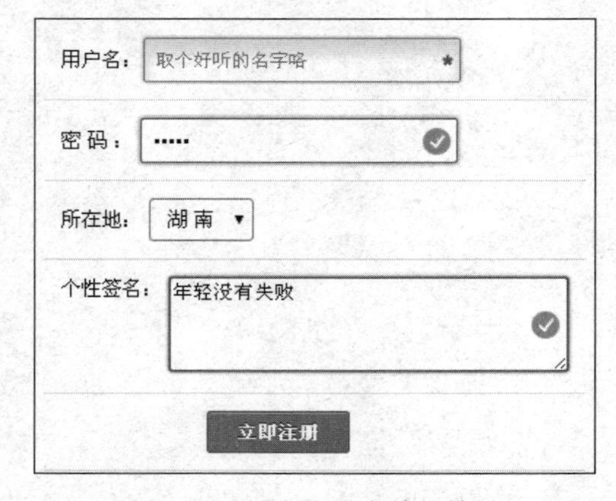


图 6-30　用户注册表单的效果

CSS样式主要是为文本框添加了圆角和阴影效果，并设置了文本框和下拉列表框的填充值，使它们的边框和内容有一些空隙，这对样式美化有很大效果。然后在文本框的:focus伪类中，设置了padding-right值，使文本框获得焦点时能够向右伸展宽度。完整的CSS代码如下：

```
ul {list-style: none; margin:0px; padding:0px;}
form{border: 1px dotted #999; padding: 1px 6px; margin:0px; font:14px Arial;}
.felem li{padding:12px; border-bottom:1px solid #eee;  position:relative;}
.felem li input { height:20px; width:220px; padding:5px 8px;}
.felem li select{ font-size:14px; padding:5px 8px;border-radius:3px;}
.felem li input,.felem li textarea {
    background: #fff url(images/attention.png)no-repeat 98%center;
    border:1px solid #aaa; width:200px;
    box-shadow: 0px 0px 3px #ccc, 0 10px 15px #eee inset;
    border-radius:2px; transition: padding .25s;}
.felem li input:focus, .felem li textarea:focus {    /*当该元素获得焦点时*/
    background: #fff; border:1px solid #555;
    box-shadow: 0 0 3px #aaa; padding-right:70px;}
button.submit {
    background-color: #68b12f; margin-left:100px;
       background: linear-gradient(top, #68b12f, #50911e);
    border: 1px solid #509111; border-bottom: 1px solid #5b992b;
    border-radius: 3px; color: white; font-weight: bold;
    box-shadow: inset 0 1px 0 0 #9fd574;    /*设置向下1px的#9fd574色的内阴影*/
    padding: 6px 20px; text-align: center; text-shadow: 0 -1px 0 #396715;}
button.submit:hover {opacity:.85; cursor: pointer;}
button.submit:active {border: 1px solid #20911e;
    box-shadow: 0 0 10px 5px #356b0b inset;}
.felem li input:focus:invalid,.felem li textarea:focus:invalid {
    background: #fff url(images/warn.png)no-repeat 98%center;
    box-shadow: 0 0 5px #d45252; border-color: #b03535}
.felem li input:required:valid,.felem li textarea:required:valid {
    background: #fff url(images/right.png)no-repeat 98%center;
    box-shadow: 0 0 5px #5cd053; border-color: #28921f;}
```

可见，美化表单主要就是重新定义表单元素的边框、填充和背景图像等属性。

## 习　题

1. 下列哪种元素不能够相互嵌套使用？(　　)

   A. table　　B. form　　C. dl　　D. div

2. 下述元素中(　　)都是表格中的元素。

   A. <table><head><th>　　B. <table><tr><td>

   C. <table><body><tr>　　D. <table><head><footer>

3. 下述哪一项表示表单控件元素中的下拉列表框元素？(　　)

A. <select>　　B. <input type="list">

C. <list>　　D. <input type="options">

4. 在下列的 HTML 中，哪个可以产生复选框？(　　)

A. <input type="check">　　B. <checkbox>

C. <input type="checkbox">　　D. <check>

5. 下列哪项表述是不正确的？(　　)

A. 单行文本框和多行文本框都是用相同的 HTML 标记创建的

B. 列表框和下拉列表框都是用相同的 HTML 标记创建的

C. 单行文本框和密码框都是用相同的 HTML 标记创建的

D. 使用图像按钮<input type="image">也能提交表单

6. colspan 是________标记的属性，cellpadding 是________标记的属性，target 是________标记或________标记的属性，<input>标记至少会具有________属性，<img>标记必须具有________属性，如果作为超链接，<a>标记必须具有________属性。

7. 要设置表单文本框中的内容不能为空，应该添加________属性。

8. 要在表单文本框中放置一些提示性的文字，当用户输入时，这些提示文字自动消失，应该使用________属性。

9. 要选择偶数行的表格元素，应使用________选择器。

10. placeholder 属性作用是________，required 属性作用是________。

11. 下面的表单元素代码都有错误，请指出它们的错误分别哪里？

(1) <input name="country" value="Your country here." />

(2) <checkbox name="color" value="teal" />

(3) <input type="password" value="pwd" />

(4) <textarea name="essay" height="6" width="100">Your story. </textarea>

(5) <select name="popsicle">

<option value="orange" /><option value="grape" /><option value="cherry" />

</select>

12. 画出下面 HTML 代码对应的表格：

```
<table width="466" height="127">
    <tr><td></td><td rowspan="2"></td></tr>
    <tr><td></td></tr></table>
```

13. 模仿图 6-12，设计一个用户注册的表单页面。

# 第7章　响应式网页设计

几年前，我们看到的网页还是以固定宽度的居多，目的是让所有用户都拥有相同的体验，固定宽度网页对于笔记本屏幕来说可能还算合适，但在更大显示器（如27英寸）上显示时则会在两边出现很大的空白。

同时，随着智能手机的普及，使用手机、平板电脑等设备上网的用户越来越多，这样一来，上网设备屏幕之间的差距变得前所未有的大。

面对不断扩展的浏览器和设备，Ethan Marcotte于2010年提出了"响应式网页设计"（Responsive Web Design）的理念。这种理念就是让一个网站同时适配多种设备和多个屏幕，让网页的布局和功能随着用户的使用环境（屏幕大小、浏览器能力）而自动变化。

## 7.1　响应式网页的基本技术

所谓响应式网页设计，就是网页内容会随着访问它的视口及设备的不同而呈现不同的布局样式。其实现原理是通过媒体查询、流式布局和自适应图片等技术来实现自动调整页面元素布局。

响应式网页设计不仅能给用户带来更好的体验，同时也能增加网站的点击率。响应式网页设计的出现，打破了传统的网页布局思路，实现了一个网站在台式机、平板电脑和手机等各种终端设备上浏览效果的流畅性。

总的来说，为了适应不同大小的屏幕，对于大多数网页来说，使用响应式布局可以降低开发成本和时间，也便于维护。而对于非常复杂的网页，如搜狐、腾讯等首页，采用的方法则是分别开发计算机端、手机端等几种不同终端的网页。

响应式网页的基本要求是：由于网页元素要能随着屏幕宽度的改变而改变，因此大部分网页元素的宽度都必须设置为相对大小（如百分比），只有很小的不影响布局的内层元素可使用绝对大小，并且字体大小也要使用相对大小（如em、rem、%），不能使用像素。但可变宽度布局并不能解决响应式网页的所有问题，因为当屏幕缩放到很窄时，每列中的元素将超出列的宽度，为此，响应式网页的实现还需要依靠下列几项技术。

### 7.1.1　媒体查询

媒体查询（media queries）技术用来针对不同的媒体类型定义不同的CSS样式。这样就可以针对不同的屏幕分辨率编写不同的CSS样式规则了。媒体查询技术起源于CSS2.1中的媒体类型（media type）技术，例如：

```
<style type="text/css" media="screen">
```

```
    css 代码
</style>
```

其中 media 属性就可用来指定特定的媒体类型，例如屏幕（screen）、打印（print）或手持设备（handheld）等。但 CSS2.1 中的媒体类型只支持设备类型，其实用性并不强，因此很少被使用。CSS3 的媒体查询是对媒体类型的扩充与增强，CSS3 的媒体查询不仅支持设备类型，还支持设备特性。CSS3 媒体查询可用于检测很多设备特性，例如视窗（viewport）的宽度和高度、设备（device）的宽度和高度、朝向（orientation）、分辨率、颜色数等。根据获取的这些特性值，就可有针对性地为内容添加样式了。

媒体查询的基本语法如下：

```
@media not|only mediatype and(expressions){
    css 代码…;      }
```

其中 expressions 是一个表达式，尽管媒体查询支持的设备特性很多，但在响应式网页设计中，用得最多的还是屏幕尺寸，常用的检测屏幕尺寸的表达式，例如，min-width: 480px，表示屏幕宽度≥480px；max-width: 800px，表示屏幕宽度≤800px。

下面是一个实例（7-1.html），当浏览器窗口小于 480px 时，h1 元素只有蓝色背景，而当窗口大于 480px 时，h1 元素将具有装饰性的图片背景，效果如图 7-1 所示。

```
<style>
    h1{ height:60px;line-height:60px;text-indent:30px;
    background:#0099CC;color:white;border-bottom:3px solid red;
}
@media(min-width: 480px){                        /*屏幕宽度≥480px 时*/
    h1{  height:160px; text-align:center;
    background:url(images/mkslou.jpg)no-repeat top center;
      }}
</style>
<h1>衡阳师范学院</h1>
```

图 7-1　媒体查询示例（7-1.html）

**提示**：由于对同一个选择器后面声明的样式会覆盖前面声明的样式，因此应把媒体查询的代码写在通用 CSS 代码的后面，这样媒体查询定义的样式就不会被通用样式覆盖。

媒体查询的另一种用法是有条件地加载不同的样式表文件，语法如下：

```
<link rel="stylesheet" media="mediatype and|not|only(media feature)" href=
"mystyle.css">
```

示例代码如下：

```
<link rel="stylesheet" media="screen and (max-width:960px)" href="style.css">
```

### 7.1.2 流式布局

流式布局使用百分比宽度来设置布局元素的宽度，这样可以根据客户端屏幕的分辨率来进行合理的显示。流式布局通常要与媒体查询结合起来使用，才能实现响应式布局。

**1. 流式布局的示例**

实现流式布局的示例代码（7-2. html）如下，在该示例中，当网页较宽时，每行显示 3 个元素（3 列），网页较窄时，每行显示 2 个元素，网页最窄时，每行显示一个元素。其效果如图 7-2 所示。

```
<style>
.pics {width: 85%; margin: 0 auto 4em;
      border:2px solid red; box-sizing: border-box;    }
.pics:after {                                    /* 用于使 pic 元素包含里面的子元素 */
    clear: both; content: '\0020';  display: block;  visibility: hidden;    }
.pics>div{
    margin:0 1.5%  1em; width:30%;
    height:60px; line-height:60px;  text-align:center;
    background:#FF9933; border:2px solid red;
    box-sizing:border-box;  float:left;  }
@media (max-width: 800px){
   .pics>div{margin:0 2.5%  1em; width:45%;
}}
@media (max-width: 480px){
   .pics>div{margin:0 2.5%  1em; width:95%;
}}
</style>
<div class="pics">
    <h2>流式布局示例</h2>
    <div>第 1 个元素</div>      <div>第 2 个元素</div>
                    …          <div>第 6 个元素</div>
</div>
```

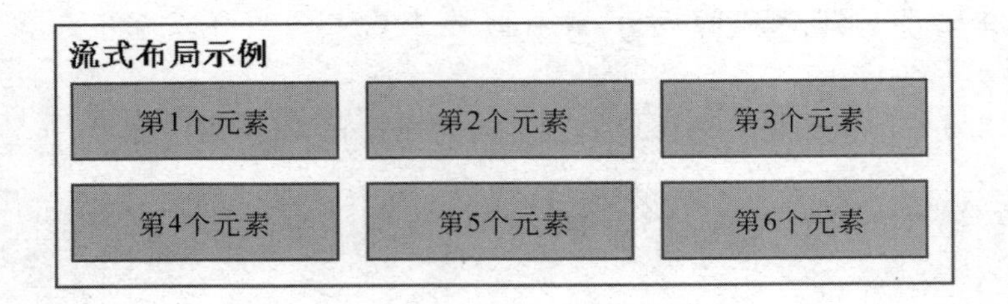


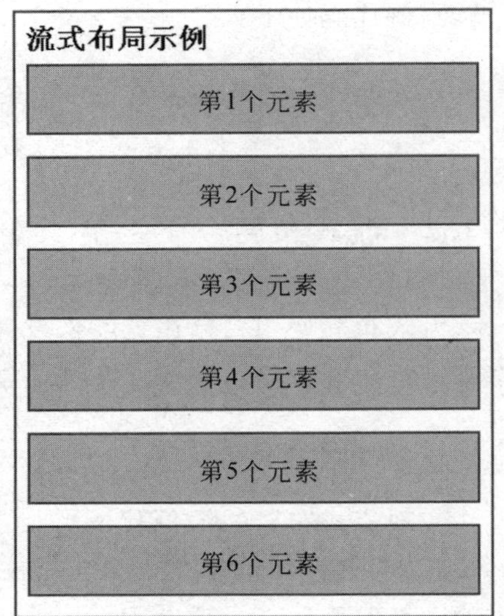


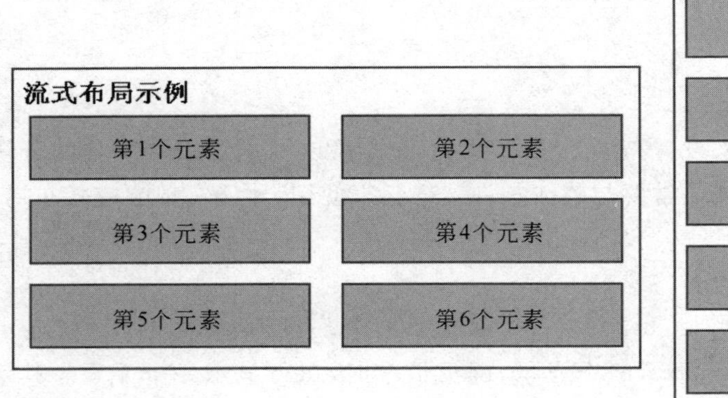


图 7-2　流式布局实例(7-2.html)的运行效果

说明：

(1) 注意媒体查询语句的书写顺序。由于浏览器是从上到下逐条解释代码的，因此小于等于 800px(max-width：800px)的媒体查询语句必须写在小于等于 480px(max-width：480px)的语句之前。如果颠倒过来，则在小于等于 480px 时，会先执行小于等于 480px 时定义的样式，再执行小于等于 800px 时定义的样式，最终显示结果为小于等于 800px 时的样式。如果一定要颠倒过来，则应该将@media(max-width：800px)改为：

```
@media(min-width:480px) and (max-width:800px)
```

(2) 流式布局与浮动的区别。如果将本例中 6 个浮动元素都设置为固定宽度(如 width:300px;)，而且不使用媒体查询，则当外围容器变窄容纳不下 3 列时，6 个盒子也会逐渐变成 2 列到 1 列排列。但这时，由于 6 个盒子是固定宽度的，所以无法在水平方向撑满外围容器。外围容器内侧右边会出现空隙。因此，单纯使用浮动，无法实现流式布局效果。

**2. box-sizing 属性在流式布局中的应用**

流式布局的最大特点是：元素的宽度都是百分比等相对宽度，这样每个元素才会随着浏览器宽度的改变而自动伸缩。但默认情况下元素的宽度是 width＋padding＋border，而 border 的宽度不能设置为百分比，假如设置元素的 border 为 2px，width 为 30％，则元素占据的宽度为：30％＋2px，这样的宽度将变得不好计算，给 CSS 布局带来不便。

为此，CSS3 提供了 box-sizing 属性，其语法如下：

```
box-sizing:content-box | border-box
```

- 值为 content-box（默认值）时，元素的实际宽度等于 width＋padding＋border。
- 值为 border-box 时，元素的实际宽度就等于 width。也就是说，元素的 width 和 height 值包含了 padding 和 border 的宽度。

因此可将 box-sizing 属性值设置为 border-box，这样元素的宽度就等于 width 值，此时无论设置 border 和 padding 的宽度为多少，都不会影响元素的宽度，并且其子元素占据的相对宽度也会自动调整。

例如，对浮动的两列分别设置宽度为 30％和 70％，如果再设置它们的 border 为 1px，则其中一列会因为容纳不下而排到下一行，但如果对它们设置了 box-sizing：border-box，则不会出现容纳不下的情况。

另外，无论 box-sizing 属性值如何，子元素占据的总是元素内容的宽度。假设父元素的宽度是 30％（实际占据的宽度假设为 300px），子元素的宽度是 100％，如果父元素没有设置 border 和 padding，则子元素实际宽度为 300px；如果父元素设置了 10px 的边框，则子元素实际占据的宽度将自动调整为 280px。

### 7.1.3 自适应图片

在响应式网页布局中，一般希望图片的大小跟随窗口或容器大小的改变而自动发生变化，这称为自适应图片技术。

#### 1. img 元素的自适应图片

在网页中插入图片的方法有两种。一种是使用<img>标记插入图片，对于这种图片，如果要将其转变为自适应图片，对其设置如下 CSS 样式，并且省略其 HTML 代码中的 width 和 height 属性即可。代码（7-3.html）如下，效果如图 7-3 所示。

```
#top img {
   max-width: 100%; height: auto;              /* max-width 值不能大于 100% */
   display: inline-block;  }                    /* 该句可选 */
<div id="top"><img src="images/2.jpg" /></div>
```

#### 2. 背景图片的自适应技术

对于使用背景属性嵌入的图片，由于 CSS3 中的 background-size 属性可改变背景图

图 7-3 <img>标记的自适应图片效果

像大小，因此可使用 background-size 属性使图片成为自适应大小的图片。

background-size 属性设置为：contain，背景图片将保持原来的比例自适应内容区域。如果内容区域的长宽比与图片的长宽比不一致，则内容区域会存在空白区。

background-size 属性设置为：cover，背景图片将保持原来的比例自适应内容区域。如果内容区域的长宽比与图片的长宽比不一致，则背景图片会裁切掉一部分以撑满内容区域。这种方式图片不会变形，元素也不会留有空白，因此用作背景图片的自适应技术。

background-size 属性设置为：100% 100%，背景图片将不再保持原来的长宽比，而是延展覆盖整个区域，因此背景图片可能发生变形。

下面是示例代码(7-4.html)，其显示效果如图 7-4 所示。

```
#banner{width: 100%;                                /* 宽度要设为百分比 */
    background: url(img/2.jpg) no-repeat center center;
                                                    /* 图片以中心位置定位 */
    background-size: cover;                         /* 这条是关键 */
    min-height: 200px;      }
<div id="banner"></div>
```

图 7-4 background-size：cover 实现背景图片自适应效果

可见，使用背景图片自适应技术，其元素高度不会发生变化，因此图片的某些区域会被裁切掉,如果图片两边的内容不重要,可设置背景图从中心定位;如果右边的内容不重要,则可设置背景图从左边开始定位。

**提示**:在网页中引入自适应图片时,图片最好按浏览器或容器的最大尺寸来设计,以保证在各种屏幕上均不会放大图像,以免引起失真。

如果对 video、embed、object 等元素设置 max-width:100%,则可让 HTML5 视频及其他媒体变成可伸缩的(同样不要在 HTML 中为它们指定 width 和 height)。

### 7.1.4 一列变宽、一列固定的方法

一列变宽、一列固定在响应式布局中经常使用,例如图 7-5 中左边是日历(或图片),右边是文本。当浏览器或容器宽度发生变化时,一般不希望左右两列都发生等比例的缩放,而是希望比较宽的一列(文本)发生缩放,比较窄的列(日历)宽度不变。

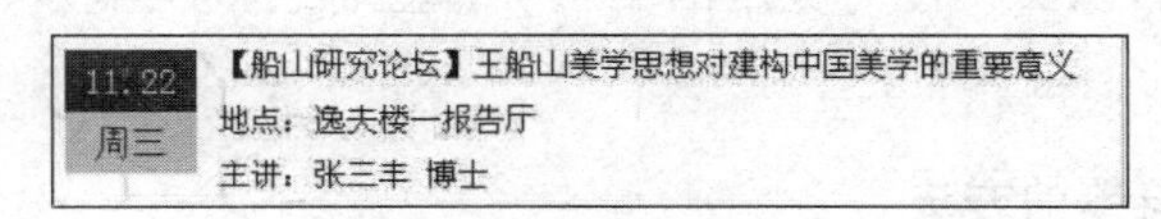


图 7-5 一列变宽、一列固定的例子

实现图 7-5 中这种效果有几种方法,比如 5.2.4 节中的设置左边列浮动,右边列不浮动,并设置右边列的左 margin 等于左边列的宽度。代码(7-5.html)如下:

```
.academic-ul li span {                                /* 左边的日历 */
    padding-top: 5px; float: left;}                   /* 左浮动 */
.academic-ul li a{                                    /* 右边的文本元素 */
    display:block; margin-left:68px;                  /* 给左边日历留出宽度 */
    height:72px; overflow:hidden;     }
<ul class="academic-ul ">
 <li><span><i class="year">11.22</i><i class="date">周三</i></span>
  <a href="#" target="_blank">【船山研究论坛】王船山美学……
        <p>地点:逸夫楼一报告厅<br>主讲:张三丰 博士</p></a>
   </li></ul>
```

另一种方法是 5.5.4 节中的方法,即左右列都浮动,设置右列的宽为 100%,然后通过负值右 margin 将其往右拉出左边列的宽度。

### 7.1.5 响应式网页的头部代码设置

响应式网页必须采用 HTML5 的文档声明,并在 head 元素中进行以下设置。

**1. 视口(viewport)的设置**

对于计算机屏幕来说,屏幕分辨率越高,显示的网页范围就越广,比如高分辨率的屏

幕显示固定宽度的网页，屏幕左右会出现很多空白，这说明计算机端浏览器是按网页真实的像素大小来显示的。

而手机浏览器却不是这样，尽管不同手机的屏幕像素通常是不同的，比如有些是720px 宽，有些是 1080px 宽，但都能够恰好满屏显示任何宽度的网页（比如 1200px 宽的），这说明手机浏览器对网页进行了缩放。我们称设备大小（如 720px）为可见视口，而网页宽度（如 1200px）为视窗视口。

在响应式网页中，必须使用<meta>标记设置视口，代码如下：

```
<meta name="viewport" content="width=device-width, initial-scale=1">
```

其中，width＝device-width 告诉浏览器页面的宽度等于设备宽度，也就是将网页宽度缩放为屏幕宽度，initial-scale＝1 表示相对于可见视口进行缩放，初始缩放比例是 1。

通过这样设置后，网页在任何宽度的手机屏幕上都会满屏显示，而不会出现水平滚动条。

#### 2. 兼容 IE8 浏览器的方法

IE8 或更早的浏览器并不支持媒体查询。但可以通过引用以下两个 js 文件来修补 IE8 的这种缺陷。方法是在<head>标签里加入如下条件注释的代码：

```
<!--[if lt IE 9]>
    <script src="js/respond.min.js"></script>
    <script src="js/html5shiv.js"></script>
<![endif]-->
```

其中 respond. min. js 文件的作用是使 IE8 支持媒体查询，html5shiv. js 是使 IE8 能够支持 HTML5 新增的标记。

## 7.2 响应式布局的网站实例

响应式网页设计就是让一个网站能够兼容多种设备，而不是为每个设备制作一个特定的版本。响应式网页设计的基本步骤大致是：

（1）编写非响应式网页布局代码；

（2）加工成响应式布局代码；

（3）嵌入可变宽度的网页元素（如导航、栏目框等）；

（4）对网页元素进行响应式细节处理；

（5）完成响应式开发的最后工作（如头部设置，兼容性设置等）。

其中第（2）和第（5）步主要是编写媒体查询代码。

本节将利用响应式网页布局的各种技术，制作一个简单的博客网站，网页效果如图 7-6 所示。

图 7-6 网页在计算机端的效果

### 7.2.1 页面总体布局的实现

该网页是一个 1-2-1 式的等比例可变宽度布局的页面，在计算机端的结构框图如图 7-7 所示。在移动端的网页效果图和结构框图如图 7-8 和图 7-9 所示。

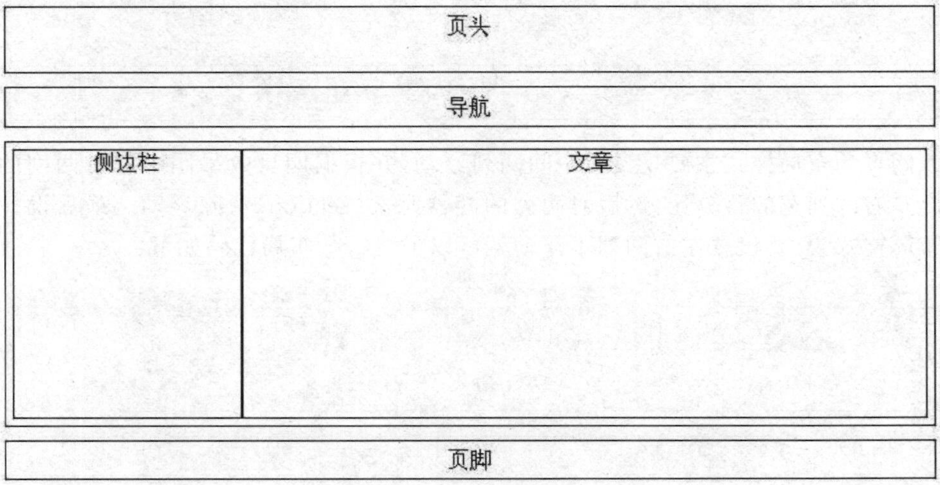

页头

导航

侧边栏

文章

页脚

图 7-7 网页的结构框图

图 7-8 网页在移动端的效果图

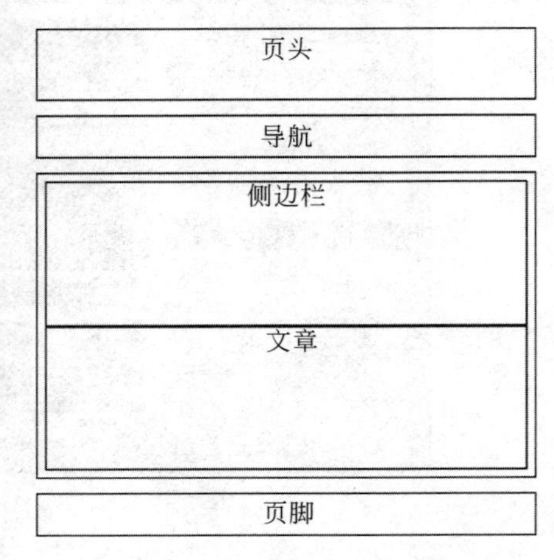


图 7-9 移动端的结构框图

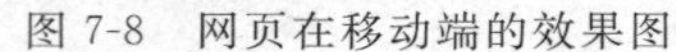

实现页面布局的 HTML 代码(7-6.html)如下：

```
<header>页头</header>
<nav>导航</nav>
<section class="clearfix">
    <aside>侧边栏</aside>
    <article>文章</article>
</section>
<footer>页脚</footer>
```

该网页的布局样式主要是设置中间两列浮动，并根据网页效果图中左右两列的大小计算出左右两列宽的百分比，然后对两列的容器元素(section)清除浮动。最后设计移动端的布局样式，只要设置左右两列不浮动就可以了。CSS 布局代码如下：

```
*{box-sizing:border-box; text-align:center}   /*设置盒模型为 border-box*/
body>*{width:95%; height:auto; margin:0 auto; margin-top:10px;
    border:1px solid #000; padding:5px;}
header{height:50px;}
section{overflow:hidden;}
footer{height:30px;}
section>*{height:200px; border:1px solid #000; float:left;}
                                                /*对中间两列设置样式*/
```

```
aside{ width:25%;}
article{ width:75%; padding-left:10px;}
.clearfix:after { content: ''; display: table; clear: both; }
@media(max-width: 720px){                          /*设计移动端两列样式*/
  aside,article{
      float: none; width:100%;  }}                 /*不浮动*/
```

### 7.2.2 页头的设计

该网页的页头部分采用大图平铺、中心定位的设计思想。即网页足够宽时，将显示页头的整个背景图片；网页变窄时，逐渐隐藏图片的两侧，只显示页头图片的中间区域。

页头部分的结构代码(7-7.html)如下：

```
<header>
    <h1>成功没有早晚<br />努力就有收获</h1>
    <div id="top_txt"><a href="javascript:addFav('个人网站示例');">收藏本页 |
    </a>
        <a href="mailto:zhanzhang@qq.com">联系站长</a></div>
</header>
```

页头部分的CSS代码如下：

```
header {
    width: 100%; min-height: 200px;
    background: url(img/banner.jpg) no-repeat center center;
                                                        /*从中心扩展*/
    background-size: cover;
    position:relative;                             /*为右上角的绝对定位元素作基准*/}
header h1{
    margin-left: 160px; padding-top: 30px;          /*用于定位*/
    text-indent: -40px;                             /*首行伸出*/
    line-height: 1.8em; font-size: 20px; font-weight: bold; color:white;}
header #top_txt{
  position:absolute; right:50px; top:20px;        /*定位于header右上方*/
  padding:4px 10px; border-radius:5px;
  background-color:rgba(255,255,255,0.8);         /*半透明背景效果*/}
```

### 7.2.3 响应式导航条的制作

#### 1. 大屏小屏下导航条的布局

响应式导航条的特点是导航项在计算机屏幕上水平排列，而在手机端屏幕上则是垂直排列(见图 7-10 右)。实现的原理是设置导航项(li 元素)在大屏上浮动,在小屏上不浮动。代码(7-8. html)如下:

```
#menu ul li{float: left;}
@media(max-width: 768px){
        #menu ul li {float:none; text-align: center; }  }
```

响应式导航条在小屏上默认是隐藏的,代码如下:

```
#menu>ul {display: none;}
```

导航条在大屏下宽度为 80%居中显示,在小屏下宽度为 100%,代码如下:

```
nav{width: 100%; min-height: 38px; padding-top:2px;
    background: url(img/menubg.jpg) repeat-x;
        position:relative;}
nav>#menu{
     width: 80%;margin:0 auto;     }
@media(max-width: 768px){
    #menu, section{width:100%}}                    /* 导航和主体区域在小屏时为 100% */
```

**2. 小屏幕下导航条的按钮切换**

在手机屏幕下,响应式导航条默认是隐藏的,当单击“汉堡按钮”,响应式导航条就能在显示和隐藏两种状态之间切换,如图 7-10 所示。这种切换状态和表单中复选框的选中状态切换很相似,并且 CSS3 支持:checked 伪类选择器,能设置在选中状态下的样式。

图 7-10　小屏幕下导航条隐藏状态(左)和显示状态(右)

但是如果直接在页面上放一个复选框,则页面会显得很难看。为此,可以用一张“汉堡按钮”的图片代替该复选框,并且要能实现单击该图片就等价于单击复选框的效果。而我们知道,可以将一个表单元素和一个<label>标记关联起来,这时单击 label 元素就相当于单击表单元素。那么,就可以设置 label 元素的图片为“汉堡按钮”,再将复选框元素隐藏起来,这样单击“汉堡按钮”图片(label 元素)就相当于单击复选框了。

为此,需要在响应式导航条中添加一个复选框和一个 label 元素,将导航条的结构代码修改如下:

```
<nav>
<div id="menu">
    <input type="checkbox" id="togglebox" /> <!--复选框,用于切换-->
<ul>
    <li><a href="./" class="current"><span class="left">首 页</span></a>
    </li>
    <li><a href="#"><span class="left">文 章</span></a></li>
        …
    <li><a href="#"><span class="left">联系方式</span></a></li></ul>
    <!--汉堡菜单按钮,for 属性值为复选框 id-->
<label class="menubut" for="togglebox"><img src="images/menu.png"/></label>
</div></nav>
```

设置复选框和 label 元素在大屏状态下隐藏起来。代码如下：

```
#menu input[type="checkbox"] ,.menubut{ display:none; }
```

再设置 label 元素在小屏下显示出来，并且绝对定位到导航条右侧，代码如下：

```
.menubut {
    display: block; position: absolute;         /*相对于 nav 元素绝对定位*/
right: 3%; top :4px; cursor: pointer;           /*设定鼠标的形状为手*/    }
.menubut img{width:100%;}
```

当单击“汉堡按钮”(label 元素)时，显示菜单 ul，代码如下：

```
#menu input[type="checkbox"]:checked+ul { display: block;    }
```

至此，响应式导航条制作完成，读者还可给导航条下拉显示时添加下拉滑动等动画效果。

### 7.2.4 响应式栏目的制作

在响应式网页中，由于每列的宽度是变化的，因此每个栏目都不能设置绝对宽度，而只能设置相对宽度(百分比)。除此之外，还要考虑列很窄的情况下，图片或文字的显示位置不够，这时可以把图片和文字的大小适当缩小，或者让原来水平排列的元素变为垂直排列。

以如图 7-11 所示的“最新日志”栏目为例，来分析如何进行响应式网页的细节调整。该栏目对应的结构代码(7-9. html)如下：

```
<div id="daily" class="clearfix">
 <h2>|最新日志</h2>
<div class="lanmu">                                  <!--第一条日志开始-->
```

```
    <img src="img/pic1.jpg"/><span class="date">2011/01/25</span>
    <h3>Internet 技术的应用</h3>   <p>在信息技术发达……</p>
</div>                                          <!--第一条日志结束-->
 <hr style="clear:both;" />
<!--此处省略第二条日志代码,因为与第一条一样-->   </div>
```

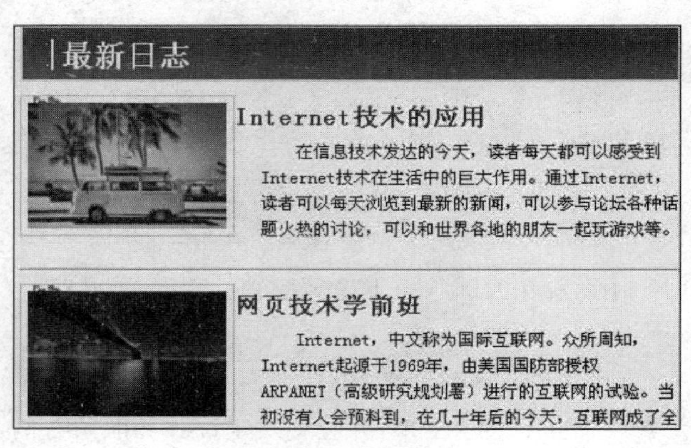


图 7-11　最新日志栏目

非响应式的 CSS 样式代码如下：

```
#daily img{float:left; padding: 5px; border:1px solid #ccc; width:240px; }
span.date{font-style:normal; float:right; padding:8px 60px 0 0;}
#daily p{margin-left:260px;
        line-height:1.6em; clear:right; text-indent:2em; overflow:
        hidden;}
  #daily h3{ margin: 10px; padding: 6px; font-size: 1.2em;
   font-weight: bold; color: #900; height: 24px;
   background: url(img/h3bg.png) left center no-repeat;}
```

响应式的 CSS 样式代码如下：

```
@media(max-width: 1000px){
    #daily img{ width:160px; }                          /*缩小图片尺寸*/
    #daily p{margin-left:180px; font-size:0.8em;}       /*缩小文字*/
    span.date{display:none;}}                           /*隐藏日期*/
```

其他栏目的制作与之类似，该网页的完整代码可参看配套源文件中的 7-10.html。

最后，别忘了对响应式网页进行必要的头部设置，如采用 HTML5 声明，并加上视口设置标签等，具体请参考 7.1.5 节的内容。设置完成后，可以用 Chrome 浏览器的手机模式预览（使用右键快捷菜单中的“检查”命令），如图 7-12 所示，如果手机模式下看到的是移动端网页界面，则表明头部设置正确；如果手机模式下看到的仍然是计算机端网页界面，则表明头部设置不正确。

图 7-12 Chrome 浏览器的手机测试模式

## 习　题

1. box-sizing 属性在响应式网页设计中有什么用途？

2. 响应式导航条中的汉堡按钮是用什么标签实现的？

3. 响应式网页设计的关键技术包括哪些？

4. img 元素图片和背景图片的自适应大小分别应采用什么方法？

5. 有以下两条媒体查询语句：@media(max-width：480px){ }和@media(max-width：800px){ }，如果要使两条语句中的样式都起作用，则哪条语句应写在前面？

# 第 8 章　JavaScript 与 jQuery 基础

网页除了外观设计外，还需要用户交互设计，例如响应用户的鼠标键盘操作、验证表单数据以及动态改变 HTML 元素的外观等，这些都需要编写浏览器端程序来实现。JavaScript 是一种浏览器的编程脚本语言，专门用来编写浏览器程序（也称为客户端脚本）。

## 8.1　JavaScript 的代码结构

JavaScript 是事件驱动的语言。当用户在网页中进行某项操作时，就产生了一个“事件”(event)。事件几乎可以是任何事情：单击一个网页元素、拖动鼠标等均可视为事件。JavaScript 是事件驱动的，当事件发生时，它可以对之做出响应。具体如何响应某个事件由编写的事件处理程序决定。

因此，一个 JavaScript 程序一般由“事件＋事件处理程序”组成。根据事件处理程序所在的位置，在 HTML 代码中嵌入 JavaScript 有 3 种方式。

**1. 将脚本嵌入到 HTML 标记的事件中（行内式）**

HTML 标记中可以添加“事件属性”，其属性名是事件名，属性值是 JavaScript 脚本代码。例如(8-1.html)：

```
<html><body>
    <p onclick="alert('Hello,The Web World!');">Click Here</p>
</body></html>
```

其中，onclick 表示单击鼠标事件，它是一个 JavaScript 事件名，也是一个 HTML 事件属性。“alert(…);”是事件处理代码，作用是弹出一个警告框。因此，当在这个 p 元素上单击鼠标时，就会弹出一个警告框，运行效果如图 8-1 所示。

图 8-1　8-1.html 和 8-2.html 的运行效果

**2. 使用<script>标记将脚本嵌入到网页中(嵌入式)**

在 HTML 文档中,通过<script>标记可以嵌入 JavaScript 代码,这是标准的嵌入 JavaScript 代码的方式,建议将所有的 JavaScript 代码都写在<script></script>标记之间,而不要写在 HTML 标记的事件属性内。这可实现 HTML 代码与 JavaScript 代码的分离。下面的代码(8-2. html)采用嵌入式 JavaScript,其运行效果与 8-1. html 完全相同。

```
<html><head>                                          <!--8-2.html -->
<script>
    function msg(){                                   //定义函数 msg
        alert("Hello, the WEB world!");     }
</script></head>
<body><p onclick="msg()">Click Here</p>         <!--通过事件调用函数 -->
</body></html>
```

其中,“onclick="msg()"”表示调用函数 msg。可见,调用 JavaScript 函数可写在 HTML 标记的事件属性中,但函数的代码必须写在<script></script>标记之间。

将 JavaScript 代码写成函数的一个好处是:可以让多个 HTML 元素或不同事件调用同一个函数,从而提高了代码的重用性。

**3. 使用<script>标记的 src 属性链接外部脚本文件(链接式)**

如果有多个网页文件需要共用一段 JavaScript,则可以把这段脚本保存成一个单独的. js 文件(JavaScript 外部脚本文件的扩展名为. js),然后在网页中调用该文件,这样既提高了代码的重用性,也方便了维护,修改脚本时只需修改. js 文件中的代码。

引用外部脚本文件的方法是使用<script>标记的 src 属性来指定外部文件的 URL。示例代码如下(8-3. html 和 8-3. js 位于同一目录下),运行效果如图 8-1 所示。

------------------------------8-3. html 的代码------------------------------

```
<html><body>
<script src="8-3.js "></script>
<p onclick="msg()">Click Here</p>
</body></html>
```

------------------------------------8-3. js 的代码------------------------------------

```
function msg(){                                       //定义函数 msg
    alert("Hello,the WEB world!"); }
```

# 8.2 JavaScript 的事件编程

## 8.2.1 JavaScript 语言基础

JavaScript 代码是严格区分大小写的,每条语句以";"结束。语法类似于 Java。

### 1. 变量和数组的声明

JavaScript 任何类型的变量声明都用 var,甚至可以不声明直接使用。数组使用关键字 Array 来声明,同时还可以指定这个数组元素的个数,即数组的长度(length),例如:

```
var name="Six Tang";                             //定义了一个字符串变量
var age=28;                                      //定义了一个数值型变量
var male=True;                                   //将变量赋值为布尔型
var rank=new Array(12);                          //第 1 种声明数组的方法
var Map=new Array("China", "USA", "Britain"); //第 2 种声明数组的方法
```

### 2. 数据类型

JavaScript 支持字符串、数值型和布尔型 3 种基本数据类型,支持数组、对象两种复合数据类型,在 JavaScript 中,每一种数据类型都是对象,可以用"对象.属性"或"对象.方法()"对该数据类型的变量进行操作。例如:

```
var course="data structure";          //字符串数据类型,course 为字符串变量
pos=course.indexOf("str");            //返回子串的位置,返回 5
str1=course.substr(5,3);              //返回"str",5 表示开始位置,3 表示长度
len=course.length;                    //返回字符串长度 14
alert(pos+str1+len);                  //"+"是连接符,弹出"5str14"
```

## 8.2.2 常用 JavaScript 事件

编写 JavaScript 程序需要考虑 3 个问题:第一,触发程序执行的事件是什么;第二,如何编写事件处理程序;第三,获取事件作用的 DOM 对象(HTML 元素)。

对于用户而言,常用的 JavaScript 事件可分为鼠标事件、HTML 事件和键盘事件 3 类,其中常用的鼠标事件如表 8-1 所示,常用的 HTML 事件如表 8-2 所示。

**表 8-1 鼠标事件的种类**

| 事件名 | 描述 |
|---|---|
| onclick | 单击鼠标左键时触发 |
| ondbclick | 双击鼠标左键时触发 |

续表

| 事件名 | 描述 |
|---|---|
| onmousedown | 鼠标任意一个按键按下时触发 |
| onmouseup | 松开鼠标任意一个按键时触发 |
| onmouseover | 鼠标移动到元素上时触发 |
| onmouseout | 鼠标移出该元素边界时触发 |
| onmousemove | 鼠标指针在某个元素上移动时持续触发 |

**表 8-2 常用的 HTML 事件**

| 事件名 | 描述 |
|---|---|
| onload | 页面完全加载后在 window 对象上触发,图片加载完成后在其上触发 |
| onunload | 页面完全卸载后在 window 对象上触发,图片卸载完成后在其上触发 |
| onerror | 脚本出错时在 window 对象上触发,图像无法载入时在其上触发 |
| onselect | 选择了文本框的某些字符或下拉列表框的某项后触发 |
| onchange | 文本框或下拉框内容改变时触发 |
| onsubmit | 表单提交时(如单击提交按钮)在表单 form 上触发 |
| onblur | 任何元素或窗口失去焦点时触发 |
| onfocus | 任何元素或窗口获得焦点时触发 |
| onscroll | 浏览器的滚动条滚动时触发 |

对于某些元素来说,还存在一些特殊的事件,例如 body 元素就有 onresize(当窗口改变大小时触发)和 onscroll(当窗口滚动时触发)这样的特殊事件。

键盘事件相对来说用得较少,主要有 keydown(按下键盘上某个按键触发)、keypress(按下某个按键并且产生了字符时才触发,即忽略 Shift、Alt 等功能键)和 keyup(释放按键时触发)。通常键盘事件只有在文本框中才显得有实际意义。

**提示**:JavaScript 事件名应该全部小写,因为 JavaScript 代码是区分大小写的,尽管 HTML 标记中的事件属性名是不区分大小写的。

## 8.2.3 事件监听程序

实际上,事件除了可写在 HTML 标记中,还可以"对象.事件"的形式出现,这称为事件监听程序。其中对象可以是 DOM 对象、浏览器对象或 JavaScript 内置对象。下面采用事件监听程序的方式重写 8-2.html,代码(8-4.html)如下:

```
<html><head>
<script>
    var demo=document.getElementById("demo");
                        /*获取 id 为 demo 的 HTML 元素,由于该 HTML 元素的代码在后面,
                         此时尚未载入,会发生"对象不存在"的错误*/
    demo.onclick=msg;                    //demo 对象单击时执行 msg 函数
    function msg()    {
```

```
        alert("Hello, the WEB world!");     }
</script></head>
<body>
<p id="demo">Click Here</p>
</body></html>
```

其中，为p元素添加了一个id属性，是为了使JavaScript脚本方便获取该元素。通过document.getElementById("demo")方法就可根据id访问这个元素，该方法返回的结果是一个DOM对象：demo。

然后，通过"DOM对象.事件名＝函数名"就能设置该对象在事件发生时将执行的函数。

但是，该程序运行会出错，原因在于：浏览器是从上到下依次执行网页代码的。当执行到获取id为demo的HTML元素时，由于该HTML元素的代码在下面，浏览器此时尚未载入该元素，就会发生对象不存在的错误。要解决该错误，有以下两种办法。

(1) 把JavaScript脚本放在HTML元素代码的下面。修改后的代码(8-5.html)如下：

```
<p id="demo">Click Here</p>
<script>
    var demo=document.getElementById("demo");    //放在 demo 元素的后面
    demo.onclick=msg;
function msg()     {
        alert("Hello, the WEB world!");     }
</script>
```

运行该程序，就能得到如图8-1所示的运行结果了。

(2) 把获取HTML元素的代码写在windows.onload事件中，这样就可避免只能把JavaScript代码写在HTML元素下面的麻烦，其中，windows.onload事件表示浏览器载入网页完毕时触发，这时所有的HTML元素都已经载入到浏览器中，无论JavaScript代码位置在哪里，都不会产生找不到对象的错误。修改后的代码(8-6.html)如下：

```
<script>
window.onload=function(){                    //表示在网页载入完毕后执行函数
    var demo=document.getElementById("demo");
demo.onclick=msg;     }                      //调用函数,函数名不能加括号
function msg()     {
        alert("Hello, the WEB world!");  }
</script>
<p id="demo">Click Here</p>
```

**提示：**

① 程序中的"对象.事件名"后只能接函数名，而绝对不能接函数名加括号。例如，

demo. onclick=msg 绝对不能写成 demo. onclick=msg(),因为函数名表示调用函数,而函数名带括号表示运行函数。

② demo. onclick=msg; 可放在 window. onload= function(){…}语句外,因为单击事件发生时网页肯定已载入完毕了。

(3) 用事件监听程序调用有参函数。

通过上例已经知道,"对象. 事件名"后只能接函数名,不能加括号,这对无参函数没什么问题;但如果是有参函数,其括号内有参数无法省略,要怎么调用呢? 方法是把有参函数放在一个匿名函数中调用,代码(8-7. html)如下:

```
<script>
window.onload=function(){                          //表示在网页载入完毕后执行函数
    var demo=document.getElementById("demo");
demo.onclick=function(){msg("张三");} }            //调用有参函数的方法
function msg(sname)    {
        alert("Hello,"+sname);    }
</script>
<p id="demo">Click Here</p>
```

# 8.3 JavaScript DOM 编程

把使用 JavaScript 程序操纵 HTML 元素的编程称为 JavaScript DOM 编程。

## 8.3.1 动态效果的实现

很多网页中都存在一些动态效果,比如鼠标指针滑动到某个文本或图像上时,文本或图像会发生变化,或者消失,或者变大变小等,这些都是用 JavaScript 程序实现的。编写动态效果程序的一般步骤是:

(1) 找到要实现动态效果的对象(网页元素);

(2) 为其添加事件;

(3) 编写事件处理函数;

(4) 在事件处理函数中通过改变网页元素的属性或内容来实现动态效果。

下面是一个例子,当鼠标指针滑动到标题文字上时,标题文字和它下方的图片就会发生变化,效果如图 8-2 所示,代码(8-8. html)如下:

```
<h2 id="tit">会变的图片</h2>
<img src="images/pic1.jpg" id="pic1"/>
<script>                                           //必须写在 pic1 元素后面
var img1=document.getElementById("pic1");          //获取 id 为 pic1 的元素
var tit=document.getElementById("tit");            //获取 id 为 tit 的元素
```

```
tit.onmouseover=change;          //当鼠标指针滑动到 tit 元素上时调用 change 函数
function change(){
    img1.src="images/pic2.jpg";  //设置 img1 的 src 属性为另一张图片
    tit.innerHTML="看到变化了吗"; //设置 tit 的内容为另一个文本
}</script>
```

图 8-2　鼠标指针滑动到标题上文字和图片发生变化

下面分别讲述动态效果程序编写时每一步的实现方法。

### 8.3.2　获取指定元素

在 JavaScript 中，通常根据 HTML 元素的 id、name 或标记名，获取指定的元素，并返回一个 DOM 对象(或数组)。document 对象提供了 4 个相关方法，如表 8-3 所示。

**表 8-3　获取 HTML 元素对象的方法**

| 方　法 | 描　述 | 返回值类型 |
|---|---|---|
| getElementById() | 返回拥有指定 id 属性的元素 | 对象 |
| getElementsByName() | 返回拥有指定 name 属性的元素集合 | 数组 |
| getElementsByTagName() | 返回拥有指定标记名的元素集合 | 数组 |
| getElementsByClassName() | 返回拥有指定 class 属性值的元素集合 | 数组 |

其中，getElementById()是最常用的方法，只要给 HTML 元素设置了 id 属性，就可用该方法访问元素。而其他 3 个方法由于返回的是数组，要使用它们获取单个 HTML 元素必须添加数组下标，例如：

```
var tj=document.getElementsByName("tj")[1]; //获取第 2 个 name 属性为 tj 的元素
var mul=document.getElementsByTagName("ul")[0];   //获取第一个<ul>标记的元素
```

#### 1. 添加事件

在获取了要发生交互效果的 HTML 元素后，就可给它添加事件。添加事件可采用 HTML 事件属性或事件监听程序添加。推荐使用事件监听程序，以实现 HTML 代码与

JavaScript代码的分离。例如：

```
var tit=document.getElementById("tit");  //获取id为tit的元素
tit.onmouseover=change;                  //为tit元素添加事件,并设置事件处理函数
```

接下来，就可编写事件处理函数。在事件处理函数中，动态效果一般是通过改变HTML元素的内容、属性或CSS属性实现的。

**2. 访问元素的HTML属性**

当获取到指定的HTML元素(DOM对象)后，就可使用"DOM对象.属性名"来访问元素的HTML属性了。该属性是可读写的，读取和设置元素的HTML属性的方法是：

```
变量=DOM对象.属性名                //读取元素的HTML属性
DOM对象.属性名=属性值              //设置元素的HTML属性
```

下面是一个例子(8-9.html)，当鼠标指针滑动到文字上(p元素)时，改变该元素的align属性，使文字左右跳动，效果如图8-3所示，代码如下：

```
<p id="mov" align="left">跳动的文字</p>
<script>                                   //必须写在mov元素后面
var mov=document.getElementById("mov");    //获取id为mov的元素
mov.onmouseover=change;               //当鼠标指针滑动到mov元素上时调用change函数
function change(){
    if(mov.align=="left"){                 //读取mov.align属性并比较
        mov.align="right";}                //设置mov.align属性的值
    else mov.align="left";     }
</script>
```

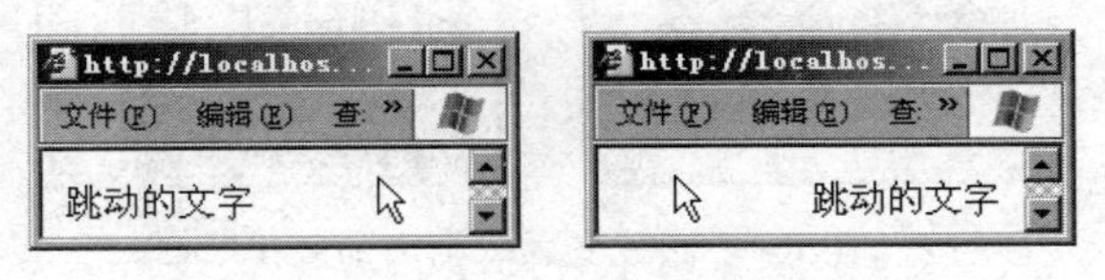


图8-3 文字左右移动效果

**提示**：该例中mov.align也可写为this.align，在JavaScript中，如果this放置在函数体内，那么this指代调用该函数的事件前的对象。

### 8.3.3 访问元素的CSS属性

访问元素的CSS属性可以使用"DOM对象.style.CSS属性名"的方法。该CSS属性也是可读写的，读取和设置元素的CSS属性的方法如下：

```
变量=DOM 对象 . style.CSS 属性名                      //读取元素的 CSS 属性
DOM 对象.style.CSS 属性名=属性值                      //设置元素的 CSS 属性
```

下面是一个例子(8-10. html),当鼠标指针滑动到文字“沙漠古堡”上时,第一张图片就会变大,同时第二张图片会消失,效果如图 8-4 所示,代码如下:

```
<html><body>
<b id="tit">沙漠古堡</b> <b id="tit2">天山冰湖</b><br>
<img src="images/pic1.jpg" id="pic1" width="75"/>
<img src="images/pic2.jpg" id="pic2" width="75"/>
<script>                                                //必须写在 HTML 元素后面
var pic1=document.getElementById("pic1");               //获取 id 为 pic1 的元素
var pic2=document.getElementById("pic2");               //获取 id 为 pic2 的元素
var tit=document.getElementById("tit");                 //获取 id 为 tit 的元素
tit.onmouseover=change;                  //当鼠标指针滑动到 tit 元素上时调用 change 函数
function change(){
    pic2.style.display="none";                          //隐藏 pic2
    pic1.style.width="140px";                           //设置 pic1 的宽度值,使它变大
    pic1.style.borderLeft="10px solid red";     }       //设置 pic1 的左边框值
</script>
</body></html>
```

图 8-4 图片变大或消失的效果

说明:

(1) CSS 样式设置必须符合 CSS 规范,否则该样式会被忽略。

(2) 如果样式属性名称中不带“-”号,例如 color,则直接使用 style. color 就可访问该属性值;如果样式属性名称中带有“-”号,例如 font-size,对应的 style 对象属性名称为 fontSize。转换规则是去掉属性名称中的“-”,再把后面单词的第一个字母大写。又如 border-left-style,对应的 style 对象属性名称为 borderLeftStyle。

(3) 对于 CSS 属性 float,不能使用 style. float 访问,因为 float 是 JavaScript 的保留字,要访问该 CSS 属性,在 IE 中应使用 style. styleFloat,在 Firefox 中应使用 style . cssFloat。

(4) 使用style对象只能读取到元素的行内样式，而不能读取元素所有的CSS样式。如果将HTML元素的CSS样式改为嵌入式，那么style对象是访问不到的。因此style对象获取的属性与元素最终显示效果并不一定相同，因为可能还有非行内样式作用于元素。

(5) 如果使用style对象设置元素的CSS属性，而设置的CSS属性和元素原有的任何CSS属性冲突，由于style会对元素增加一个行内CSS样式属性，而行内CSS样式的优先级最高，因此通过style设置的样式一般为元素的最终样式。

### 8.3.4 访问元素的内容

如果要访问或设置元素的内容，一般使用innerHTML属性。innerHTML可以将元素的内容(位于起始标记和结束标记之间)改变成其他任何内容(如文本或HTML元素)。innerHTML虽然不是DOM标准中定义的属性，但大多数浏览器却都支持，因此不必担心浏览器兼容问题。

下面是一个例子(8-11.html)。当勾选表单中的复选框后，将在span元素中添加内容(文字和文本框)，取消勾选则清空span元素的内容。效果如图8-5所示，代码如下：

```
<form name="userInfo" method="post" action="">您有小孩吗？有：
<input type="checkbox" name="hasBoy" id="hasBoy" value="1" onclick="check()" />
  <span id="add"> </span></form>
<script>
function check(){
    var hasboy=document.forms["userInfo"].hasBoy;
    var add=document.getElementById("add");  //获取add元素
    if(hasboy.checked)
        add.innerHTML="有几个<input type='text' name='textfield' />";
    else  add.innerHTML=""; }                    //设置add元素的内容
</script>
```

图8-5 利用innerHTML改变元素的内容

## 8.4 使用浏览器对象

JavaScript是运行在浏览器中的，因此提供了一系列对象用于与浏览器进行交互。这些对象主要有window、document、location、history和screen等，它们统称为BOM(Browser Object Model，浏览器对象模型)。

window 对象是整个 BOM 的核心，所有其他对象和集合都以某种方式与 window 对象关联，如图 8-6 所示。

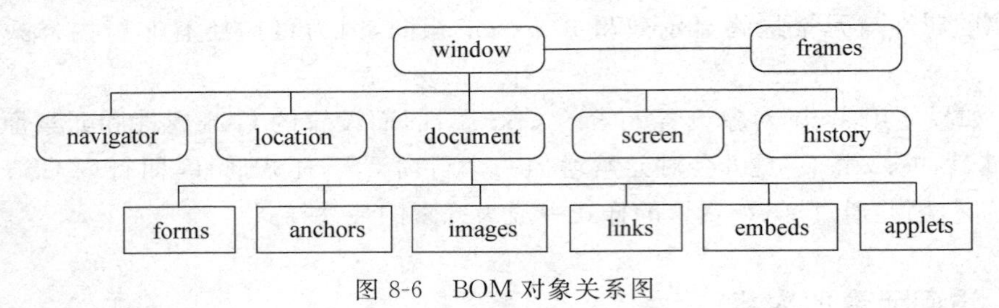


图 8-6　BOM 对象关系图

下面介绍几个最常用对象的含义和用途。

**1. document 对象**

document 对象表示网页文档，该对象具有很多集合，如 forms、links、images 等，分别表示网页中所有的表单、超链接和图像等集合。因此访问表单和表单中的元素可以使用 forms 集合，例如：

```
document.forms[0].user.value;  //网页第一个表单中 name 属性为 user 元素的 value 值
document.forms["data"].mail; //名称为 data 的表单中 name 属性为 mail 的元素
```

document 对象还具有 write 方法，用来向网页中动态输出文本，例如：

```
<script>document.write("这是第一行"+"<br />");</script><!--在网页中输出一行
文本-->
```

但要注意的是，document. write 方法只能在文档尚未载入到浏览器时输出文本，如果文档已载入完毕，则 document. write 会清空当前文档内容再输出，例如(8-12. html)：

```
<script>
function msg(){
    document.write("Hello!");    }              //输出时会清空原网页内容
</script>
<p onclick="msg()">Click Here</p>
```

由于单击 p 元素时，文档内容已载入完毕，所以单击时，原网页内容会被清空，再输出字符串"Hello!"。因此，document. write 方法不适合于在程序调试时输出中间结果，在 JavaScript 中，这个任务一般是由 alert 方法完成。

**2. location 对象**

location 对象表示浏览器的 URL 地址，该对象主要用来设置或分析浏览器的 URL，使浏览器发生转向，例如要使浏览器跳转到 login. htm 页面，代码如下：

```
<script>location.href="login.htm";</script>
```

其中location.href是最常用的属性，用于获得或设置窗口的URL，改变该属性的值就可以导航到新的页面。实际上，DW中的跳转菜单就是采用下拉菜单结合location.href属性实现的。下面是一个跳转菜单的代码(8-13.html)：

```
< select  name =" select "  onchange =" location. href = this. options [ this.
selectedIndex].value">
    <option>请选择需要的网址</option>
    <option value="http://www.sohu.com">搜狐</option>
    <option value="http://www.sina.com">新浪</option>
</select>
```

如果不希望跳转后用户可以用“后退”按钮返回原来的页面，可以使用replace()方法，该方法也能转到指定的页面，但不能返回到原来的页面了，这常用在注册成功后禁止用户后退到填写注册资料的页面。例如：

```
<p onclick="location.replace('http://www.sohu.com');">搜狐</p>
```

可以发现转到新页面后，“后退”按钮是灰色的了。

**3. history对象**

history对象主要用来控制浏览器后退和前进。它可以访问历史页面，但不能获取到历史页面的URL。下面是history对象的一些用法：

```
history.back();                        //浏览器后退一页,等价于 history.go(-1);
history.forward();                     //浏览器前进一页,等价于 history.go(1);
history.go(0);                         //刷新当前网页,等价于 location.reload();
document.write(history.length);        //输出浏览历史的记录总数
```

**4. window对象**

window对象对应浏览器的窗口，使用它可以直接对浏览器窗口进行各种操作。window对象提供的主要功能可以分为5类：调整窗口的大小和位置；打开新窗口或关闭窗口；产生系统对话框；状态栏控制；定时操作。下面举几个例子(8-14.html)：

```
window.open("pop.html", "new", "width=400, height=300"); //打开一个新窗口
window.moveTo(200, 300);                                 //移动窗口到指定坐标位置
window.close();                                          //关闭当前窗口
window.status="看看状态栏中的文字变化了吗?";              //修改状态栏内容
```

#### 5. 系统对话框

window 对象有 3 个生成系统对话框的方法，分别是 alert([msg])、confirm([msg]) 和 prompt([msg] [, default])。由于 window 对象可以省略，因此一般直接写方法名。

(1) alert 方法用于弹出警告框，在框中显示参数 msg 的值，其效果如图 8-1 所示。

(2) confirm 方法用于生成确认提示框，其中包括“确定”和“取消”按钮。当用户单击“确定”按钮时，该方法将返回 true；单击“取消”按钮时，则返回 false，其效果如图 8-7 所示，代码(8-15. html)如下：

```
if(confirm("确实要删除吗?"))                        //弹出确认提示框
    alert("图片正在删除…");
else alert("已取消删除!");
```

(3) prompt 方法用于生成消息提示框，它可接收用户输入的信息，并将该信息作为函数的返回值。该方法接收两个参数：第一个参数是显示给用户的文本，第二个参数为文本框中的默认值(可为空)，其效果如图 8-8 所示，代码(8-16. html)如下：

```
var nInput=prompt("请输入:\n 你的名字","");     //弹出消息提示框
if(nInput!=null)                                  //如果用户输入的值不为空
    document.write("Hello! "+nInput);
```

图 8-7　确认提示框 confirm()

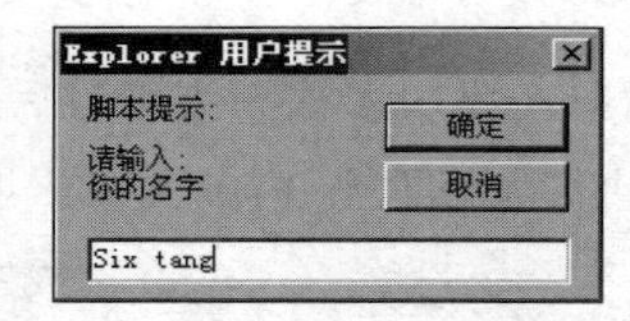


图 8-8　消息提示框 prompt()

#### 6. 定时函数

window 对象提供了两个定时函数，分别是 setInterval()和 setTimeout()。定时函数是 JavaScript 制作网页动画效果的基础，例如网页上的漂浮广告，就是每隔几毫秒更新一下漂浮广告的显示位置。下面分别介绍这两个函数。

(1) setInterval()函数用于每隔一段时间执行指定的代码。需要注意的是，它会创建间隔 ID，若不取消将一直执行，直到页面卸载为止。因此如果不需要了应使用 clearInterval 取消该函数，以防止它占用不必要的系统资源。

利用 setInterval()周期性地执行显示当前时间的脚本，就可在页面上显示不停走动的时钟，其效果如图 8-9 所示，代码(8-17. html)如下：

```
<body onload="init()">
    <div id="clock"></div>
<script>
```

```
var clock=document.getElementById("clock");      //获取 clock 元素
function disp(){
//将时间显示在 clock 的 div 中,new Date()获取系统时间,并转换为本地格式
    clock.innerHTML="<b>"+(new Date()).toLocaleString()+"</b>"; }
function init(){
     setInterval(disp, 1000);                    //每隔 1s 执行一次 disp()  }
</script></body>
```

图 8-9　时钟显示效果

(2) setTimeout()函数用于在一段时间之后执行指定的代码,这可用于某些需要延时的场合。如果通过递归调用,该函数也能周期性地执行脚本。

## 8.5 jQuery 基础

jQuery 是一个快速简洁的 JavaScript 框架,它可以简化 HTML 文档的元素选取,事件处理、动画及 Ajax 交互,快速开发 Web 应用。

### 8.5.1 jQuery 的功能和使用

#### 1. jQuery 的功能

jQuery 设计的目的就是为了让开发人员简化 JavaScript 代码的编写,jQuery 能满足以下需求:

(1) 取得页面中的元素,这是 jQuery DOM 操作的基础功能。

(2) 修改页面元素的外观,这主要通过修改元素的 CSS 属性或 HTML 属性实现。

(3) 修改页面的内容,jQuery 提供了 html()和 text()等函数实现这一功能。

(4) 响应用户的页面操作,jQuery 提供了完善的事件绑定和处理机制。

(5) 为页面添加动态效果,jQuery 的这一功能可能会被 CSS3 取代。

#### 2. 下载和使用 jQuery

jQuery 官网(http://jquery.com)提供了最新版本的 jQuery 下载,单击首页上的 Download jQuery 即可下载。通常只需要下载最小的 jQuery 包(Minified)即可。目前最新的版本是 3.2.1,但由于 jQuery 各种版本不完全兼容,本书的实例仍以使用比较广泛的 jquery-1.11.min.js 为开发环境。

jQuery 是一个轻量级(Lightweight)的 JavaScript 框架,所谓轻量级,是说它根本不

需要安装，因为 jQuery 实际上就是一个外部.js 文件，使用时直接将该.js 文件用<script>标记链接到自己的页面中即可，代码如下：

```
<script src="jquery.min.js"></script>
```

将 jQuery 框架文件引入后，就可以使用 jQuery 的选择器和各种函数功能了。下面是一个最简单的 jQuery 程序(8-18.html)：

```
<script src="jquery.min.js"></script>          <!--引入 jQuery 环境-->
<script>
 $(document).ready(function(){       //等待 DOM 文档载入后执行类似于 window.onload
    alert("Hello World!");                      //弹出一个对话框
});
</script>
```

### 8.5.2 jQuery 中的“$”

在 jQuery 中，最频繁使用的莫过于美元符“$”，它能提供各种各样的功能，包括选择页面中的元素、作为功能函数前缀、创建页面的 DOM 节点等。

jQuery 中的“$”等同于“jQuery”，例如 $(" h2 ")等同于 jQuery(" h2 ")，为了简写，一般采用“$”代替“jQuery”。“$”的功能主要体现在以下几方面。

**1. “$”用作选择器**

在 CSS 中，选择器的作用是选中页面中的匹配元素，而 jQuery 中的“$”作为选择器，同样可选中匹配的单个元素或元素集合。

例如在 CSS 中，“h2>a”表示选中 h2 的所有直接下级元素 a，而在 jQuery 中同样可以通过如下代码选中这些元素，作为一个对象数组，供 JavaScript 调用。

```
$("h2>a")                                        //jQuery 的子选择器，引号不能省略
```

jQuery 支持所有 CSS3 的选择器，也就是说，可以把任何 CSS 选择器都写在 $(" ")中，像上面的“h2>a”这种子选择器本来 IE6 是不支持的，但把它转换成 jQuery 的选择器 $("h2>a")后，则所有浏览器都能支持。例如下面的 CSS 代码：

```
h2>a {                                           /* IE 6 中不支持的子选择器 */
    color: red;
    text-decoration: none;  }
```

可将它改写成 jQuery 选择器的代码，代码(8-19.html)如下：

```
<script src="jquery.min.js"></script>     <!--引入 jQuery 环境-->
```

```
<script>
    $(document).ready(function(){                //页面载入后执行
        $("h2>a").css("color","red");
        $("h2>a").css("textDecoration","none");
  });
</script>
```

改写后，则使得本来不支持子选择器的 IE6 也能支持子选择器了。

使用 jQuery 选择器设置 CSS 样式需要注意两点：

(1) CSS 属性应写成 JavaScript 中的形式，如 text-decoration 写成 textDecoration。

(2) 如果要在一个 jQuery 选择器中同时设置多条 css 样式，可以写成下面的形式：

```
$("h2>a").css({color:"red",textDecoration:"none"});
```

上面仅仅展示了用 jQuery 选择器实现 CSS 选择器的功能，实际上，jQuery 选择器的主要作用是选中元素后再为它们添加行为。例如：

```
$("#buttonid").click(function(){ alert("你单击了按钮"); }
```

这就是通过 jQuery 的 id 选择器选中了某个按钮，接着为它添加单击时的行为。

还可以通过 jQuery 选择器获取元素的 HTML 属性，或修改 HTML 属性，方法如下：

```
$("a#somelink").attr("href");                   //获取元素的 href 属性值
$("a#somelink").attr("href","dem.html");        //将元素 href 属性设置为 dem.html
```

**2. “$”用作功能函数前缀**

在 jQuery 中，提供了一些 JavaScript 中没有的函数，用来处理各种操作细节。例如 $.each()函数，它用来对数组或 jQuery 对象中的元素进行遍历。为了指明该函数是 jQuery 的，就需要为它添加“$.”前缀。例如下面的代码(8-20.html)在浏览器中结果如图 8-10 所示。

```
$.each([1,2,3],function(index,value)    {     //用$.each()方法遍历数组[1,2,3]
    document.write("<br>a["+index+"]="+value);  });
```

图 8-10　$.each()方法遍历数组

说明：

(1) \$.each()函数用来遍历数组或对象，因此它的语法有如下两种形式：

① \$.each(对象，function(属性，属性值){…})；

② \$.each(数组，function(元素序号，元素的值){…})；

\$.each()函数的第 1 个参数为需要遍历的对象或数组，第 2 个参数为一个函数 function，该函数为集合中的每个元素都要执行的函数，它可以接收两个参数：第 1 个参数为数组元素的序号或者是对象的属性，第 2 个参数为数组元素或者属性的值。

(2) 调用 \$.each()时，对于数组和类似数组的对象（具有 length 属性，如函数的 arguments 对象），将按序号从 0 到 length−1 进行遍历，对于其他对象则通过其命名属性进行遍历。

(3) 此处的 \$.each()函数与前面的 jQuery 方法有明显的区别，上节中的 jQuery 方法都需要通过一个 jQuery 对象进行调用（如 \$("#buttonid").click），而 \$.each()函数没有被任何 jQuery 对象所调用，这样的函数称为 jQuery 全局函数。

(4) \$.each()函数不同于 each()函数。后者仅能用来遍历 jQuery 对象。例如，可以利用 each()方法配合 this 关键字来批量设置或获取 DOM 元素的属性。

下面的代码(8-21.html)首先利用 \$("img")获取页面中所有 img 元素的集合，然后通过 each()方法遍历这个图片集合。通过 this 关键字设置页面上 4 个空<img />元素的 src 属性和 title 属性，使这 4 个空的<img />标记显示图片和提示文字。运行效果如图 8-11 所示。

```
$(function(){                              //$(document).ready(function(){的缩写形式
    $("img").each(function(i){                   //each()函数便利 img 元素的集合
        this.src="pic"+(i+1)+".jpg";             //this 等价于$("img")[n]
        this.title="这是第"+(i+1)+"幅图";
    }); });
<img /><img /><img /><img />                     <!--用 each 方法设置它们的属性-->
```

图 8-11 each()方法

**提示**：代码中的 this 指代的是 DOM 对象而非 jQuery 对象，如果想得到 jQuery 对象，可以用 \$(this)。

**3. 用作 $(document).ready()解决 window.onload 函数冲突**

在 jQuery 中，采用 $(document).ready()函数替代了 JavaScript 中的 window.onload 函数。

其中(document)是指整个网页文档对象(即 JavaScript 中的 window.document 对象)，那么 $(document).ready 事件的意思是：在文档对象就绪的时候触发。

$(document).ready()不仅可以替代 window.onload 函数的功能，而且比 window.onload 函数还具有很多优越性，下面分析两者的区别。

例如，要将 id 为 loading 的图片在网页加载完成后隐藏起来，window.onload 的写法是：

```
function hide(){
    document.getElementById("loading").style.display="none";}
window.onload=hide;                                    //注意 hide 不能写成 hide()
```

由于 window.onload 事件会使 hide()函数在页面(包括 HTML 文档和图片等其他文档)完全加载完毕后才开始执行，因此在网页中 id 为 loading 的图片会先显示出来，等整个网页加载完成后执行 hide 函数才会隐藏。而 jQuery 的写法是：

```
$(document).ready(function(){
    ("#loading").css("display","none");
})
```

首先，jQuery 的写法会使页面仅加载完 DOM 结构后就执行(即加载完 HTML 文档后)，还没加载图像等其他文件就执行 ready()函数，给图像添加“display:none”的样式，因此 id 为“loading”的图片不可能被显示。

所以说，$(document).ready()比 window.onload 载入执行更快。

其次，如果该网页的 html 代码中没有 id 为 loading 的元素，那么 window.onload 函数中的 getElementById("loading")会因找不到该元素，导致浏览器报错。所以为了容错，最好将代码改为：

```
function hide(){
if(document.getElementById("loading")){
    document.getElementById("loading").style.display="none";
}}
```

而 jQuery 的 $(document).ready()则不需要考虑这个问题，因为 jQuery 已经在其封装好的 ready()函数代码中做了容错处理。

最后，由于页面的 HTML 框架需要在页面完全加载后才能使用，因此在 DOM 编程时 window.onload 函数被频繁使用。倘若页面中有多处都需要使用该函数，将会产生冲突。而 jQuery 采用 ready()方法很好地解决了这个问题，它能够自动将其中的函数在页面加载完成后运行，并且在一个页面中可以使用多个 ready()方法，不会发生冲突。

总之，jQuery 中的 $(document). ready()函数有以下 3 大优点：

- 在 DOM 文档载入后就执行，而不必等待图片等文件载入，执行速度更快；
- 如果找不到 DOM 中的元素，能够自动容错；
- 在页面中多个地方使用 ready()方法不会发生冲突。

**4. 创建 DOM 元素**

在 jQuery 中通过使用"$"可以直接创建 DOM 元素，下面的代码(8-22. html)用于创建一个段落，并设置其 align 属性以及段落中的内容。

```
var newP=$("<p align='center'>王船山诞辰 400 周年</p>");
```

这条代码等价于如下的 JavaScript 代码：

```
var newP=document.createElement("p");
var text=document.createTextNode("王船山诞辰 400 周年")
newP.appendChild(text);
```

可以看出，用"$"创建 DOM 元素比 JavaScript 要方便得多。但要注意的是，创建了 DOM 元素后，还要用下面的方法将该元素插入到页面的某个具体位置上，否则浏览器不会显示这个新创建的元素。

```
newP.insertAfter("#chapter");                    //将 newP 元素插入到#chapter 元素之后
```

## 8.5.3 jQuery 对象与 DOM 对象

当使用 jQuery 选择器选中某个或某组元素后，实际上就创建了一个 jQuery 对象，jQuery 对象是通过 jQuery 包装 DOM 对象后产生的对象，但 jQuery 对象和 DOM 对象是有区别的。例如：

```
$("#qq").html();                              //获取 id 为 qq 的元素内的 html 代码
```

这条代码等价于：

```
document.getElementById("qq").innerHTML;
```

**1. jQuery 对象转换成 DOM 对象**

也就是说，如果一个对象是 jQuery 对象，那么它就可以使用 jQuery 中的方法，例如 html()就是 jQuery 中的一个方法。但 jQuery 对象无法使用 DOM 对象中的任何方法，同样 DOM 对象也不能使用 jQuery 中的任何方法。因此下面的写法都是错误的。

```
$("#qq").innerHTML;                          //错误写法
document.getElementById("qq").html();        //错误写法
```

但如果jQuery没有封装想要的方法，不得不使用DOM方法的时候，有如下两种方法将jQuery对象转换成DOM对象。

(1) jQuery对象是一个数组对象，可以通过添加数组下标的方法得到对应的DOM对象，例如，$("#msg")[0]，就将jQuery对象转变成了一个DOM对象。

(2) 使用jQuery中提供的get()方法得到相应的DOM对象，例如，$("#msg").get(0)。

下面是一些jQuery对象转换为DOM对象的例子：

```
$("#msg")[0].innerHTML;                      //添加下标转换成DOM对象
$("h2>a").eq(0)[0].innerHTML;                //添加下标转换成DOM对象
$("h2>a").get(0).innerHTML;                  //get(n)方法直接返回DOM对象
```

**2. DOM对象转换成jQuery对象**

相应地，DOM对象也可以转换成jQuery对象，只需要用 $()把DOM对象包装起来就可以获得一个jQuery对象，从而能使用jQuery中的各种方法，例如：

```
$(document.getElementById("msg")).html(); //jQuery对象
$("#msg").html();                          //jQuery对象
$("h2>a").eq(0).html();                    //eq(n)方法返回的仍然是jQuery对象
```

**3. jQuery对象的链式操作**

jQuery对象的一个显著优点是支持链式操作。所谓链式操作，是指基于一个jQuery对象的多数操作将返回该jQuery对象本身，从而可以直接对它进行下一个操作。例如，对一个jQuery对象执行大多数方法后将返回jQuery对象本身，因此，可以对返回的jQuery对象继续执行其他方法。下面是一个例子(8-23.html)。

```
$(function(){                              //$(document).ready(function(){的简写形式
$("p").click(function(){alert($(this).html())})  //设置click事件的处理函数
.mouseover(function(){alert('mouse over event')})  //设置mouseover事件的处理函数
.text($("p").eq(0).text()+"好啊")                 //设置元素中的文本内容
.each(function(i){this.style.color=['#f00','#0f0','#00f'][ i ]
                                                   //设置前3个元素的颜色
});        })
<p id="jp">移进来!</p><p id="jp2">移进来!</p><p>移进来!</p>
```

显然，通过上述链式操作，可以避免不必要的代码重复，使jQuery代码非常简洁。其中['#f00','#0f0','#00f']是一个JavaScript数组，给数组加下标就能得到该数组中的某个元素。. text($("p"). eq(0). text()+"好啊")表示设置选中元素的文本内容为第一个p元素的文本内容再连接一个字符串常量。

### 8.5.4 jQuery 的选择器

要使某个动作应用于特定的 HTML 元素,需要有办法找到这个元素。在 jQuery 中,执行这一任务的方法称为 jQuery 选择器。选择器是 jQuery 的根基,在 jQuery 中,对事件处理、遍历 DOM 和 Ajax 操作都依赖于选择器。因此很多时候编写 jQuery 代码的关键就是怎样设计合适的选择器选中需要的元素。jQuery 选择器把网页的结构和行为完全分离。利用 jQuery 选择器,能快速地找出特定的 HTML 元素并得到一个 jQuery 对象,然后就可以给对象添加一系列的动作行为。

jQuery 的选择器主要有 3 大类,即 CSS3 的基本选择器、CSS3 的位置选择器和过滤选择器。

#### 1. 基本选择器

包括标记选择器、类选择器、id 选择器、通配符、交集选择器、并集选择器。写法就是把原来的 CSS 选择器写在 $(" ")内,例如:

```
$("p")、$(".c1")、$("#one")、$("*")、$("p.c1")、$("h1,#one")
```

如果选择器选择的结果是元素的集合,则可以用 eq(n)来选择集合中的第 n+1 个元素,例如,要改变第一个 p 元素的背景色为红色,可用下面的代码:

```
$("p").eq(0).css("backgroundColor","red");  //eq(0)选择集合中的第 1 个元素
```

**提示**:jQuery 中没有伪类选择器(如 E:hover),但提供了 hover()方法模拟该功能。

#### 2. 层次选择器

包括后代选择器、子选择器、相邻选择器、兄弟选择器,例如:

```
$("#one p")、$("#one>p")、$("h1+p")、$("h1~p")。
```

其中,兄弟选择器(如 $("h1~p"))和相邻选择器(如 $("h1+p"))都只能选中元素后面的兄弟元素。如果要选中某个元素前面和后面的兄弟元素,可以使用 jQuery 中的 siblings()方法,它的选取范围与前后位置无关,只要是同辈元素就可以选取。

#### 3. 反向过滤选择器

在过滤选择器中:not(filter)是一个很有用的选择器,其中 filter 可以是任意其他的位置选择器或过滤选择器。例如,要选中 input 元素中的所有非 radio 元素,选择器如下:

```
$("input:not(:radio)")
```

选中页面中除第一个 p 元素外的所有 p 元素，可以这样：

```
$("p:not(:first)")
```

需要注意的是，:not(filter)的参数 filter 只能是位置选择器或过滤选择器，而不能是基本选择器，例如下面是一个典型的错误：

```
$("div:not(p:first)")
```

### 8.5.5 jQuery 的事件绑定

在 jQuery1.7 以上版本中，提供了 on()方法，用于绑定事件处理程序到当前选定的 jQuery 对象中的元素。on()方法提供了绑定事件处理程序所需的所有功能，因此官方使用 on()方法取缔了 1.7 以前版本中的 bind()、live()和 delegate()方法。

下面是一个实例(8-24.html)，当单击 btn 按钮时，div 中会添加一个 p 元素。

```
<script>
$("div").on("click","#btn",function(){
    $("div").append("<p>这是一个新的 p 元素</p>");     })
</script>
<div><button id="btn">添加新的 p 元素</button>
  <p>第一个 p 元素</p>  <p>第二个 p 元素</p>
</div>
```

on()方法最多可以有 4 个参数，分别是事件名、选择器、发送的数据、事件处理函数，其语法如下：

```
.on(events [, selector ] [, data ], handler(eventObject))
```

如果事件比较简单，也可直接写事件处理函数，例如上例中的 js 代码等价于如下代码：

```
$("#btn").click(function(){
$("div").append("<p>这是一个新的 p 元素</p>");  });
```

在需要为较多的元素绑定事件的时候，应优先考虑 on()方法事件委托，这可以带来性能上的好处。比如下面的代码(8-25.html)为页面上所有 p 元素统一绑定了 3 个事件。

```
$("p").on({
  mouseover:function(){$(this).css("background-color","lightgray");},
  mouseout:function(){$(this).css("background-color","lightblue");},
```

```
  click:function(){$(this).css("background-color","yellow");}
 });
```

### 8.5.6 jQuery 中的常用方法

下面介绍几种 jQuery 中最常使用的方法。

**1. find()方法**

find()方法可以通过查询获取新的元素集合,通过匹配选择器来筛选元素,例如:

```
$("div").find("p");
```

这条代码表示在所有 div 元素中搜索 p 元素,获得一个新的元素集合,它完全等同于以下代码:

```
$("p",$("div"));
```

**2. hover()方法**

hover(fn1,fn2):一个模仿悬停事件(鼠标移入然后移出某个对象)的方法。当鼠标移入到一个匹配的元素上面时,会触发指定的第一个函数;当鼠标移出这个元素时,会触发指定的第二个函数。下面的代码(8-26.html)利用 hover()方法实现当鼠标滑动到某个单元格上,单元格发生变色的效果。

```
<style>  .hover{background-color: #9CF;}</style>
<script src="jquery.min.js"></script>
<script>
$(document).ready(function(){
$("td").hover(                                    //使用 hover 方法,接收两个参数
  function(){ $(this).addClass("hover");},
  function(){ $(this).removeClass("hover");
  }); });
</script>
```

**3. toggleclass()方法**

toggleclass()方法用于切换元素的样式。选中的元素集合中的元素如果没有使用样式 class,则对该元素加入样式 class;如果已经使用了该样式,则从该元素中删除该样式。可以将上述单元格变色的代码用 toggleclass()方法改写,代码(8-27.html)如下:

```
$(document).ready(function(){
$("td").hover(
  function(){ $(this).toggleClass("hover");  },     //如果没有 hover 类则添加
  function(){ $(this).toggleClass("hover");  });  });
```

### 8.5.7 jQuery 应用举例

#### 1. 带动画效果的"返回顶部"按钮

jQuery 提供了一些方法用来实现动画效果，其中 fadeIn 和 fadeOut 方法可实现淡入淡出效果的动画。下面的代码(8-28.html)是"回到顶部"的程序，如图 8-12 所示，当单击回到顶部图标时，页面逐渐滚动到顶部，并且当页面回到顶部时，回到顶部图标以淡出方式消失；当页面滚动到下方时，又会以淡入方式显示回到顶部图标。

```
#totop {
    position: fixed; width:64px; height:64px;bottom: 10%;   right: 16px;
    z-index: 99;
    display:none;                                    /* 初始时不显示 */      }
<a href="javascript:void(0)"  id="totop"><img src="images/toTop.gif"></a>
<script>
$(function(){
$(window).scroll(function(){
    if($(window).scrollTop()>500)                    //如果网页滚动超过了 500px
        $("#totop").fadeIn(500);                     //显示返回顶部按钮
    else $("#totop").fadeOut(500);
}); })
$("#totop").click(function(){
if($('html').scrollTop()){                           //如果网页的 scrollTop 值不为 0
    $('html').animate({ scrollTop: 0 }, 1000);    return false;   }
$('body').animate({ scrollTop: 0 }, 1000);    return false;
});
</script>
```

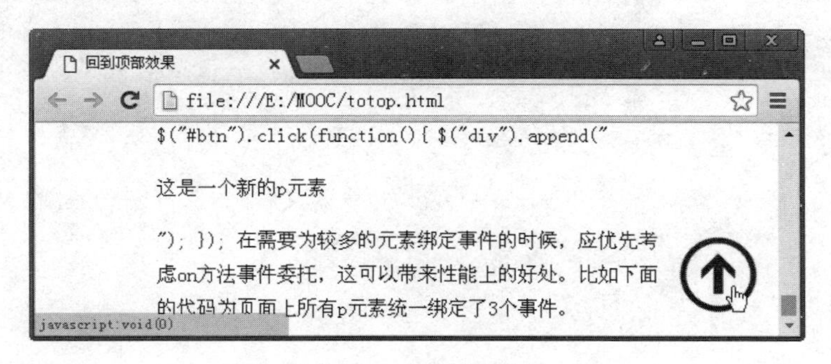


图 8-12 回到顶部效果

### 2. 图片滚动栏

如图 8-13 所示的图片滚动栏在各种网站上经常可看到，具有较高的实用价值。制作图片滚动栏的思路是：把所有图片项组织成一个无序列表，则每个列表项 li 元素就表示一个图片项，对 li 元素设置浮动，使所有图片项水平排列。设置 ul 元素的宽度等于或大于所有要滚动的图片的宽度之和（使所有图片不换行），再在 ul 外包裹一个 div 元素，设置该 div 的溢出属性为隐藏。结构代码(8-29.html)如下：

```
<div class="gallery">
<ul class="piclist">
    <li><a href="#"><img src="uploads/1.jpg"></a><span>第十届……</span></li>
    <li><a href="#"><img src="uploads/2.jpg"></a><span>获奖人员</span></li>
...
    <li><a href="#"><img src="uploads/5.jpg"></a><span>第二届……</span></li>
</ul>  </div>
```

图 8-13 图片滚动栏

CSS 样式代码如下：

```
.gallery {height: 170px; margin: 14px 0 0 15px;        /* 定义高度和间隙 */
    overflow: hidden; }                                 /* 设置溢出隐藏，这是关键 */
.gallery ul { width:1000px;  }          /* 设置宽度大于所有图片宽的和，保证水平排列 */
.gallery ul li {
    width: 180px; height: 170px; margin-right: 15px;
    float: left; }                                      /* 设置每个图片项水平排列 */
.gallery ul.piclist li a {width: 170px; height: 133px; display: block;
    border: 1px solid #ddd; padding: 4px;}              /* 为图片添加边框和填充 */
.gallery ul li a img{width:170px; height:133px;
        display:block; border:0;}                       /* 确保在 IE8 下图片没有默认边框 */
.gallery ul li span{line-height:27px; text-align:center;
color:#2a2a2a; display:block;font-size:14px; /* 下面 3 条设置文本自动隐藏 */
text-overflow:ellipsis;white-space:nowrap; overflow:hidden; }
.gallery ul li a:hover{ border:1px solid #5abfff}       /* hover 时改变边框颜色 */
.gallery ul li span:hover{ color:#F60; text-decoration:none; cursor:pointer}
```

最后,添加 jQuery 代码,使图片滚动栏能滚动起来。代码如下:

```
<script src="js/jquery.min.js"></script>
<script>
function autoScroll(obj){
    $(obj).find("ul").animate({
        marginLeft : "-191px"
    },400,function(){
        $(this).css({marginLeft : "0px"}).find("li:first").appendTo(this);
    }) }
$(function(){  setInterval('autoScroll(".gallery")',3000);  })
</script>
```

## 习 题

1. 计算一个数组 x 的长度的语句是(  )。

   A. var aLen=x.length();　　B. var aLen=x.len();

   C. var aLen=x.length;　　D. var aLen=x.len;

2. 下列 JavaScript 语句将显示(  )结果。

```
var a1=10;    var a2=20;    alert("a1+a2="+a1+a2);
```

   A. a1+a2=30　　B. a1+a2=1020

   C. a1+a2=a1+a2　　D. "a1+a2="1020

3. 表达式"123abc"-123 的计算结果是(  )。

   A. "abc"　　B. 0　　C. -122　　D. NaN

4. 产生当前日期的方法是(  )。

   A. Now();　　B. date();　　C. new Date();　　D. new Now();

5. 下列(  )可以得到文档对象中的一个元素对象。

   A. document.getElementById("元素 id 名")

   B. document.getElementByName("元素名")

   C. document.getElementByTagName("标记名")

   D. 以上都可以

6. 如果要改变元素<div id="userInput">…</div>的背景颜色为蓝色,代码是(  )。

   A. document.getElementById("userInput").style.color="blue";

   B. document.getElementById("userInput").style.divColor="blue";

   C. document.getElementById("userInput").style.background-color="blue";

   D. document.getElementById("userInput").style.backgroundColor="blue";

7. 通过 innerHTML 的方法改变某一 div 元素中的内容,(  )。

A. 只能改变元素中的文字内容　　　　B. 只能改变元素中的图像内容
C. 只能改变元素中的文字和图像内容　　D. 可以改变元素中的任何内容

8. 下列选项中,(　　)不是网页中的事件。
A. onclick　　B. onmouseover　　C. onsubmit　　D. onmouseclick

9. JavaScript中自定义对象时使用关键字(　　)。
A. Object　　B. Function
C. Define　　D. 以上3种都可以

10. 以下哪条语句不能为对象obj定义值为22的属性age?(　　)
A. obj."age"=22;　　B. obj.age=22;
C. obj["age"]=22;　　D. obj={age:22};

11. 下面哪一条语句不能定义函数f()?(　　)
A. function f(){};　　B. var f=new Function("{}");
C. var f=function(){};　　D. f(){};

12. ________对象表示浏览器的窗口,可用于检索关于该窗口状态的信息。

13. ________对象表示浏览器的URL地址,并可用于将浏览器转到某个网址。

14. var a=10; var b=20; var c=10; alert(a=b); alert(a == b); alert(a == c);的运行结果是什么?

15. 试说明以下代码输出结果的顺序,并解释其原因,最后在浏览器中验证。

```
<script>  setTimeout(function(){ alert("A"); },0);
    alert("B");    </script>
```

16. 编写代码实现以下效果:打开一个新窗口,原始大小为400×300px,然后将窗口逐渐增大到600×450px,保持窗口的左上角位置不变。

17. jQuery中的html()和text()方法有何区别?html(val)和text(val)方法有何区别?

18. 写jQuery代码,给网页中所有的 <p> 元素添加onclick事件。当单击时弹出该p元素中的内容。

19. 对于网页中的所有<p>元素,当第1次单击时弹出“您是第一次访问”,当以后每次单击时则弹出“欢迎您再次访问”,请用jQuery代码实现。

# 第 9 章　Bootstrap 响应式网页设计

虽然使用 CSS3 的媒体查询、流式布局等技术可以直接制作响应式网页，但必须分别设计不同屏幕大小下的页面 CSS 样式效果，代码比较烦琐。为此，开发者通常借助 Bootstrap 框架进行响应式网页设计。

## 9.1　Bootstrap 的使用

Bootstrap 是由 Twitter（著名的美国社交网站）的两名前员工推出的前端开发框架，它基于 HTML、CSS、JavaScript 和 jQuery 等前端技术，2011 年 8 月在 GitHub 上发布，一经推出就备受欢迎。

Bootstrap 内置了非常多的网页组件和漂亮样式，只要在 HTML 元素中调用相关的类名就可使用这些组件和样式，而无须编写 CSS 代码，从而减少了代码的编写，提高了网站的开发效率。实际上，即使是普通的非响应式网站也能使用 Bootstrap 来开发。

另一方面，Bootstrap 还内置了一套用于网页布局的栅格系统，利用该系统可直接在网页上绘制行和列来进行网页布局，这不仅使开发者免于编写 CSS 布局代码，而且这套栅格系统是响应式优先的，也就是说，该栅格系统生成的网页布局代码能自适应各种尺寸的屏幕。

基于此，Bootstrap 成为目前最流行的前端开发框架。Bootstrap 还具有以下几个优势：

- 移动设备优先——从 Bootstrap 3.0 版本起，移动设备优先的样式贯穿于整个库；
- 浏览器支持——Bootstrap 具有良好的浏览器兼容性，主流浏览器都支持 Bootstrap。
- 响应式设计——Bootstrap 的响应式 CSS 能够自适应台式机、平板电脑和手机的屏幕。
- 组件丰富——Bootstrap 包含了很多功能强大的内置组件。
- 良好的编码规范——为开发人员创建接口提供了一个简洁、统一的解决方案，减少了代码编写量，使开发人员站在巨人的肩膀上，不做重复工作。

### 9.1.1　下载和引用 Bootstrap 框架

#### 1. 下载 Bootstrap

Bootstrap 的中文官方网站是：www.bootcss.com。访问该网站，单击“Bootstrap3 中文文档”按钮，再单击“下载 Bootstrap”按钮，就会进入 Bootstrap 下载页面，选择“用于生产环境的 Bootstrap"下载即可。目前 Bootstrap 最新的正式版为 3.3.7，该版本压缩文件大小为 362KB。

需要注意的是，Bootstrap 的老版本"2.X 版本"和现在的"3.X 版本"完全不兼容。

将下载的 zip 文件解压后，将看到下面的文件和目录结构，如图 9-1 所示。

图 9-1 Bootstrap 的目录结构

**2. 在网站中引入 Bootstrap**

在网站中引入 Bootstrap 只需如下两步。第一步，将 zip 压缩包解压后的 3 个文件夹(css、js 和 fonts)复制到网站根目录下，我们需要的主要是它的样式预定义文件(bootstrap.min.css)、js 文件(bootstrap.min.js)和 fonts 目录，其他文件都可删除。由于 Bootstrap 的 js 代码是基于 jQuery 的，因此还要将 jquery.min.js 文件放在网站目录下(建议放在 js 目录下)。

第二步，在 HTML 文件中引入 Bootstrap，一个引入了 Bootstrap 的 HTML 文件(9-1.html)代码如下：

```
<!DOCTYPE html>
<html>
<head>
    <meta charset="utf-8">                                      <!--①-->
    <meta http-equiv="X-UA-Compatible" content="IE=edge">
                                                                <!--②-->
    <meta name="viewport" content="width=device-width, initial-scale=1">
                                                                <!--③-->
    <title>引入 Bootstrap 的 HTML 标准模板</title>
    <link href="css/bootstrap.min.css" rel="stylesheet">
                                                                <!--引入 Bootstrap CSS 样式-->
        <!--此处可引入或插入自己编写的 CSS 代码-->
    <!--[if lt IE 9]>
      <script src="js/respond.min.js"></script>
      <script src="js/html5shiv.js"></script>
    <![endif]-->
</head>
<body>
          <!--此处可编写网页内容-->
    <script src="js/jquery.min.js"></script><!--引入 jQuery 环境-->
```

```
    <script src="js/bootstrap.min.js"></script>    <!--引入 Bootstrap js 代码-->
</body>
</html>
```

**提示：**

(1) 可见，如果想在网页中使用 Bootstrap，必须引入 bootstrap. min. css、jquery. min. js 和 bootstrap. min. js，为了使网页内容能够尽早加载，一般将两个 js 文件放在 body 的最下面引入。尤其要注意的是，因为 Bootstrap 是基于 jQuery 的，所以引入 jQuery 的语句必须放在引入 Bootstrap 语句的前面，因此上述代码中最后两个<script>元素顺序不能颠倒。

(2) 为了使 Bootstrap 能够兼容 IE8 浏览器，必须采用条件注释[if lt IE 9]的方式引入两个 js 文件，其中 respond. min. js 文件的作用是使 IE8 支持媒体查询，html5shiv. js 是使 IE8 能够支持 HTML5 新增的标记。

(3) 上述 HTML 代码中的 3 个 meta 标记必须放在 head 元素的最前面。

(4) 上述代码中第①个 meta 标记用来声明页面的编码，utf-8 或 gb2312 都可以。

第②个 meta 标记表示在 IE 中运行最新的渲染模式，这是为了防止 IE 在兼容模式（模拟老版本模式）下运行。

第③个 meta 标记是移动端网页必备的一行代码，它的意思是让视口的宽度等于设备的宽度，初始缩放比例为 1。这样无论手机的分辨率是多少，都有相同的显示效果，并能满屏显示。

### 9.1.2 Bootstrap 栅格系统

为了方便网页布局，Bootstrap 提供了一套响应式，移动设备优先的流式栅格系统，栅格系统通过一系列的行（row）与列（col）的组合来创建页面布局，开发者只要将网页模块放入这些创建好的栅格（格子）中就可以了。

#### 1. 栅格系统工作原理

Bootstrap 栅格系统的工作原理如下：

- “行”必须包含在布局容器. container 类或 container-fluid 类中，以便为其赋予合适的对齐方式（alignment）和内边距（padding）。
- 每一行（row）在水平方向包含若干列（col），并且只有“列”可以作为“行”的直接子元素。
- 行使用类名 row 来定义，列使用类名“col-*-*”来定义，网页的内容应放在“列”中。在 Bootstrap 中，每一行最多可等分为 12 列，列数大于 12 时，将另起一行排列。
- 每列（col）有 15px 的左右 padding，从而使每列的内容之间有 30px 的间隔，为了使第 1 列左边和最后一列右边没有 15px 的间隙，设置行（row）的左右有－15px

的 margin。又为了使行的左右不超出容器 container 的范围，设置 container 有 15px 的左右 padding。

为了使读者对栅格系统的细节有更直观的理解，下面制作了一个 Bootstrap 栅格系统的原型网页(9-2. html)，为了简便，每一行仅包含 3 列。图 9-2 是其效果图，代码如下：

```
* {box-sizing: border-box;}
.container{width: 970px; margin:10px auto; padding:0 15px;
          height:300px;border:1px dashed black; }
.row {margin - left: - 15px; margin - right: - 15px; height: 100%; border: 1px
solid red;}
.col-md-4{float:left; position:relative; padding:0 15px; width:33.33333333%;
    background:#fcc; height:100%; }
<div class="container">
<div class="row">
    <div class="col-md-4">第一列内容</div>
    <div class="col-md-4" style="background:#fff;">第二列内容</div>
    <div class="col-md-4">第三列内容</div>
</div>
</div>
```

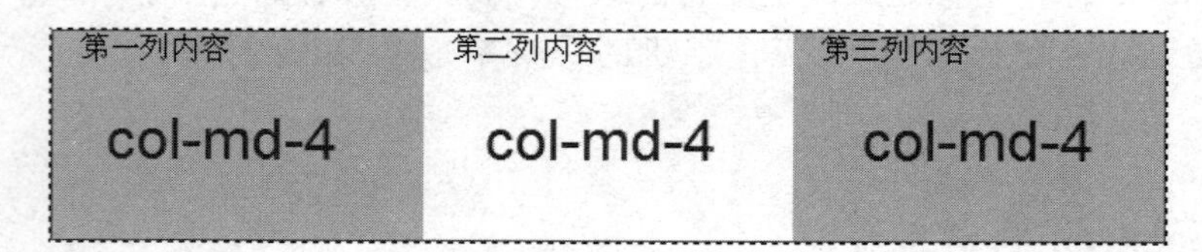


图 9-2　栅格系统的原型网页(9-2. html)效果图

说明：

(1) 以上代码中，除了 height、border、background 属性是为了方便演示添加的外，其他 CSS 代码完全是 Bootstrap CSS 文件中这几个类的真实代码，并且没有删减。

(2) Bootstrap 中的所有列是通过浮动(float)实现水平排列的。

(3) col-md-4 中的“4”表示占 12 列中的 4 列，因此宽度是约 33%。可见，该数字越大，每列的宽度就越大，一“行”中包含的“列”就越少。

(4) 每列都设置了相对定位属性，是为了配合偏移属性实现列偏移的功能(详细实现参见 9.1.3 节的“列偏移”部分)，另外，如果用户要在列中插入绝对定位元素，也可以将“列”作为这些元素的定位基准(当然大多数情况下不必插入绝对定位元素)。

(5) Bootstrap 所有元素都设置了 box-sizing:border-box 属性，这是为了方便响应式布局的，这样一来，即使对元素设置了 border 或 padding 值，都不会影响元素最终占据的宽度和高度。例如，对 col-md-4 设置了左右填充，但 col-md-4 的最终宽度仍然是 33%。这样，即使屏幕宽度发生变化，定义为百分比宽的列只会变窄，却不会换行。另外，列与列之间的间隔之所以用 padding 设置，而不用 margin，也是为了不增加列的宽度。

(6) container 元素的宽度在几个媒体查询中都有定义，在中型屏幕(992～1200px)

上，其宽度是 970px，在大型屏幕上(≥1200px)，其宽度是 1170px，也就是说，将网页放在 container 元素中，网页的宽度最大不会超过 1170px。如果要制作通栏效果(如导航条，通栏图片)，即占满浏览器的整个宽度，可将网页元素放在 container-fluid 元素中，该元素的宽度是 100%。当然，也可以在用户 CSS 代码中重新定义 container 元素的宽度。

**2. 栅格参数**

Bootstrap 区分了 4 种类型的浏览器尺寸(超小屏、小屏、中屏和大屏)，其像素的分界点分别是 768px、992px 和 1200px。栅格系统为不同屏幕的宽度定义了不同的媒体查询，媒体查询的相关代码如下：

```
@media(min-width:768px){.container{width:750px}}          /*小型屏幕*/
@media(min-width:992px){.container{width:970px}}          /*中型屏幕*/
@media(min-width:1200px){.container{width:1170px}}        /*大型屏幕*/
```

**注意：**超小型屏幕的样式 CSS 默认就是实现的，无须定义。另外，上述 3 条媒体查询语句顺序不能颠倒。

Bootstrap3 栅格系统的具体参数如表 9-1 所示。

表 9-1 栅格系统的具体参数

| 屏幕尺寸 | 超小屏幕(手机)<br><768px | 小屏幕(平板)<br>≥768px | 中等屏幕(桌面)<br>≥992px | 大屏幕(大桌面)<br>≥1200px |
|---|---|---|---|---|
| 栅格系统行为 | 总是水平排列 | 开始是堆叠在一起的，当大于这些阈值将变为水平排列 | | |
| container 元素最大宽度 | None(自动) | 750px | 970px | 1170px |
| 类名前缀 | .col-xs- | .col-sm- | .col-md- | .col-lg- |
| 基础列数 | 12 | | | |
| 最大列宽 | 自动 | 约 62px | 约 81px | 约 97px |
| 列中内容间隔 | 30px(每列左右均有 15px 填充) | | | |
| 可嵌套、可排序 | 是 | | | |
| 可偏移(offsets) | 是 | | | |

在表 9-1 中，类名前缀的取值分别是 col-xs、col-sm、col-md、col-lg，其中，xs 是 extrasmall(超小)的缩写，sm 是 small(小)的缩写，md 是 middle(中等)的缩写，lg 是 large(大)的缩写。可见类名体现了该类适配的屏幕宽度。

## 9.1.3 使用栅格系统进行响应式布局

**1. 列合并**

因为形如 col-md-3 的类名表示把 3 个基础列合并成一列。因此列的类名“col-*-*”

又称为列合并属性。

栅格系统可以让用户在不同尺寸的设备上看到不同的页面布局效果，下面是一个示例网页(9-3.html)，其在不同屏幕上的显示效果如图 9-3～图 9-5 所示(说明：本章接下来的代码都只给出了 body 元素中的 html 代码和 style 元素中的 CSS 代码，请将这些代码嵌入到 9-1.html 中)。

```
[class^=col-]{border: 1px solid #000000; height:50px;    }
[class^=col-]::after{ position:absolute; left:5px; right:5px; content:"";
opacity:0.5;
top:5px ; bottom:5px; background:#9cc; }      /* 为演示给每个 col 加背景 */
<div class="container">
   <div class="row">
      <div class="col-md-3 col-sm-6">1</div><div class="col-md-3 col-sm-
      6">2</div>
      <div class="col-md-3 col-sm-6">3</div><div class="col-md-3 col-sm-
      6">4</div>
   </div>
   <div class="row">
      <div class="col-md-3 col-xs-6">5</div><div class="col-md-3 col-xs-
      6">6</div>
      <div class="col-md-3 col-xs-6">7</div><div class="col-md-3 col-xs-
      6">8</div>
   </div>
</div>
```

| 1 | 2 | 3 | 4 |
|---|---|---|---|
| 5 | 6 | 7 | 8 |

图 9-3 中型以上屏幕的显示效果

| 1 | 2 |
|---|---|
| 3 | 4 |
| 5 | 6 |
| 7 | 8 |

图 9-4 小型屏幕的显示效果

由图 9-3～图 9-5 可见，列的 col-类名是向大兼容的，例如 col-md-3 就暗含了 col-lg-3，col-xs-6 也暗含了 col-sm-6，如果没有定义更小屏幕的 col-类名，例如，没有定义 col-xs-类名，则默认就是 col-xs-12。此时每列总是占满一行，上下排列。

因此，虽然栅格系统支持 4 种屏幕大小，但我们完全没必要在一个列中把列的 4 个类名全部写出来，比如希望在中等以上屏幕时网页分为3列，在中等以下屏幕时网页只有1列，则只要添加一个类名 col-md-3 就可以了。

**2. 清除浮动问题**

图 9-4 是当每列高度相同时的布局效果，但在实际的网页中，每列的高度通常是不相等的。例如，假设第5列的高度比较高，则在小型屏幕上显示的效果就如图 9-6 所示。

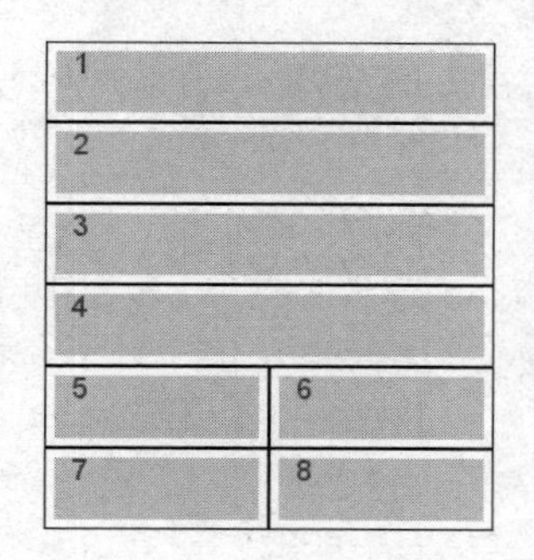

图 9-5　超小型屏幕的显示效果

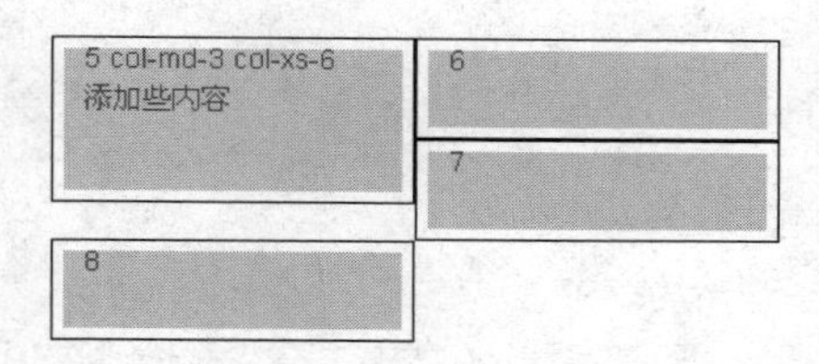

图 9-6　两列不等高时

这是因为每个列都具有浮动属性，由于浮动的影响，第7列被第5列卡住了，所以只能排在右边。因此，如果一行中的若干列在某种屏幕下会发生换行，并且换行后每行的元素有两个以上。则一定要添加清除浮动的元素消除这种浮动的影响。示例代码(9-4.html)如下，显示效果如图 9-7 所示。

```
<div class="row">
    <div class="col-md-3 col-xs-6">5</div><div class="col-md-3 col-xs-6">6
</div>
    <div class="clearfix"></div>                    <!--添加的清除浮动的元素-->
    <div class="col-md-3 col-xs-6">7</div><div class="col-md-3 col-xs-6">8
</div>
</div>
```

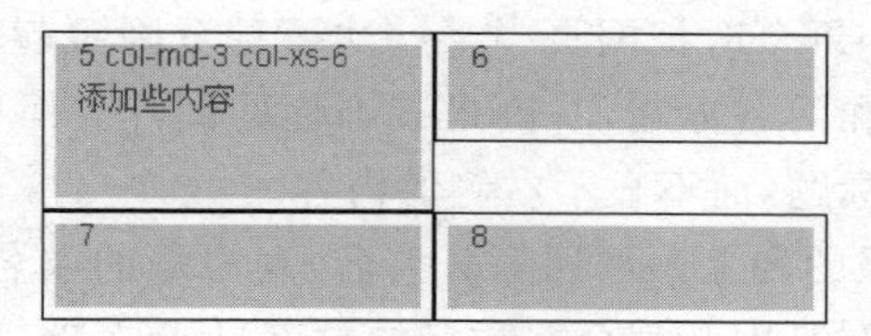

图 9-7　清除浮动之后

**提示**：clearfix 是 Bootstrap 中已经定义好的清除浮动的类名，元素直接应用 clearfix 类就能清除浮动了，不需要自己再编写清除浮动的 CSS 代码。

**3. 列偏移**

有时为了布局的需要，可能不希望让两个相邻的列挨在一起，这时候最简单的办法就是为列元素添加列偏移类名(当然也可以在两个列之间插入一个空列用于占位,但是绝对不能对需要偏移的列设置 margin 属性,那样会打乱整个栅格系统)。

使用类似 col-md-offset-* 形式的类名就可以将列向右偏移 n 列,下面是一个示例代码(9-5. html),其显示效果如图 9-8 所示。

```
<div class="container">
<div class="row">
    <div class="col-md-4">.col-md-4</div>
    <div class="col-md-4 col-md-offset-4">.col-md-4 .col-md-offset-4</div>
</div>
<div class="row">
    <div class="col-md-3 col-md-offset-3">.col-md-3 .col-md-offset-3</div>
    <div class="col-md-3 col-md-offset-3">.col-md-3 .col-md-offset-3</div>
</div>
<div class="row">
    <div class="col-md-6 col-md-offset-3">.col-md-6 .col-md-offset-3</div>
</div></div>
```

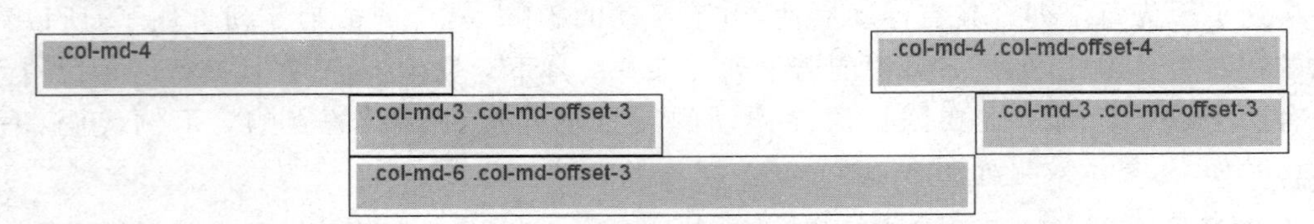


图 9-8 列偏移(9-5. html)的效果图

在 Bootstrap 源码中,列偏移是通过 margin-left 属性实现的,具体代码举例如下:

```
.col-md-offset-6 { margin-left: 50%;}
```

#### 4. 列隐藏

有时可能希望在较小屏幕时把网页中某些次要部分隐藏起来。比如在中型屏幕时,网页头部的左侧是 logo 和网站标题,右侧是装饰性的图片。而在小型屏幕时,网页的头部就只保留 logo 和网站标题,而不显示右侧的内容。

这时可以在需要隐藏的列上添加列隐藏类名,列隐藏的类名绝对不要想当然地写成 col-*-0,这样是不起作用的,因为列合并类名的数字只能是 1~12。

列隐藏的类名有两种:以 hidden-开头的表示在当前屏幕上隐藏,在其他屏幕上可见;以 visible 开头的表示在当前屏幕上显示,在其他屏幕上都隐藏。

例如,hidden-xs 表示仅在超小型屏幕上隐藏,其他屏幕都显示。visible-sm 表示仅在小型屏幕上显示,其他屏幕上都隐藏。

下面是一个示例代码(9-6. html),其显示效果如图 9-9 所示。

```
#topbg { background: url(images/top_bg.jpg)no-repeat center center;
    height: 166px;    width: 100%;    }
#logo{  margin-top:45px;  }
<div class="container">
    <div class="row">
    <div class="col-md-4 col-sm-6">            <!--放置 logo 元素-->
        <div id="logo"><img src="images/cslogo3.png"  /></div>
    </div>
    <div class="col-md-4 col-md-offset-4 col-sm-6 hidden-xs"><!--放置右边图
    片-->
        <div id="xxct"><img src="images/xxct.jpg" /></div>
    </div>
</div></div></div>
```

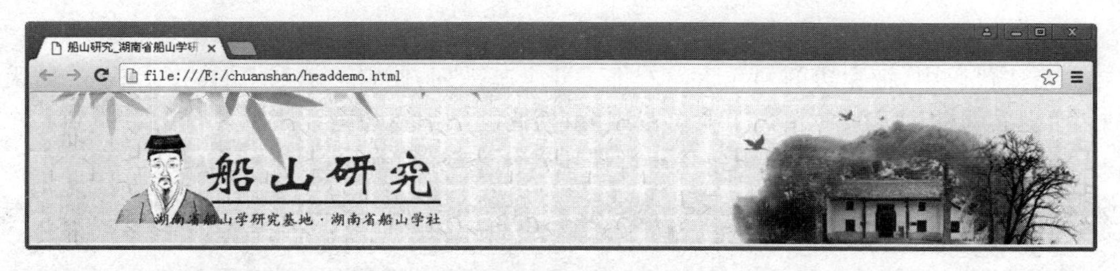

图 9-9　9-6. html 的显示效果(上: 中大型屏幕,左: 小型屏幕,右: 超小型屏幕)

可见,在中大型屏幕中,左侧列和右侧列都将应用 col-md-4 类,分别占 4 个基础列宽,并且右侧列还会向右偏移 4 个基础列(col-md-offset-4),因此左侧列和右侧列之间会有 4 个列的间隔。在小型屏幕中,左侧列和右侧列都将应用 col-sm-6 类,分别占 6 个基础列宽,右侧列不会偏移,因此左侧列和右侧列紧挨在一起。在超小型屏幕中,左侧列由于没有定义相应类名,将占据整行的宽度,而右侧列定义了 hidden-xs 类名,因此不显示。

**5. 列排序**

列排序实际上就是使用定位和偏移属性对列进行重新定位,使列的位置改变,甚至可以把两列的位置交换。在栅格系统中,列排序是通过 col-md-push-* 和 col-md-pull-* 来实现的。其中,push 表示把列向右推,pull 表示把列向左拉。示例代码(9-7. html)如下,效果如图 9-10 所示。

```
<div class="row">
    <div class="col-md-4 col-sm-6 col-sm-push-6 ">…</div>
    <div class="col-md-4 col-md-offset-4 col-sm-6 col-sm-pull-6 hidden-xs">
        …        </div></div>
```

图 9-10　列排序(9-7.html)示意图

上述代码中，把左边的列元素向右推了 6 个基础列，使它移动到了右边列元素的位置上，而把右边的列元素向左拉了 6 个基础列，使它移动到左边列元素的位置上。

在 Bootstrap 源码中，列排序是通过偏移属性实现的，例如：

```
.col-md-pull-6 {  right: 50%;}           .col-md-push-6 {  left: 50%;}
```

当然，我们知道，只有设置了定位属性的元素才能使用偏移属性，而列合并类名都定义了相对定位属性(如.col-sm-6{ position: relative;})，因此列排序才能使用偏移属性，表示在原来位置基础上偏移多少百分比。

**6. 列嵌套**

栅格系统还支持列的嵌套，即在一个列元素中再插入一个或者多个行(row)。此时，内部嵌套行(row)的宽度就是当前外部列的宽度。

列嵌套在网页布局中经常使用，图 9-11 是一个网页局部版面，该版面首先按 7∶5 的比例划分成左右两列：左列放置轮播图，右列放置“研究动态”栏目。在该栏目中，头条新闻又被划分为左右两列：左列放置图片，右列放置标题和内容。下面是该版面的布局代码(9-8.html)，其显示效果如图 9-12 所示。

```
<div class="container">
<div class="row">
<div class="col-sm-7">                                  <!--第一层左列 -->
    <div class="lunbo">轮播图</div>
</div>
<div class="col-sm-5">                                  <!--第一层右列 -->
<div class="row">                                       <!--嵌套层 row -->
    <h2 class="ltitle">研究动态</h2>
```

```
    <div class="col-sm-4" style="padding:0;">        <!--重置该列的填充为 0 -->
        <img src="images/55.jpg" /></div>
    <div class="col-sm-8"><p style=" margin:0 -15px;">
                                                     <!--抵消所在列的填充-->
    王船山对程朱忠恕论的反思与发展…</p></div>
</div><!--内层 row 结束--></div></div></div>
```

图 9-11　列嵌套应用实例

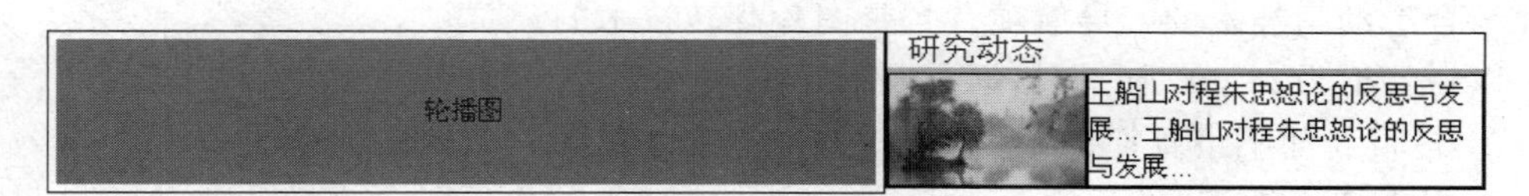


图 9-12　9-8.html 的运行效果

说明：

(1) 通过列嵌套，就能够得到任意宽度的列。例如，该列中嵌套层中的左列元素宽度为：$5/12\times4/12=13.89\%$。

(2) 关于列间隔的调整，当对页面进行列的多层嵌套后，最内层的列可能会很窄，而列与列之间的间隔仍然是 30px，显得太宽不协调。要减少或清除列间隔有两种方法：

① 当该列内没有 row 元素(没有再嵌套列)时，可安全地将该列的 padding 重设为 0；

② 设置该列中直接子元素的左右 margin 为 −15px，从而抵消该列 padding 的影响。

## 9.2　Bootstrap 中的网页组件

Bootstrap 组件能帮助开发者快速构建出绚丽的页面。其中最常用的组件有导航条(navbar)、轮播图(Carousel)、Tab 面板(Tab)、媒体对象(Media Object)等。

### 9.2.1　基于组件的网页制作方法

所谓基于组件的网页制作技术，是指将网页中可能需要的各个组件(如导航条、栏目框)先制作出来，然后将这些组件装配进网页的布局框架中形成网页。就好比生产汽车，先把汽车的发动机、变速箱等零件生产出来，再将这些零件整装成汽车。

传统的网页制作方法，是自顶向下的，它是先将网页的总体布局代码设计出来，然后设计各个栏目(区域)的布局代码，再实现每个栏目(区域)中各个网页元素的显示效果。可见传统的网页制作是一个自顶向下、逐步细化的过程。

基于组件的网页制作方法，是一种自底向上的设计方法，与传统的网页制作方法相比，虽然在制作单个网站时，其花费的时间可能并不比传统网页制作方法少，但是如果经常需要制作网站，这种方法就能够快速地重用已经做好的各种组件，使得开发效率大大提高。而传统的网页制作方法，如果要重用以前的网页，只能在原有的网页基础上改，随着网页越来越复杂，原有的网页在设计时又没有遵循任何标准，使得这种修改会变得越来越难。

基于组件的网页制作方法可分为以下几个步骤：

(1) 建立标准组件库。对于任何网页来说，常见的网页元素大致有导航条、栏目框、搜索框、图片轮显框、Tab 面板、图片滚动栏以及页头和页尾等。开发者可以将各种样式的组件分门别类地保存到标准组件库中，以后还可以对组件库中的组件进行扩展。

以导航条为例，各种网站上的导航条，无非可以分为以下几种：导航条背景是单色的，导航条背景是图片平铺的，导航项背景是单色的，导航项背景是图片的，导航项背景是图片结合滑动门技术的。导航项背景是图片翻转技术的。

以栏目框为例，典型的栏目框有以下几种：

① 栏目新闻不带日期；

② 栏目新闻带日期；

③ 带头条新闻的栏目框；

④ 带图片和头条新闻的栏目框。

从栏目框的样式来看，又可分为：

① 带边框的栏目框；

② 不带边框的栏目框；

③ 栏目框头部是图片的；

④ 栏目框头部是单色背景的。

将以上每种导航条和栏目框都分别制作一个原型(注意类名和 id 名不要重复)，写上注释，保存在组件库中。

(2) 建立网页布局代码库。常用的网页布局版式也只有几种，如 1-2-1 式、1-3-1 式，可变宽度的、固定宽度的等，将每种网页布局的代码分别保存成一个网页文件，写上注释，保存在网页布局代码库中。

(3) 组装网页。根据网页效果图选择适合的网页布局代码，再从标准组件库中选择适合的组件，将它们的 HTML 代码和 CSS 代码插入到网页布局代码中，这样就完成了一个基本的网页，再根据网页效果图，对网页元素的细节进行美化或修改。如果发现新做的网页中有好的比较典型的网页组件，可以把这些组件添加到组件库中去。

对于一般开发者而言，制作网页组件库是一项复杂而庞大的工作，为此，Bootstrap 为开发者提供了一套组件库，开发者可以直接使用这些组件。

### 9.2.2 导航条

导航条是网页中不可或缺的元素，Bootstrap 导航条组件能帮助开发者快速地实现导航条，并且这种导航条是响应式的，它在移动设备上会自动折叠。本节主要介绍如何使用 Bootstrap 制作一个基础导航条，以及如何修改默认导航条的样式。

**1. 基础导航条**

使用 Bootstrap 制作基础导航条的步骤如下：

(1) 插入一个容器<nav>或<div>标记，为其添加 navbar 类名和 navbar-default 类名，并且添加属性 role="navigation"，用来增加可访问性。

(2) 在第(1)步的容器标记中再插入一个<div> 标记，为该标记添加 navbar-header 类名，这样就将该元素定义为了导航条的头部，头部包含带有 nav-brand 类名的<a>标记，用于定义品牌图标，也可以是文字，如果是文字，则文字的字体会增大一号。

(3) 向导航条中添加导航项，方法是插入一个<ul>标记，再设置该标记的类名为 nav 类和 navbar-nav 类。接着再往该<ul>标记中插入含有超链接的<li>标记作为导航项就可以了。如果要将某个导航项设置为当前导航项，可对该<li>标记添加 active 类名。

**提示**：一般的导航条中可能只需要导航项就可以了。但 Bootstrap 导航条为了支持响应式，需要能在移动设备中显示折叠起来的导航条，就需要一个导航条头部标识导航条了，因为所有的导航项此时都被折叠而不可见。

基础导航条的具体实现代码(9-9.html)如下，显示效果如图 9-13 所示。

```
<nav class="navbar navbar-default" role="navigation">
                                              <!--导航条的容器-->
  <div class="navbar-header">                 <!--导航条头部-->
   <a class="navbar-brand " id="nav-brand-itheima" href="#" >网站首页</a>
  </div>
    <ul class="nav navbar-nav">
        <li class="active"><a href="#">研究机构</a></li>
        <li><a href="#">船山学人</a></li><li><a href="#">船山科普</a></li>
        <li><a href="#">船山著作</a></li><li><a href="#">船山讲坛</a></li>
    </ul>
</nav>
```

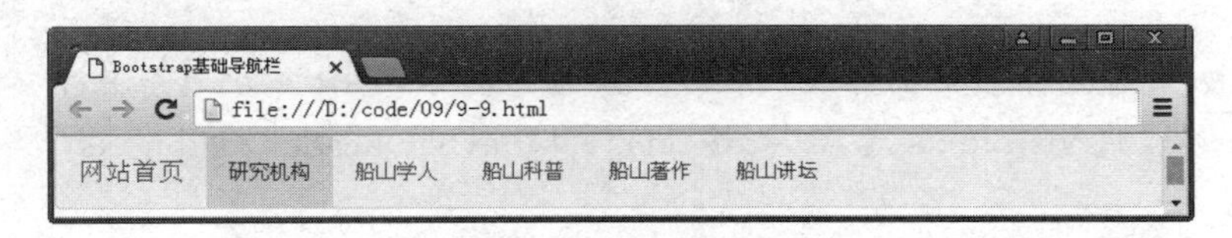


图 9-13 基础导航条(9-9.html)的显示效果

该基础导航条在小型以上屏幕中是水平导航项显示，而在超小型屏幕中会自动变为纵向显示的竖直导航条。

**2. 响应式导航条**

虽然基础导航条在超小型屏幕中也会纵向显示导航项，但是导航项不能折叠，默认就显示全部导航项，而响应式导航条能实现在超小型屏幕中导航项自动折叠(隐藏)，并且右边出现一个汉堡按钮，单击该按钮能使导航项在展开和折叠两种状态下切换。

实现响应式导航条有以下两个步骤。

(1) 导航项折叠(隐藏)的实现。由于所有导航项都在<ul>标记中，所以在基础导航条的<ul>标记外包裹一个<div>标记，并且为该<div>添加 collapse 和 navbar-collapse 两个类名，以及一个 navbar-collapse 的 id 属性值。

(2) 添加右侧的汉堡按钮，在<nav>标记中添加一个<button>标记，并为该<button>标记添加 navbar-toggle 和 collapsed 两个类名，再添加一个 data-target="#navbar-collapse"的属性，代表这个按钮控制的是 id 值为 navbar-collapse 的容器；以及 data-toggle="collapse"的属性，作用是实现折叠。

响应式导航条的具体实现代码(9-10.html)如下，显示效果如图 9-14 所示。

```
<nav class="navbar navbar-default" role="navigation">
        <button type="button" class="navbar-toggle collapsed" data-toggle=
        "collapse" data-target="#navbar-collapse" aria-expanded="false">
                                                  <!--汉堡按钮-->
            <span class="sr-only">汉堡按钮</span>
            <span class="icon-bar"></span><span class="icon-bar"></span>
            <span class="icon-bar"></span>
        </button>
      <div class="navbar-header">                 <!--导航条头部-->
      <a class="navbar-brand " id="nav-brand-itheima" href="#" >网站首页</a>
      </div>
    <div class="collapse navbar-collapse" id="navbar-collapse"><!--实现折叠
    -->
        <ul class="nav navbar-nav">
            <li class="active"><a href="#">研究机构</a></li>
        <li><a href="#">船山学人</a></li><li><a href="#">船山科普</a></li>
        <li><a href="#">船山著作</a></li><li><a href="#">船山讲坛</a></li>
        </ul></div>
</nav>
```

**提示**：如果希望导航条头部仅仅在超小屏幕中显示，在计算机端屏幕中不显示，可以为导航条头部应用 visible-xs 类，即<div class="navbar-header visible-xs" >。

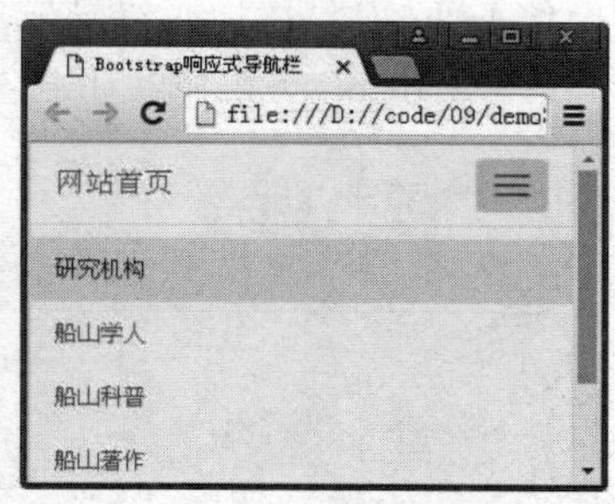


图 9-14 9-10.html 的显示效果(左：默认状态,右：单击按钮后的展开状态)

### 3. 带有下拉菜单的导航条

很多时候,网站需要二级导航条,即带有下拉菜单的导航条。在 Bootstrap 中,要使某个导航项带有下拉菜单,只要修改该导航项对应的<li>元素即可。首先,为<li>标记应用一个 dropdown 的类名。然后,在其<a>标记中添加一个 dropdown-toggle 的类名,以及一个属性 data-toggle="dropdown"。最后,在<a>标记的后面添加一个无序列表元素<ul>作为下拉菜单,并为该<ul>标记应用 dropdown-menu 的类名。

带有下拉菜单的导航项的关键代码(9-11.html)如下,显示效果如图 9-15 所示。

```
<li  class="dropdown">                                <!--表示带有下拉菜单-->
<a href="#" class="dropdown-toggle" data-toggle="dropdown">船山科普</a>
    <ul class="dropdown-menu">                        <!--下拉菜单-->
      <li><a href="#">王船山其人</a></li>
      <li><a href="#">船山故居</a></li><li><a href="#">船山文化</a></li>
         <li class="divider"></li>                    <!--添加分隔线-->
     <li><a href="#">船山遗迹</a></li><li><a href="#">船山文献</a></li>
  </ul></li>
```

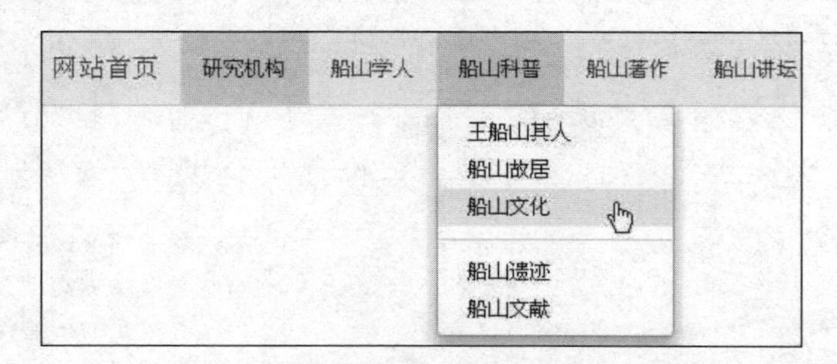


图 9-15 带有下拉菜单的导航项(9-11.html)

在下拉菜单中,插入<li class="divider"></li>可添加一条分隔线,而在一级导航项 a 元素内的文字后添加<b class="caret"></b>,就会出现一个下三角图标。

但是,这个导航条的下拉菜单需要单击鼠标才能触发,这样设计是因为 Bootstrap 需要适应移动端设备(在手机屏幕上只有点击事件,而没有悬停事件)。而这对于计算机端网页来说不仅操作不便，而且还把一级导航项中的单击超链接事件给屏蔽了。

下面的代码(9-12.html)可以解决下拉菜单需要单击鼠标才能触发的问题：

```
@media(min-width:768px){                          /*该 CSS 代码需放在 style 元素末尾*/
    .nav>li:hover .dropdown-menu { display: block; }}
                                                  /*添加 hover 伪类*/
<script>                                          //该 js 代码需放在 body 元素末尾
$(document).ready(function(){
if($(window).width()>=768)
    $(document).off('click.bs.dropdown.data-api');
                                                  //关闭下拉菜单的默认事件
});
</script>
```

说明：以上代码都是先判断浏览器窗口的尺寸，如果大于 768px，才执行 js 代码和添加 CSS 样式，这样，既能保证网页在计算机端时，悬停显示下拉菜单和导航项链接有效，又能保证在移动端(超小屏幕)时仍然保留单击显示下拉菜单的效果。

#### 4. 修改导航条的默认样式

Bootstrap 为我们提供的是基础的 CSS 样式，如果想自定义样式，有两种方法：

(1) 直接修改 Bootstrap 的 CSS 源代码中的 CSS 样式，这种方式会破坏 Bootstrap 样式的完整性，不建议使用。

(2) 重新定义 Bootstrap 中有关选择器的样式，把这些重定义的代码放在链接 bootstrap.min.css 的 link 语句下面，就能覆盖掉 Bootstrap 原来的默认样式了。

例如，要修改导航条的默认背景样式，可以通过重新定义.navbar-default 选择器的样式来实现。导航条常用样式的设置代码(9-13.html)如下，显示效果如图 9-16 所示。

```
.navbar-default { background-color: #900; }       /*导航条背景色*/
.navbar-default .navbar-nav>li>a { color: #f9f9f9;}
                                                  /*导航条前景色*/
.navbar-nav>li>a { padding: 10px 20px;}           /*每个导航项的大小*/
.navbar-default .navbar-nav>li>a:focus, .navbar-default .navbar-nav>li>a:
hover {
 color: #fff; background-color:#8b8;}             /*导航项 hover 时的样式*/
.navbar{ border-radius: 0; min-height:40px;       /*导航条的高度*/
 margin-bottom:10px;}                             /*导航条的下边界*/
 .dropdown-menu { background-color: #9c9;}        /*下拉菜单的背景色*/
.dropdown-menu>li>a { padding: 8px 20px; color: #333;}
                                                  /*下拉菜单项的大小*/
.dropdown-menu>li>a:focus, .dropdown-menu>li>a:hover {
    color: #fff; background-color: #c33;}         /*下拉菜单项的 hover 样式*/
.navbar-default .navbar-brand { color: #fff;}     /*导航条头部的样式*/
```

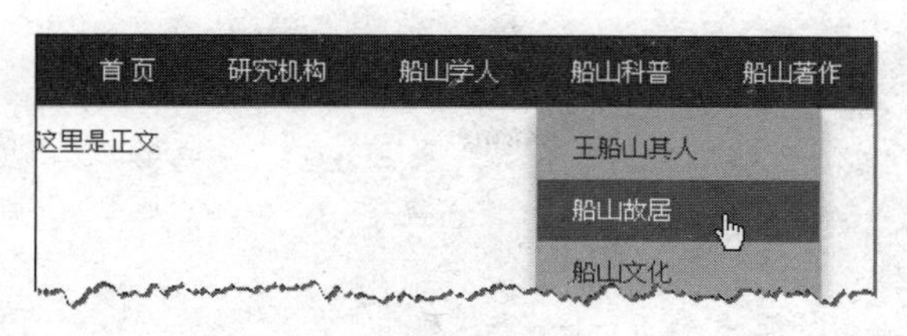


图 9-16 自定义导航条样式后的效果

**5. 带有搜索表单的导航条**

有些导航条中带有搜索表单。图 9-17 是这种导航条的效果图，实现方法是：在 9-10.html 代码基础上，在类名为 collapse 的 div 元素中插入 form 元素(9-14.html)。

```
<div class="collapse navbar-collapse" id="navbar-collapse">
  <ul class="nav navbar-nav">…</ul>          <!--所有导航项的代码-->
<form class="navbar-form navbar-left" role="search">
    <div class="form-group">
      <input type="text" class="form-control" placeholder="Search"></div>
  <button type="submit" class="btn btn-default">提交</button></form></div>
```

图 9-17 带有搜索表单的导航条(9-14.html)

如果要修改文本框的样式可重定义.form-control 类的样式。修改 button 按钮的样式建议添加一个类名(如 mybtn)，以方便重新定义 btn 类的样式。

## 9.2.3 轮播插件

Bootstrap 轮播插件可以轻松实现轮播图效果，并且是响应式的。轮播图由 3 个部分组成：轮播的图片、计数器和控制按钮。

下面是轮播图的代码(9-15.html)实现，其显示效果如图 9-18 所示。

```
<div id="myCarousel" class="carousel slide" data-ride="carousel">
<div class="carousel-inner">                  <!--轮播(Carousel)项目 -->
<div class="item active">                     <!--第 1 张图的容器 -->
    <a href="#"><img src="images/1.jpg" alt="图 1"></a></div>
<div class="item">
    <a href="#"><img src="images/2.jpg" alt="图 2"></a></div>
<div class="item">
    <img src="images/3.jpg" alt="图 3"></div>
</div>
```

```
<ol class="carousel-indicators">                <!--轮播(Carousel)计数器 -->
    <li data-target="#myCarousel" data-slide-to="0" class="active"></li>
    <li data-target="#myCarousel" data-slide-to="1"></li>
    <li data-target="#myCarousel" data-slide-to="2"></li>
</ol>
<!--轮播(Carousel)导航 -->
<a class="carousel-control left" href="#myCarousel" data-slide="prev">
<span class="glyphicon glyphicon-chevron-left"></span>
                                                <!--向左图标-->
</a>
<a class="carousel-control right" href="#myCarousel" data-slide="next">
<span class="glyphicon glyphicon-chevron-right"></span><!--向右图标-->
</a>
</div>
```

图 9-18　轮播图的效果

**1. 轮播图的容器**

插入一个容器标记(如<div>),为其添加 carousel 类名和 slide 类名,其中 carousel 类名使它成为一个轮播容器,slide 类名是可选的,用来使轮播图轮播时具有动画过渡效果。然后为其设置一个 id 名,如 myCarousel,该 id 名是任意取的,但必须要有,因为轮播容器中的其他元素要引用。最后为该 div 设置一个属性: data-ride="carousel",用来标记轮播图在页面加载时就会自动播放,否则轮播图不会自动播放。代码如下:

```
<div id="myCarousel" class="carousel slide" data-ride="carousel">
…</div>
```

**2. 轮播项目**

轮播项目必须放在一个类名为 carousel-inner 的 div 中,每个项目是一个类名为 item 的 div,每个项目中可放一个被超链接包含的图片,这样单击图片就会转到指定的链接地址;如果不需要超链接,也可以直接放一张图片。

轮播图中的图片默认是在 div. item 中左对齐的，如果希望图片居中对齐，可添加如下 CSS 代码：

```
.item img{margin:0 auto;}
```

还可以给轮播图中的图片添加说明文字，方法是在. item 元素中添加类名为 carousel-caption 的 div 元素，示例代码(9-16. html)如下：

```
<div class="item active">
<a href="#"><img src="images/1.jpg" alt="图 1"></a>
<div class="carousel-caption">
    <h3>王船山雕像</h3>      <p>描述内容 1…</p>
</div></div>
```

还可以改变说明文字 carousel-caption 元素的样式，比如添加背景色，示例代码如下：

```
.carousel-caption {
    position: absolute; right: 0; bottom: 0; left: 0; padding: 10px;
    background: rgba(166, 0, 0, 0.4);     }
```

**3. 轮播计数器**

所谓轮播计数器，就是指图 9-18 中轮播容器内正下方的一组小圆圈，它的作用是指示当前出现的是第几张图片，单击小圆圈还可转到对应的图片。轮播计数器是用一个类名为 carousel-indicators 的 ol 元素定义的，有几张图片就在里面放几个 li 元素。每个 li 元素都必须添加属性：data-target＝"＃轮播容器的 id 值"，代码如下：

```
<ol class="carousel-indicators">                <!--轮播(Carousel)计数器 -->
    <li data-target="#myCarousel" data-slide-to="0" class="active"></li>
    <li data-target="#myCarousel" data-slide-to="1"></li>
    <li data-target="#myCarousel" data-slide-to="2"></li>
</ol>
```

如果要改变轮播计数器的位置，可以参考如下 CSS 代码：

```
.carousel-indicators {
    position: absolute; top: 15px; right: 15px; z-index: 5; margin: 0;    }
```

**4. 轮播导航**

轮播导航是指图 9-18 中轮播容器左右两边的两个小箭头。单击这两个箭头可以向前或向后滚动图片，轮播导航使用一个类名为 carousel-control 的＜a＞标记定义，轮播导航中的图标一般用 Bootstrap 中自带的字体图标制作(也可以用自定义的图片文件来做)，代码如下：

```
<a class="carousel-control left" href="#myCarousel" data-slide="prev">
<span class="glyphicon glyphicon-chevron-left"></span></a>
<a class="carousel-control right" href="#myCarousel" data-slide="next">
<span class="glyphicon glyphicon-chevron-right"></span></a>
```

**5. 轮播图的选项修改**

轮播图中的图片默认是 5s 切换一次的，要改变轮播图的切换速度为 1s，只要对轮播图的容器 carousel 元素添加 data-interval="1000"就可以了。

当鼠标指针滑动到轮播图上时，轮播图会停止播放，如果不希望停止播放，可对 carousel 元素添加 data-pause="false"。

## 9.2.4 选项卡面板

Bootstrap 选项卡组件可以轻松实现选项卡面板。图 9-19 是 Bootstrap 选项卡面板的默认效果，选项卡面板由两部分组成：上方是一组导航链接按钮，下方是一组内容面板，当单击某个导航链接时，就会显示与其对应的内容面板，而其他内容面板则隐藏。

制作选项卡面板的主要步骤如下：

(1) 制作选项卡导航条。添加一个<ul>标记，对其应用 nav 和 nav-tabs 类(或 nav-pills 类，表示胶囊式，如图 9-20 所示)。在 ul 元素中添加若干个<li>标记，对当前导航项对应的 li 标记应用 active 类。再在每个 li 元素中添加<a>标记作为导航链接，每个<a>标记必须添加属性 data-toggle="tab"和 href="#内容面板 id"(或 data-target="#内容面板 id")。

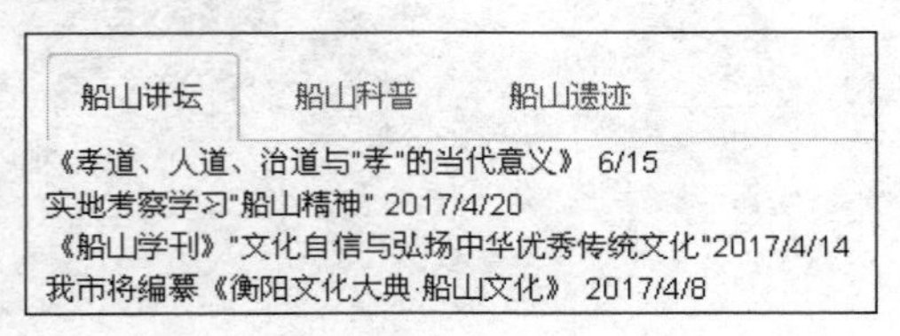


图 9-19 选项卡面板默认效果

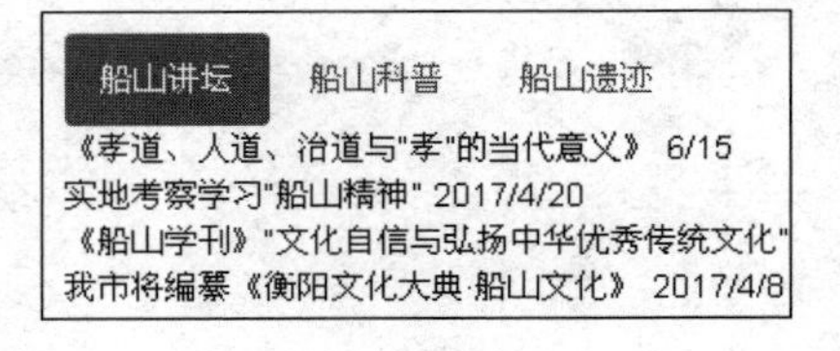


图 9-20 胶囊式选项卡面板

(2) 制作内容面板组。添加一个类名为 tab-content 的<div>标记，作为所有内容面板的容器。在该容器中，插入若干个类名为 tab-pane 的<div>标记，作为内容面板，对每个内容面板设置一个 id(和导航链接中指向的 id 对应起来)。对当前内容面板应用 active 类。如果希望内容面板有淡入淡出效果，可对其应用 fade 类，当前内容面板还要应用 in 类。

下面是选项卡面板的实现代码(9-17.html)，显示效果如图 9-19 所示。

```
<ul id="myTab" class="nav nav-tabs">      <!--选项卡导航条-->
```

```
        <li class="active"><a href="#cont1" data-toggle="tab">船山讲坛</a></li>
        <li><a href="#cont2" data-toggle="tab">船山科普</a></li>
        <li><a href="#cont3" data-toggle="tab">船山遗迹</a></li>
    </ul>
    <div id="myTabCont" class="tab-content">     <!--选项卡内容面板组-->
        <div id="cont1" class="tab-pane fade active in">
        《孝道、人道、治道与"孝"的当代意义》    6/15<br>…</div>
        <div id="cont2" class="tab-pane fade ">…</div>
        <div id="cont3" class="tab-pane fade">…</div>
    </div>
```

### 1. 选项卡面板的样式设置

可以对 Bootstrap 中选项卡面板的 CSS 代码重新定义，制作出如图 9-21 所示的选项卡面板，它的 CSS 代码(9-18. html)如下。

```
.lanmu{margin:10px;}                                  /*选项卡面板整体的外边距*/
.nav-tabs>li>a {background:#ccf;color:#fff; }         /*导航项的背景色和前景色*/
.tab-content{padding:10px;border:1px solid #ddd;border-top:none;}
                                                      /*添加边框*/
.tab-pane{line-height:1.8em;}
<div class="lanmu">…<!--省略的是选项卡的代码(9-17.html)--></div>
```

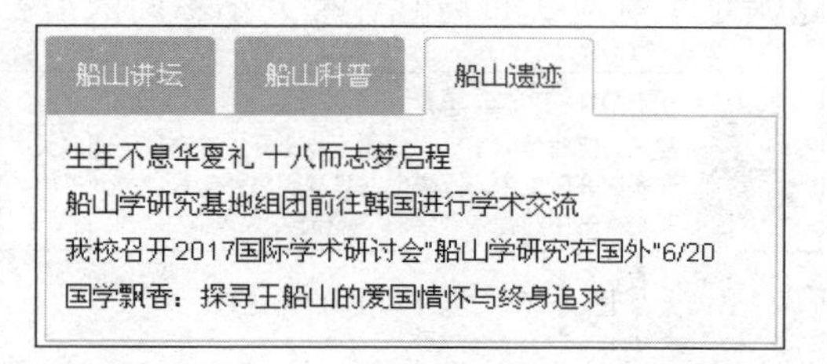


图 9-21 选项卡面板样式重定义后

可见，上述代码主要是定义了选项卡导航项的背景颜色，内容面板组的左右和下边框以及填充，内容面板的行高等。为了让选项卡作为一个整体，在选项卡代码外面包裹了一个类名为 lanmu 的 div，并定义了它的外边距。

### 2. 将选项卡变成滑动式触发

Bootstrap 选项卡为了支持响应式，默认是单击导航项才触发的。可以将其改为鼠标指针悬停时触发，添加的 jQuery 代码(9-19. html)如下：

```
$("#myTab>li>a").mousemove(function(e){$(this).tab('show');});
```

如果还希望单击选项卡导航链接时能跳转到某个页面，则首先必须去掉导航链接

<a>标记的 data-toggle="tab"属性,因为该属性会屏蔽超链接功能。然后使用 data-target="#内容面板 id"来联系内容面板,这样就可在 href 属性中设置链接的页面了,代码如下:

```
<a href="index.html" data-target="#cont1">船山讲坛</a>
```

但是在超小型屏幕上,由于只能采用单击导航链接触发,因此还是要屏蔽超链接功能。这可以利用 jQuery 为其添加 data-toggle="tab"的属性,兼容各种屏幕的最终代码如下:

```
$(function(){                                    //页面加载时触发
if($(window).width()>=768){                      //如果是中大型屏幕
    $("#myTab>li>a").mousemove(function(e){ $(this).tab('show'); }); }
else                                             //小型屏幕则添加 data-toggle="tab"
    $("#myTab>li>a").attr("data-toggle", "tab");  })
```

## 9.2.5 媒体对象

在网页中,常常看到如图 9-22 所示的效果,图像居左(或居右)、内容居右(或居左)排列,Bootstrap 中把这样的效果称为媒体对象,它是一种抽象的样式,可以用来构建各种不同类型的网页组件。使用媒体对象的一个好处是:无论媒体对象容器的宽度如何变化,图像的宽度始终不变,这满足了响应式布局时屏幕大小不同的需要。

王船山的哲学思想

首先,反对禁欲主义,提倡不能离开人欲空谈天理,天理即在人欲之中。王夫之在其《周易外传》、《尚书引义》等书中对程朱理学的"存天理,灭人欲"提出了批评。

图 9-22 媒体对象示意图

如图 9-22 所示的媒体对象的代码(9-20.html)如下:

```
<div class="media">
<a href="#" class="media-left">
    <img class="media-object" src="images/wfzz.jpg" alt="" width="66"/></a>
<div class="media-body">
    <h4 class="media-heading">王船山的哲学思想</h4>
    <p>首先,反对禁欲主义…… </p>  </div>
</div>
```

可见,媒体对象是一组 HTML 元素,通常包括以下几个部分:

(1) media 元素——媒体对象的容器,用来容纳媒体对象的所有内容。

(2) media-object 元素——媒体对象的对象,常常是图片,但也可以为其他元素。

（3）media-body 元素——媒体对象的主体，可以是任何元素，常常是图片侧边内容。

（4）media-heading 元素——媒体对象的标题，用来描述对象的标题，此部分是可选的。

**提示**：如果要将图片显示在右侧，则需要将 a 元素放在 media-body 元素的后面，而不能使用 media-right。因为 media-left、media-right、media-middle、media-bottom 分别设置图片相对于侧边内容的对齐方式。media-middle 可实现图片相对于文本垂直居中对齐。

对媒体对象重新定义如下 CSS 样式，可得到如图 9-23 所示的头条新闻效果。

```
.media-heading{text-align:center; font-size:16px; font-weight:bold; color:
#8b0604;}
.media-body{line-height:1.6em; font-size:12px; text-indent:2em;}
```

图 9-23 头条新闻效果

### 1. 媒体对象的嵌套

在微博或留言评论中，经常看到针对某个留言的回复，其界面通常如图 9-24 所示。通过媒体对象的嵌套，可轻松地实现这种效果。

图 9-24 媒体对象的嵌套

如果在一个 media-body 元素中，又嵌入了一个 media 元素，就构成媒体对象的嵌套，图 9-24 对应的代码(9-21.html)如下：

```
<div class="media">
<a class="pull-left" href="#">
      <img class="media-object" src="images/mv.jpg"  width="64"></a>
   <div class="media-body"><h4 class="media-heading">花木兰</h4>
      <p>王船山的主要思想是什么？对王船山的评价？</p>
      <div class="media">                    <!--此处是嵌套的媒体对象-->
      <a class="pull-left" href="#">
```

```
        <img class="media-object" src="images/gtq.jpg"></a>
        <div class="media-body">
            <h4 class="media-heading">光头强</h4><p>晚明学术……</p>
            <div class="media">            <!--第三层嵌套的媒体对象-->
              …</div></div></div></div></div>
```

### 2. 媒体对象列表

如果有多个同类的媒体对象从上到下排列，则可将它们组织成媒体对象列表的形式，媒体对象列表使用一个类名为 media-list 的 ul 元素定义，代码框架如下：

```
<ul class="media-list">                          <!--定义媒体对象列表-->
    <li class="media">…</li>                     <!--媒体对象 1-->
    <li class="media">…</li>                     <!--媒体对象 2-->
</ul>
```

## 9.2.6 折叠面板组

折叠面板组(accordion)是网页中常见的一种组件，可节省网页上的纵向空间。如图 9-25 所示。从结构上看，折叠面板组由若干个折叠面板组成，每个折叠面板又分为头部区域和内容区域，单击头部区域可切换该面板内容区域的显示和隐藏。

### 1. 折叠面板组的基本组成

折叠面板组主要由以下几个 HTML 元素定义：

- panel-group——定义折叠面板组，即所有折叠面板的容器。
- panel 和 panel-default——定义一个折叠面板。
- panel-heading——定义折叠面板的头部。
- panel-collapse——定义折叠面板的折叠区域。
- panel-body——定义折叠面板的内容区域。

下面是一个折叠面板的代码(9-22.html)，其显示效果如图 9-25 所示。

```
<div class="panel-group" id="accordion">
<div class="panel panel-default">
    <div class="panel-heading">
        <h4 class="panel-title">
<a data-toggle="collapse" data-parent="#accordion" href="#c1">研究机构</a>
</h4>
    </div> <!--panel-heading-->
    <div id="c1" class="panel-collapse collapse in">
        <div class="panel-body">湖南省船山学研究基地<br>…</div>
```

```
    </div> <!--panel-collapse 结束-->
</div> <!--panel 结束-->
<!--其他两个 pannel 格式和上边的一样 -->
</div>
```

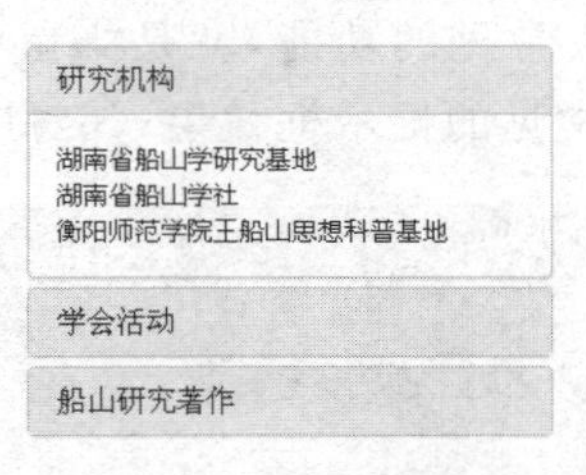


图 9-25 折叠面板的显示效果(9-22.html)

以上代码需要注意几点：

(1) 折叠面板的内容区域 panel-body 必须放在折叠区域 panel-collapse 中。

(2) 折叠面板的触发区域是 panel-title 元素中的 a 元素，每个 a 元素都要指定 data-parent 属性，对应折叠面板组的 id 属性，并设置 href 属性对应折叠区域的 id 属性，再设置 data-toggle="collapse"屏蔽 a 元素的链接功能。

(3) 如果给折叠区域 panel-collapse 应用 in 类，则该折叠区域默认是展开的。

**2. 折叠面板组的样式定义**

为了美观，可以重定义 Bootstrap 折叠式面板组的相关样式，代码如下(9-23.html)，显示效果如图 9-26 所示。

```
.panel-group{margin:10px;}
.panel-default>.panel-heading {color: #fff;border-color: #711515;
    background-color: #c11136;                          /*设置头部的背景颜色*/}
.panel-group .panel+.panel { margin-top: 2px;}    /*修改两个面板之间的间距*/
.panel-heading {padding:0}              /*将头部区域的填充转移到 a 元素上*/
.panel-title>a{display:block;           /*使 a 元素的触发范围扩大到整个头部区域*/
height:100%;padding: 10px 15px;}
```

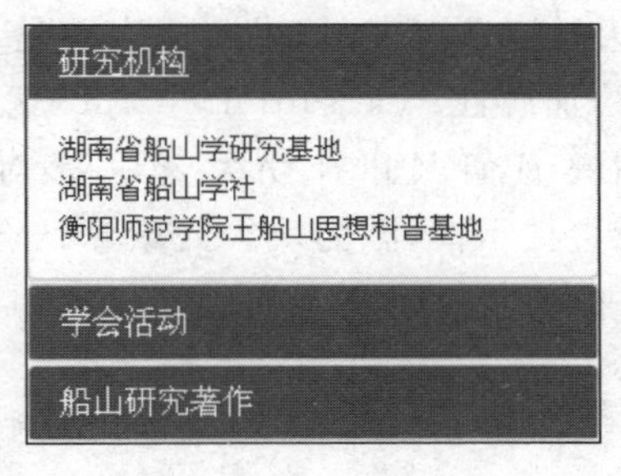


图 9-26 重定义样式后的折叠式面板组

### 9.2.7 提示框与弹出框

#### 1. 提示框

提示框(Tooltip)是一种比较常见的功能,就是当鼠标移动到特定的元素上时,会显示相关的提示内容。图 9-27 是常见的提示框效果,其对应的代码(9-24.html)如下所示。

```
<script>$('[data-toggle=tooltip]').tooltip();  </script>
                                                    <!--初始化提示框-->
<a href="#" data-toggle="tooltip" title="07341234567">联系电话</a>
<a href="#"  data-toggle="tooltip" data-placement="bottom" title="微信二维码
<br>
<img src='images/ewm.jpg' style='height:150px'>"  data-html="true">关注微信
</a>
```

图 9-27 常见的提示框效果

以上代码需要注意几点:

(1) 提示框默认没有初始化,因此使用之前一定要用 js 代码初始化提示框。

(2) 对任意 HTML 元素添加 data-toggle="tooltip"将使该元素转变成提示框。

(3) data-placement 属性可设置弹出框提示的方向,其取值有 top、bottom、left、right 和 auto。默认值为 top。

(4) 提示框中的内容可在 title 属性或 data-original-title 属性中设置,如果两个属性都存在,则以 data-original-title 属性值为准。

(5) 提示框中的内容默认只能是文本,如果希望内容是 HTML 代码,比如让提示框显示图片,字体加粗等,只要添加属性: data-html="true"就可以了。

(6) 尽管提示框可以作用于任何 HTML 元素,但一般对行内元素或行内块元素设置提示框,而不要对块级元素设置提示框,因为块级元素默认会占满整行,提示框会在该行的水平居中位置弹出,而这可能不是提示文字的位置。

#### 2. 更改提示框的默认样式

下面的 CSS 代码可更改提示框默认的字体大小、背景颜色等。

```
.tooltip{ font-size:26px;}                                /* 更改字体大小 */
        /* 更改背景大小,圆角弧度,提示框最大尺寸 */
 .tooltip-inner{max-width:200px;padding:8px; background-color:#f00; border-
radius:6px}
 .tooltip.top .tooltip-arrow{ border-top-color:#f00}   /* 更改箭头颜色 */
 .tooltip.bottom .tooltip-arrow{ border-bottom-color:#F00}
```

**3. 弹出框**

弹出框的效果如图 9-28 所示，可见它与提示框很相似，因为弹出框插件就是通过继承提示框来实现的。但是弹出框还是有两处与提示框不同：第一，弹出框具有标题栏；第二，弹出框是通过单击触发的，而提示框是鼠标指针悬停触发的。

图 9-28　弹出框效果(9-25. html)

图 9-28 对应的实现代码(9-25. html)如下：

```
<script>$('[data-toggle=popover]').popover();</script>
                                              <!--初始化弹出框-->
<a href="#"data-toggle="popover" data-html="true" data-original-title="微信
二维码"   title=""data-content="<img src='images/ewm.jpg' style='height:
150px'>">
官方微信</a>
```

以上代码需要注意如下几点：

(1) 弹出框默认没有初始化，使用之前一定要用 js 代码初始化弹出框。

(2) 对任意 HTML 元素添加 data-toggle="popover"将使该元素转变成弹出框。

(3) data-original-title 属性用来设置弹出框标题，data-content 属性用来设置内容。

(4) data-html="true"使弹出框内容支持 HTML 代码。

对于弹出框或提示框，虽然可以在其中添加 HTML 代码，但由于这些代码只能写在元素的属性值中，因此不建议添加很长的代码。如果要在弹出框中添加很多代码(如很多个超链接)，建议使用下拉菜单(dropdown)。

## 9.2.8 模态弹窗

模态弹窗(modal)是一种常见的网页效果，当单击触发元素后，将在屏幕中心弹出一个小窗口，同时整个浏览器窗口变灰。因此模态弹窗组件包括弹窗触发元素和弹窗框。

要添加一个基本的弹窗触发元素，只要对元素添加 data-toggle＝"modal"和 data-target＝"弹窗框 id"。如果触发元素是 a 元素，也可使用 href＝"弹窗框 id"来取代 data-target 属性。

图 9-29 是使用模态弹窗制作的一个图片放大效果，代码(9-26.html)如下：

```
<a data-toggle="modal" data-target="#regbox" href="ac.html">
   <img src="images/fm.png" width="200"></a>        <!--弹窗触发元素-->
<div class="modal fade" id="regbox" tabindex="-1">  <!--灰色背景元素-->
<div class="modal-dialog">                          <!--弹窗框元素-->
  <div class="modal-content">                       <!--弹窗框内容-->
  <div class="modal-header">                        <!--内容头部-->
    <button type="button" class="close" data-dismiss="modal">
                                                    <!--关闭按钮-->
<span aria-hidden="true">&times;</span><span class="sr-only">Close</span>
</button>
   <h4 class="modal-title">青丘狐传说</h4></div>
    <div class="modal-body">                        <!--内容主体-->
        <img src="images/qqhcs.jpg" width="450" /></div>
    <div class="modal-footer" style="height:60px;">
又东三百里… <button type="button" class="btn btn-primary" data-dismiss=
"modal" style="margin-top: 0px;">确定</button></div>
  </div></div></div>
```

图 9-29　模态弹窗效果

以上代码需要注意以下几点：

(1) 类名为 modal 的元素表示模态弹出窗的灰色背景层，应用 fade 类可使其具有渐隐动画效果。

(2) 类名为 modal-dialog 的元素表示弹出窗，虽然可以在该元素内直接添加内容，但是效果很不美观。

(3) 类名为 modal-content 的元素表示弹窗框内容，该元素下最好具有 modal-header、modal-body、modal-footer 3 个子元素，使弹窗框显得整齐美观。

(4) 如果要更改弹出窗的大小和位置，可参考如下代码：

```
.modal-dialog{width:486px; margin:120px auto 0;}
```

(5) 模态框中可放置任何 HTML 代码，如表单，从而制作出弹出登录框等效果。

## 9.3　Bootstrap 网页重构实例

如图 9-30 所示的网页是采用普通 CSS 布局制作的，并没有采用 Bootstrap 技术。本节将讨论如何使用 Bootstrap 技术重构该网页，使其具有响应式网页的效果。限于篇幅，只对页面主体部分进行重构。重构后在中屏（见图 9-31）和小屏（见图 9-32）下均有满意的显示效果。下面是用 Bootstrap 重构该网页的步骤。

图 9-30　Bootstrap 网页效果图

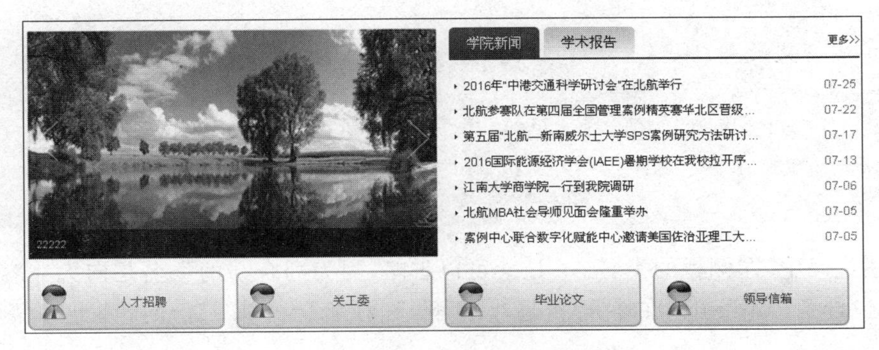


图 9-31　中屏下的网页效果

图 9-32　小屏和超小屏下的网页效果

**1. 测量各列的宽度并计算比例**

首先,使用计算机的截屏功能将网页界面从 jkxy. hynu. cn 的网址上截图下来。再使用图像处理软件对该截图进行测量,可以发现在网页主体部分中,左侧栏(轮播图)、中间栏(栏目框)和右侧栏(图标列表)的宽度分别为 553px、442px、129px(注意这些宽度都不要包含栏间距);然后计算出 3 栏所占的比例分别为 49%、39%、12%,测量栏间距的宽为 15px,网页整体的宽度为 1170px。

**2. 编写布局代码**

根据 3 栏的宽度比例,定义左侧栏在大屏下占 50%的宽(col-lg-6)。但是中间栏和右侧栏的宽度比例与 Bootstrap 中任何列的宽度比例都有较大差异,为此,可自定义两个类 col-lg-45 和 col-lg-15,设置它们的宽度分别为 38%和 12%。然后,在中屏下,定义左侧栏和中间列各占 50%的宽度(col-md-6),右侧列移动到下一行,占 100%的宽(col-md-12)。

因此,网页主体部分的结构代码(9-27. html)和各栏的列宽度类名如下:

```
<div class="container">
  <div class="row">
        <div class="col-lg-6 col-md-6">…</div>          <!--左侧栏-->
        <div class="col-lg-45 col-md-6">…</div>         <!--中间列-->
        <div class="col-lg-15 col-md-12">…</div>        <!--右侧栏-->
    </div>
</div>
```

上述代码中,左侧栏的类名 col-lg-6 可以省略,因为列合并的类名是向大兼容的,col-md-6 就包含了 col-lg-6。在小屏和超小屏下,3 列都是占满一行的,因此不需要设置类名。

自定义两个类的 col-lg-45 和 col-lg-15 的 CSS 代码如下:

```
@media(min-width:1200px){                          /* 此处必须写媒体查询 */
    .col-lg-45{width:38%}    .col-lg-15{width:12%}    }
```

**3. 设置栏间距和嵌入行**

由于 Bootstrap 的默认栏间距为 30px，而本实例中网页的栏间距是 14px，因此必须重新定义栏间距，代码如下：

```
[class^=col-]{ padding-right: 7px; padding-left: 7px; }     /* 重置栏间距为 14px */
.row {margin-right: -7px; margin-left: -7px;}               /* 修补栏两侧 */
.container { padding-right: 7px; padding-left: 7px;  }      /* 修补栏两侧 */
```

接下来要让右侧栏中的 4 个图标在中屏以下占满一行水平排列，方法是在右侧栏中又嵌入一行，然后在该行中插入 4 列，每列放一个图标，每列在超小屏以上屏幕中占 25%宽(col-xs-3)，在大屏下占 100%宽(col-lg-12)。结构代码如下：

```
<div class="col-lg-15 col-md-12">                   <!--右侧栏-->
    <div class="row btn_link">                      <!--嵌入一个新行-->
        <div class="col-lg-12 col-xs-3"><a href="#">人才招聘</a></div>
        <div class="col-lg-12 col-xs-3"><a href="#">关工委</a></div>
        <div class="col-lg-12 col-xs-3"><a href="#">毕业论文</a></div>
        <div class="col-lg-12 col-xs-3"><a href="#">领导信箱</a></div>
</div></div>
```

最后对每个 a 元素设置 CSS 代码，使它们能占满每列显示。代码如下：

```
.btn_link{ margin-top:15px; }
.btn_link a{display:block; width:100%;          /* 占满一列使其能自动伸缩 */
line-height: 68px; margin-bottom: 12px; text-align: center; border: 2px solid
#A6D0E7;
/* 设置渐变加图像背景，圆角边框 */
background:url(img/fc.png)no-repeat 12px 10px, -webkit-linear-gradient(#fff,
#d4ebfa); border-radius:8px; padding-left:40px; }
.btn_link a:hover{background:url(images/fd.png)no-repeat 8px 20px,
-webkit-linear-gradient(#fff,#A6D5FD); font-weight:bold; text-decoration:
none }
```

可见，使用 Bootstrap 制作响应式网页，可以不用编写任何媒体查询的代码，只需要在布局元素中添加代表不同屏幕尺寸中宽度的类名即可。

## 习　题

1. 如果要在超小屏中显示某一列，在其他屏幕中隐藏该列，应使用的类名是________。

2. Bootstrap 中，类名 container 元素和 col-md-3 元素之间应该有类名为________的元素。

3. 对于<div class="col-md-3 col-xs-3">，其中可以省略的类名是________。

4. Bootstrap 列与列之间的间距默认是________ px。

5. 如果要让布局元素<div class="col-md-4 col-sm-6"></div>在小屏下向右偏移3列，应添加类名________。

6. Bootstrap 的 container 容器有什么作用？

7. Bootstrap 轮播图中的图片要如何设置才能居中显示？

# 附录　实　　验

## 实验1　个人简历网页

实验目的：掌握img、ul、h1、a等HTML元素的使用；掌握img元素的各种对齐方法；了解用CSS对ul进行美化的方法。掌握在DW中新建站点、新建网页、输入代码和测试网页的方法。

实验任务：完成如图A-1所示的个人简历网页。

图A-1　个人简历网页

实验思考：img元素是怎样和文字左右排列的？无序列表可以嵌套吗？怎样制作到电子邮件的链接？

## 实验2　圆饼型盒子的制作

实验目的：掌握盒子模型margin、padding、border的灵活运用，学会使用border-radius制作圆和圆角矩形的方法。学会使用hover伪类实现动态效果。掌握使用负值margin实现盒子叠加的方法。

实验任务：完成如图A-2所示的圆饼型盒子网页。

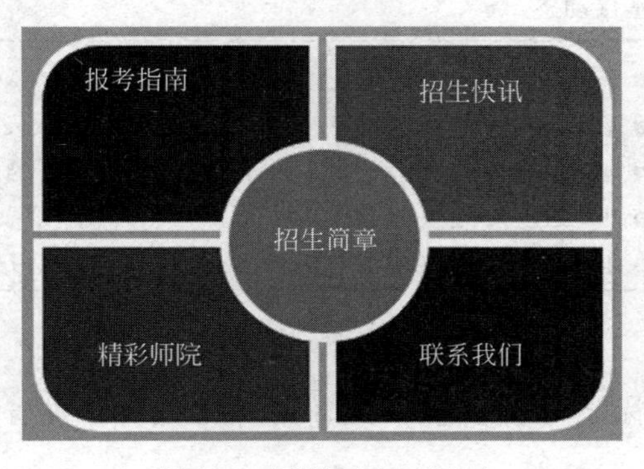


图A-2　圆饼型盒子网页

实验思考：怎样实现单行文本的水平居中和垂直居中？怎样设置元素的背景色和前景色？

## 实验 3 制作背景翻转的图标

实验目的：掌握背景定位属性的应用，能利用背景定位属性制作背景图像的翻转效果；掌握使用 display 属性将行内元素转换为块级元素的方法。

实验任务：使用如图 A-3 所示的 Sprite 图制作如图 A-4 所示的图标列表网页（每个图标大小为 120×68px）。

人才 招聘
人才 招聘
领导 信箱
领导 信箱
二级 关工委
二级 关工委
毕业论文 选题
毕业论文 选题

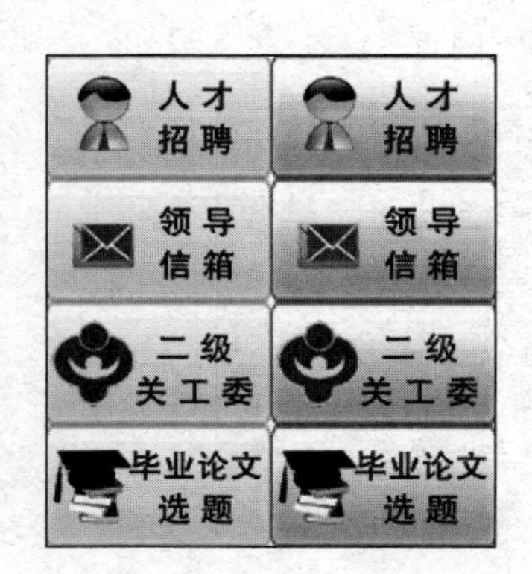

图 A-3 Sprite 背景图片 icon. png

人才 招聘
领导 信箱
二级 关工委
毕业论文 选题

图 A-4 图标列表

实验思考：本例能否使用 background-size 属性让每个图标自动拉伸显示？

## 实验 4 栏目框的制作

实验目的：掌握浮动属性的运用，掌握清除浮动的方法。掌握制作栏目框的 3 种方法。掌握修改 li 元素列表图标的方法。

实验任务：完成如图 A-5 所示的栏目框网页。

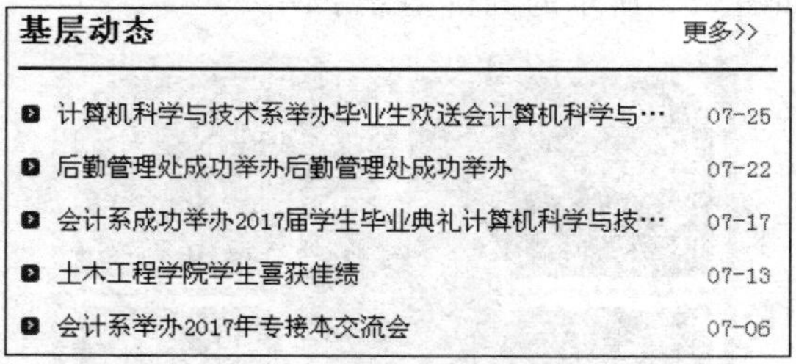

基层动态
更多>>
计算机科学与技术系举办毕业生欢送会计算机科学与…
07-25
后勤管理处成功举办后勤管理处成功举办
07-22
会计系成功举办2017届学生毕业典礼计算机科学与技…
07-17
土木工程学院学生喜获佳绩
07-13
会计系举办2017年专接本交流会
07-06

图 A-5 栏目框

实验思考：当新闻标题文本行过长时如何自动省略并添加省略号？

## 实验 5　页头和导航条的制作

实验目的：掌握网页居中的方法；掌握网页页头的结构代码和样式设计；掌握水平导航条的制作；掌握导航条自适应屏幕的方法。

实验任务：完成如图 A-6 所示的页头和导航条网页。

图 A-6　页头和导航条

实验思考：如何让页头上的 logo 向右移动？导航项是如何水平排列的？

## 实验 6　图片滚动栏的制作

实验目的：掌握网页中图片滚动栏的样式设计，和 jQuery 实现滚动的代码。领会溢出隐藏属性在本例中的用途。

实验任务：完成如图 8-13 所示的图片滚动栏效果。

实验思考：本例中 overflow 属性应该应用到哪个元素上？

## 实验 7　网页的布局设计

实验目的：掌握固定宽度网页布局的基本方法，掌握清除浮动在网页布局中的作用。

实验任务：完成如图 5-56 所示的网页布局结构图(网页效果图见图 5-55)。

实验思考：固定宽度布局和可变宽度布局的代码有什么区别？

## 实验 8　网站首页的实现

实验目的：掌握网站首页的实现。

实验任务：利用实验 4、5、6、7 制作的网页组件和网页布局代码完成如图 5-55 所示的网站首页。

## 实验 9　网站列表页的实现

实验目的：掌握将网站首页(见图 5-55)修改为网站内页(见图 A-7)的方法。

实验任务：完成如图 A-7 所示的网站列表页。

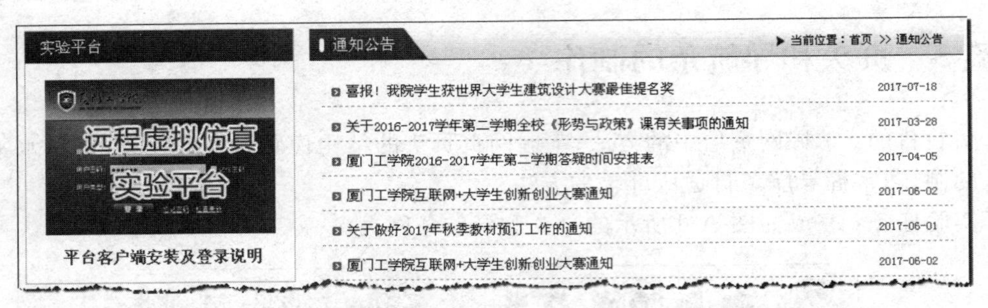


图 A-7　网站内页效果图(网页上方和下方与图 5-55 相同,故省略)

## 实验 10　制作下拉菜单

实验目的：掌握使用纯 CSS 和 Bootstrap 组件两种方法制作下拉菜单的方法。

实验任务：完成如图 5-32 所示的下拉菜单的制作。

## 实验 11　制作 Tab 面板

实验目的：掌握使用 Bootstrap 组件制作 Tab 面板,并对样式进行美化的方法。

实验任务：完成如图 A-8 所示的 Tab 面板的制作。

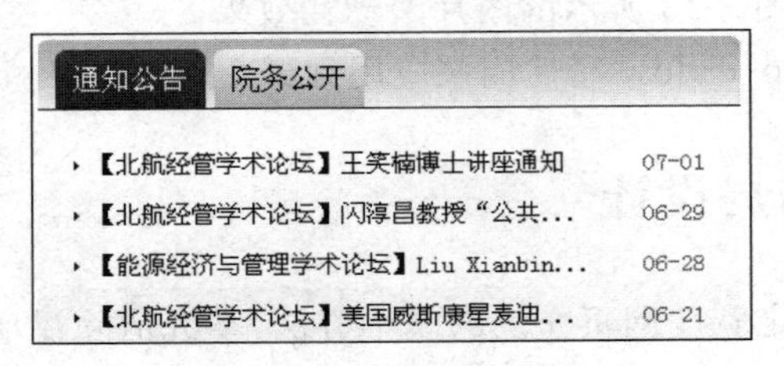


图 A-8　Tab 面板

## 实验 12　使用 Bootstrap 制作响应式网页

实验目的：掌握使用 Bootstrap 栅格系统进行网页布局的方法;掌握使用组件技术制作响应式网页的方法,掌握重定义栅格系统参数的方法;掌握重定义组件样式的方法。

实验任务：完成如图 9-30 所示的响应式网页。

# 参考文献


[1] Peter Gasston. CSS3 专业网页开发指南[M]. 李景媛，吴晓嘉，译. 北京：人民邮电出版社，2014.

[2] 大漠. 图解 CSS3 核心技术与案例实战[M]. 北京：机械工业出版社，2014.

[3] Ben Frain. 响应式 Web 设计 HTML5 和 CSS3 实战[M]. 2 版. 奇舞团，译. 北京：人民邮电出版社，2017.

[4] Benjamin LaGrone. 响应式 Web 设计 HTML5 和 CSS3 实践指南[M]. 黄博文，饶勋荣，译. 北京：机械工业出版社，2014.

[5] 徐涛. 深入理解 Bootstrap[M]. 北京：机械工业出版社，2015.

[6] 唐四薪. Web 标准网页设计与 PHP[M]. 北京：清华大学出版社，2016.

[7] 唐四薪. Web 标准网页设计与 ASP[M]. 北京：清华大学出版社，2011.

[8] 唐四薪. PHP 动态网站开发[M]. 北京：清华大学出版社，2015.

[9] 唐四薪. 基于 Web 标准的网页设计与制作[M]. 2 版. 北京：清华大学出版社，2015.

[10] 唐四薪. PHP Web 程序设计与 Ajax 技术[M]. 北京：清华大学出版社，2014.